高等学校土木建筑工程类系列教材

地基处理
Ground Treatment

主编 傅旭东 邹勇

武汉大学出版社

图书在版编目(CIP)数据

地基处理/傅旭东,邹勇主编. —武汉:武汉大学出版社,2024.11
高等学校土木建筑工程类系列教材
ISBN 978-7-307-24389-7

Ⅰ.地… Ⅱ.①傅… ②邹… Ⅲ.地基处理—高等学校—教材 Ⅳ.TU472

中国国家版本馆 CIP 数据核字(2024)第 095179 号

责任编辑:杨晓露　　　责任校对:鄢春梅　　　版式设计:马　佳

出版发行:**武汉大学出版社**　　(430072　武昌　珞珈山)
　　　　　(电子邮箱:cbs22@whu.edu.cn　网址:www.wdp.com.cn)
印刷:武汉科源印刷设计有限公司
开本:787×1092　1/16　印张:17.75　字数:432 千字　插页:1
版次:2024 年 11 月第 1 版　　2024 年 11 月第 1 次印刷
ISBN 978-7-307-24389-7　　定价:56.00 元

版权所有,不得翻印;凡购我社的图书,如有质量问题,请与当地图书销售部门联系调换。

前　言

　　世界各国发生的土木工程事故大多数是由于地基问题所造成的,地基问题不仅关系到建(构)筑物的安全可靠,而且关系到工程建设的投资。我国地域辽阔、土质条件各异且区域性较强,很多工程修建在地质条件不好的地基上,因此需要进行地基处理。总结地基处理的经验教训,掌握地基处理的方法和技术,对培养新时代的土木工程师十分重要,目前国内外高校普遍开设了"地基处理"课程,将其作为土木工程类专业的必修课,或其他相关专业的选修课。

　　地基处理是提高地基承载力,改变其变形性能或渗透性能而采取的各类技术措施的统称。目前国内外地基处理方法众多,同时还涌现出一些地基处理新技术和新方法,但每种地基处理方法都有其适用范围和局限性,因此,在选择地基处理方案时需要综合考虑各种影响因素,分别从加固原理、适用范围、预期处理效果、工期要求和对环境的影响等方面进行多种方案的技术经济比较,选择一种最佳的地基处理方法或几种方法组合的方案。针对地基处理的这些要求和特点,本书以介绍国内外较成熟的地基处理技术为主,并适当介绍国内外最新技术成果,对传统教学内容进行补充和加深,以体现地基处理技术的先进性和完整性;本书按新规范的要求和符号进行编写,以提高学生正确使用规范解决实际工程的能力;尽可能地体现理论与实践相结合,培养学生综合运用各类地基处理方法来解决复杂工程问题的能力。本书配备了一定数量的工程实例、算例、思考题和习题,便于教学及学生自主学习。

　　全书共分8章,由傅旭东和邹勇担任主编,负责统稿、修改和定稿。各章节编写人员及分工如下:绪论、第4.1～4.2节、第8.1节由武汉大学傅旭东编写;第2.2节、第3章、第8.2节由武汉大学邹勇编写;第4.4～4.6节、第8.3节由武汉大学司马军编写;第2.3节、第6章由武汉大学侍倩编写;第5章、第7章由武汉大学刘芙蓉编写;第2.1节、第4.3节由武汉大学雷卫民编写。限于作者水平,书中不足和错误之处在所难免,敬请读者批评指正。

编　者
2023年12月

目 录

第1章　绪论 ·· 1
  1.1　地基处理的目的和意义 ··· 1
  1.2　地基处理的对象 ·· 2
    1.2.1　软弱地基 ··· 2
    1.2.2　特殊土地基 ·· 3
  1.3　地基处理方法的分类及适用范围 ··· 4
    1.3.1　地基处理方法的分类 ·· 4
    1.3.2　地基处理方法的适用范围 ·· 6
    1.3.3　地基处理新技术 ··· 10
  1.4　地基处理方案确定 ·· 12
    1.4.1　地基处理方案确定需要考虑的因素 ··· 12
    1.4.2　地基处理方案确定步骤 ·· 13
    1.4.3　地基处理的设计规定 ··· 13
  1.5　地基处理技术发展概况 ··· 14
  思考题与习题 ·· 15

第2章　加密法 ·· 16
  2.1　换土垫层法 ··· 16
    2.1.1　概述 ··· 16
    2.1.2　加固机理 ·· 16
    2.1.3　垫层设计 ·· 17
    2.1.4　垫层施工及质量检验 ··· 21
    2.1.5　典型案例 ·· 23
  2.2　强夯及强夯置换法 ··· 24
    2.2.1　概述 ··· 24
    2.2.2　加固机理 ·· 25
    2.2.3　强夯法设计与计算 ·· 29
    2.2.4　施工方法 ·· 34
    2.2.5　现场监测与质量检验 ··· 36
  2.3　振密、挤密桩法 ··· 39
    2.3.1　概述 ··· 39
    2.3.2　加固机理 ·· 40

2.3.3 设计计算 ··· 41
2.3.4 施工方法 ··· 45
2.3.5 质量检验 ··· 47
2.3.6 工程实例 ··· 49
思考题与习题 ··· 52

第3章 排水固结法 ··· 54
3.1 概述 ·· 54
3.2 加固机理 ·· 55
    3.2.1 堆载预压法原理 ·· 56
    3.2.2 真空预压法原理 ·· 57
    3.2.3 降低地下水位法原理 ·· 59
    3.2.4 电渗法原理 ·· 60
3.3 设计与计算 ··· 61
    3.3.1 沉降计算 ·· 61
    3.3.2 承载力计算 ·· 63
    3.3.3 砂井地基固结度计算 ·· 64
    3.3.4 堆载预压法设计 ·· 69
    3.3.5 应用实测沉降与时间关系曲线推测最终沉降量 ···················· 72
    3.3.6 计算案例 ·· 73
3.4 施工及质量检验 ··· 75
    3.4.1 排水系统的施工 ·· 75
    3.4.2 预压荷载的施工 ·· 77
    3.4.3 现场监测及加荷速率控制 ··· 78
思考题与习题 ··· 82

第4章 复合地基 ··· 83
4.1 复合地基概述 ··· 83
4.2 复合地基加固理论 ··· 84
    4.2.1 复合地基作用机理和破坏模式 ······································ 84
    4.2.2 复合地基的基本术语 ·· 86
    4.2.3 复合地基承载力特征值计算 ··· 88
    4.2.4 复合地基变形计算 ·· 91
    4.2.5 多桩型复合地基的承载力和变形计算 ····························· 93
4.3 碎(砂)石桩法 ··· 100
    4.3.1 概述 ··· 100
    4.3.2 加固机理 ·· 101
    4.3.3 设计计算 ·· 102
    4.3.4 施工及质量检验 ·· 106
    4.3.5 典型工程案例 ·· 110

4.4 水泥土搅拌桩 ... 111
4.4.1 概述 ... 111
4.4.2 加固机理与水泥土基本性质 ... 113
4.4.3 水泥土搅拌桩复合地基设计 ... 116
4.4.4 施工质量控制与检验 ... 118
4.4.5 工程案例 ... 119
4.5 高压喷射注浆法 ... 121
4.5.1 概述 ... 121
4.5.2 加固机理与固结体性状 ... 122
4.5.3 旋喷桩复合地基设计计算 ... 125
4.5.4 施工质量控制及检测 ... 125
4.5.5 工程案例 ... 126
4.6 水泥粉煤灰碎石桩 ... 129
4.6.1 概述 ... 129
4.6.2 加固机理 ... 130
4.6.3 设计计算 ... 130
4.6.4 施工与质量检测 ... 131
4.6.5 工程案例 ... 132
思考题与习题 ... 133

第5章 加筋法 ... 137
5.1 概述 ... 137
5.1.1 概念 ... 137
5.1.2 加固机理 ... 137
5.2 土工合成材料特性及类别 ... 139
5.2.1 土工合成材料的分类 ... 139
5.2.2 土工合成材料的特性 ... 141
5.2.3 土工合成材料的主要功能 ... 145
5.3 加筋土垫层法 ... 147
5.3.1 加筋土垫层的概念及加固机理 ... 147
5.3.2 加筋土垫层设计 ... 148
5.4 加筋土挡墙法 ... 157
5.4.1 加筋土挡墙的类型和破坏机理 ... 158
5.4.2 加筋土挡墙的构造要求 ... 160
5.4.3 加筋土挡墙的设计 ... 161
5.4.4 加筋土挡墙的施工技术 ... 165
5.5 土钉支护法 ... 166
5.5.1 土钉的类型、特点及适用性 ... 167
5.5.2 加固机理 ... 168
5.5.3 土钉支护(土钉墙)的设计 ... 169

| 5.6 典型案例 | 174 |
| 思考题与习题 | 180 |

第6章 注浆加固法 …… 182

6.1 概述 …… 182
6.1.1 定义 …… 182
6.1.2 目的 …… 182
6.1.3 加固对象 …… 182
6.1.4 分类 …… 182
6.1.5 应用范围 …… 185

6.2 注浆加固机理 …… 185
6.2.1 浆液材料 …… 185
6.2.2 注浆理论 …… 187

6.3 注浆设计计算 …… 189
6.3.1 工程调查 …… 189
6.3.2 设计内容 …… 190
6.3.3 方案选择 …… 190
6.3.4 注浆标准 …… 191
6.3.5 浆材及配方设计原则 …… 192
6.3.6 浆液扩散半径的确定 …… 193
6.3.7 注浆压力的确定 …… 193
6.3.8 注浆顺序 …… 194
6.3.9 水泥为主剂的浆液注浆加固设计 …… 194
6.3.10 硅化浆液注浆加固设计 …… 195
6.3.11 碱液注浆加固设计 …… 199

6.4 注浆施工工艺 …… 199
6.4.1 注浆施工方法的分类 …… 199
6.4.2 注浆施工的机械设备 …… 200
6.4.3 钻孔 …… 201
6.4.4 注浆方法 …… 201
6.4.5 注浆施工 …… 202
6.4.6 注浆要点及注意事项 …… 205
6.4.7 常见事故及处理措施 …… 206

6.5 注浆质量及效果检验 …… 207
6.5.1 注浆加固质量检验标准 …… 207
6.5.2 注浆效果检测方法 …… 208

6.6 工程实例 …… 209
6.6.1 【实例1】土表面压密灌浆 …… 209
6.6.2 【实例2】延安东路越江隧道浦西引道段106A—104地基注浆加固 …… 210
6.6.3 【实例3】桩底注浆法提高桩基承载力 …… 212
思考题与习题 …… 216

第7章 微型桩加固法 ... 217
7.1 概述 ... 217
7.2 树根桩 ... 218
7.2.1 树根桩的构造要求 ... 218
7.2.2 树根桩的设计计算 ... 218
7.2.3 树根桩的施工步骤和注意事项 ... 219
7.2.4 树根桩的质量检验 ... 220
7.3 预制桩法 ... 220
7.3.1 概述 ... 220
7.3.2 静压预制桩法 ... 221
7.3.3 型钢预制微型桩 ... 223
7.4 注浆钢管桩法 ... 224
7.4.1 适用条件 ... 224
7.4.2 加固机理 ... 224
7.4.3 设计计算 ... 224
7.4.4 注浆钢管桩的施工要点 ... 225
7.5 典型案例 ... 225
思考题与习题 ... 229

第8章 既有建筑物地基加固、纠倾和迁移法 ... 230
8.1 既有建筑物地基加固 ... 231
8.1.1 概述 ... 231
8.1.2 基础加宽技术 ... 231
8.1.3 墩式托换技术 ... 234
8.1.4 桩式托换技术 ... 235
8.1.5 地基加固技术 ... 244
8.1.6 典型案例 ... 245
8.2 建筑物纠倾技术 ... 251
8.2.1 概述 ... 251
8.2.2 深掏土-地基应力解除纠倾技术 ... 252
8.2.3 广义地基应力解除纠倾技术 ... 254
8.2.4 桩在纠倾防倾工程中的应用 ... 257
8.3 建筑物迁移技术 ... 269
8.3.1 概述 ... 269
8.3.2 技术介绍 ... 270
8.3.3 工程实例 ... 271
思考题与习题 ... 273

参考文献 ... 275

第1章 绪 论

1.1 地基处理的目的和意义

在工程建设中,有时不可避免地会遇到在地质条件不良或软弱地基上修筑建筑物的情况,当天然地基不能满足工程要求时,需要采取适当的技术措施进行加固改良,以提高地基承载力,改善其变形性能或渗透性能,这种地基加固或改良措施统称为地基处理(ground treatment),或地基加固(ground improvement)。

我国地域辽阔,自然地理环境不同,软弱地基和特殊土地基分布广泛且具有区域性。自改革开放以来,我国的城市轨道交通、高速公路、高速铁路、港口、机场等各类基础设施的建设日新月异,尤其是进入21世纪,围海造陆工程得到蓬勃发展,对地基处理技术提出了巨大挑战,地基处理是否恰当,关系到整个工程质量、投资和进度,有时候成为工程建设中的关键问题。因此,地基处理技术受到工程界的普遍重视。

地基(foundation 或 subgrade)是指受工程直接影响的这一部分范围很小的场地,建筑物的地基问题大致可概括为以下几个方面:

(1) 强度及稳定性问题。

当地基的抗剪强度不足以支承上部结构的自重及外荷载时,地基就会产生局部或整体剪切破坏。承载力较低的地基土,容易产生地基承载力不足问题而导致工程事故。

土的抗剪强度不足除了会引起建筑物地基失效的问题外,还会引起边坡失稳、基坑失稳、挡土墙失稳等稳定问题。

(2) 沉降及不均匀沉降问题。

当地基在上部结构的自重及外荷载作用下产生过大的沉降时,就会影响建筑物的正常使用。建筑物的沉降量较大时,其不均匀沉降往往也较大,过大的不均匀沉降会造成建筑物的倾斜或开裂破坏,危及建筑物的安全。

湿陷性黄土遇水湿陷变形,膨胀土遇水膨胀和失水收缩,冻土的冻胀和融沉,软土的扰动变形等均会在上部结构荷载不变的情况下产生附加变形,不利于建筑物的安全。

(3) 渗透稳定性和渗漏问题。

地基的渗流量或水力坡降超过其允许值时,会发生较大的水量损失,或因潜蚀和管涌使地基丧失稳定性,导致建(构)筑物破坏。在堤坝工程、基坑和隧道施工过程中,经常会发生由于渗透变形造成的工程事故。

(4) 液化问题。

在地震、机器及车辆、爆破、波浪等动荷载作用下,容易使饱和、比较松散的粉细砂产生液化,从而土体失去抗剪强度,造成地基失稳和震陷。

当建筑物的天然地基存在上述问题之一或其中几个问题,且不宜从上部结构和基础采取措施时,就必须采用各种地基处理措施,形成人工地基以满足建(构)筑物对地基的各种要求,保证其安全与正常使用。

地基处理既针对又不局限于软弱和特殊土地基。例如,随着超高、超重建筑的不断涌现,上部结构荷载日益增大,对建筑物地基变形的要求也越来越严格,原来一般可评价为良好的地基,也可能在特殊条件下需要进行地基处理。地基处理除了在建筑物施工之前进行之外,还可以对既有建筑物地基进行加固,用于进行事后补救。

地基处理的方法多种多样,加固原理和适用范围也不尽相同,在确定地基处理措施时,应将上部结构、基础和地基视为一个整体,考虑它们的共同作用。进行实际工程的地基处理时,要遵循安全适用、技术先进、经济合理、确保质量和保护环境的原则。

1.2 地基处理的对象

地基处理的对象主要是软弱地基(soft foundation)和特殊土地基(special ground)。软弱地基指主要由淤泥、淤泥质土、冲填土、杂填土或其他高压缩性土层构成的地基,特殊土地基包括湿陷性黄土、膨胀土、红黏土、冻土、岩溶、土洞和山区地基,特殊土地基大部分带有地区特点。

1.2.1 软弱地基

1. 软土

软土(soft soil)是淤泥(muck)和淤泥质土(muck soil)的总称,它是在静水或非常缓慢的流水环境中沉积,经生物化学作用形成的。软土一般具有以下特点:

(1) 天然含水量高,$w > w_L$,呈流塑状态;

(2) 孔隙比大,$e \geq 1.0$;

(3) 压缩性高,$a_{1-2} > 0.5 \text{MPa}^{-1}$,属高压缩性土;

(4) 渗透性差,通常渗透系数 $k \leq i \times 10^{-6} \text{cm/s}$;

(5) 具有结构性,受到施工扰动时,土体结构破坏,强度显著降低;

(6) 具有流变性,表现为在固结沉降之后,还会继续发生较大的次固结沉降,并可导致抗剪强度的衰减;

(7) 抗剪强度低,不排水抗剪强度一般小于 30kPa;

(8) 具有不均匀性,软土中常夹有厚薄不等的粉土或粉细砂层。

在外荷载作用下,软土地基的沉降和不均匀沉降大,变形稳定的历时较长,深厚软土层上建筑物的沉降往往持续数年乃至数十年之久。

2. 冲填土

冲填土(hydraulic fill)是河道疏浚、围海造地、人工清淤等人类活动中水力冲填而形成的沉积土,南方地区习惯称为吹填土。冲填土的性质与所充填泥沙的来源及充填时的水力条件有密切关系。

含黏土颗粒较多的冲填土,由于土体中含大量的水分且难以排出而呈流动状态,属于强度低和压缩性高的欠固结土。以粉细砂为主的冲填土,其性质基本与粉细砂的性质相同,不属于软弱土的范畴。

3. 杂填土

杂填土(miscellaneous fill)是指任意堆填的建筑垃圾、生活垃圾或工业废料而形成的土,其成分复杂,多数情况下比较疏松和不均匀,因而它的强度低、压缩性高、均匀性差,一般还具有浸水湿陷性,在荷载作用下会发生较大的沉降和不均匀沉降。

对有机质含量较多的生活垃圾和对基础有侵蚀性的工业废料,未经处理不应作为基础的持力层。

4. 其他高压缩性土

其他高压缩性土主要指饱和松散粉细砂和部分粉土。与软土地基相比,此类地基土的强度较高、压缩性较低,承载能力明显比软土强。但是,在动荷载(机械振动、地震等)作用下,此类地基土可能产生液化,使地基承载力大幅度降低或完全失去承载力,在基坑开挖时也会产生管涌。因此,针对此类土进行地基处理的目的主要是抗震动液化。

1.2.2 特殊土地基

1. 湿陷性黄土

湿陷性黄土是指天然黄土在上覆土的自重应力作用下,或在上覆土自重应力和附加应力作用下,受水浸湿后土的结构迅速破坏而发生显著附加下沉的黄土(collapsible loess)。

湿陷性黄土的主要特征:颜色以黄色、褐黄色为主,有时呈灰黄色;以粉粒($0.005\sim0.05\text{mm}$)为主,含量一般在60%以上,几乎没有粒径大于0.25mm的颗粒;孔隙比较大,一般在1.0左右;富含碳酸钙盐类;垂直节理发育;一般有肉眼可见的大孔隙。

我国湿陷性黄土主要分布在山西、陕西、甘肃的大部分地区,河南西部和宁夏、青海、河北的部分地区,此外新疆维吾尔自治区、内蒙古自治区和山东、辽宁、黑龙江等省,局部地区亦分布有湿陷性黄土。

由于黄土的浸水湿陷会引起建筑物的不均匀沉降,因此首先要判断它是否具有湿陷性,如它具有湿陷性,再结合湿陷性特点和湿陷等级,采用相应的地基处理措施。

2. 膨胀土

膨胀土(expansive soil)是指由亲水性强的黏土矿物组成的多裂隙黏性土,具有显著的吸水膨胀、失水收缩特性,属于超固结土。

膨胀土在我国分布广泛,以黄河流域及其以南地区较多,据统计,湖北、河南、广西、云南等20多个省、自治区均有膨胀土。我国膨胀土形成的地质年代大多数为第四纪晚更新世(Q_3)及其以前,少量为全新世(Q_4),呈黄、黄褐、红褐、灰白或花斑等颜色。膨胀土多呈坚硬-硬塑状态,$I_L\leq0$,孔隙比一般在0.7以上,结构致密,压缩性较低。

一般黏性土都具有胀缩性,但其量不大,对工程没有太大的影响。而膨胀土的膨胀-收缩-再膨胀的往复变形特性非常显著,易造成建筑物的开裂破坏,以及涵洞、桥梁等刚性结构物产生不均匀沉降和开裂等工程灾害,必须进行地基处理。

3. 红黏土

红黏土(red clay)是指碳酸盐岩系出露区的岩石,经红土化作用形成的棕红、褐黄等色的高塑性黏土,其液限一般大于50%,上硬下软,具有明显的收缩性和裂隙发育特征。

红黏土主要为残积、坡积,分布于山区或丘陵地带,且受气候影响,发育于南方潮湿的热带和亚热带地区,以贵州、云南、广西最为普遍,其次江西、川东和两湖两广的部分地区也有分布。

红黏土厚度在水平方向上变化大,常见水平相距1m,土层厚度可相差5m或更多;在地表水和地下岩溶水的作用下,由于冲蚀、吸蚀易形成洞穴(土洞),导致建筑物基础产生不均匀沉降。

4. 季节性冻土

多年冻土(permafrost)指天然条件下冻结状态持续三年或三年以上的土层。在一个年度周期内经历着冻结和未冻结两种状态的土则称为季节性冻土(seasonally frozen ground)。我国多年冻土分布面积约 $215\times10^4 km^2$,主要分布在高纬度地区和高海拔地区。

冻土地基存在冻胀和融陷。冻胀可以造成地基土隆起,并对建(构)筑物产生冻胀力;融陷可造成土层软化和土体强度降低,并使建(构)筑物产生较大的沉降和不均匀沉降。

5. 岩溶、土洞和山区地基

岩溶(或称喀斯特 Karst)属土岩组合地基的组成部分,指可溶性岩层,如石灰岩、白云岩、石膏、岩盐等受地表水和地下水的长期化学溶蚀和机械侵蚀作用而形成的沟槽、裂隙、石芽、石林和空洞等特殊地貌形态和水文地质现象的总称。我国岩溶分布较广,尤其是碳酸盐类岩溶,总面积约为 $344.4 km^2$,遍及26个省、市、自治区,尤其是西南、中南地区分布更广,贵州、云南、广西等省(自治区)岩溶最集中。其基本特性是地基主要受力层范围内受水的化学和机械作用而形成溶洞、溶沟、溶槽、落水洞以及土洞,建在岩溶地基上的建筑物,要慎重考虑可能会造成底面变形和地基陷落。

土洞是岩溶地区可溶性岩层的上覆土层,在地表水冲蚀或地下水潜蚀作用下形成的洞穴。由于埋藏浅,分布密,发育快,顶板强度低,对工程危害非常大。

山区地基地质条件比较复杂,主要表现在地基的不均匀性和场地的稳定性两方面。山区基岩表面起伏大,且可能有大块孤石,常常导致建筑物基础产生不均匀沉降。另外,山区可能遇到滑坡、崩塌和泥石流等不良地质现象,给建筑物造成威胁。要重视山区地基的稳定性和避免过大的不均匀沉降,必要时需进行地基处理。

1.3 地基处理方法的分类及适用范围

1.3.1 地基处理方法的分类

由于地基土质的复杂多变和工程用途的多样性,因此地基处理的方法多种多样。按时间可分为临时处理与永久处理;按处理深度可分为浅层处理与深层处理;按处理的均匀性及处理面积可分为全面处理和局部处理;按加固原理可分为排水固结法、复合地基法等。由于地基处理方法在不断地发展、功能不断地扩大,使得对地基处理方法进行严格的统一分类是很困难的,地基处理方法分类不宜太细和类别太多。

下面根据地基处理的加固原理将地基处理方法分为置换法、排水固结法、灌入固化物法、振密与挤密法、加筋法和冷热处理法六类,以及既有建筑物的基础托换、纠偏与迁移两类。

1. 置换法

置换是指用物理力学性质较好的砂、石等岩土材料，置换天然地基中部分或全部软弱土体，以形成双层地基或复合地基，达到提高地基承载力和减小沉降的目的。

置换法包括换土垫层法、挤淤置换法、褥垫层法、砂石桩法和强夯置换法等，石灰桩加固地基具有多种效用，其中也有置换作用，因此石灰桩也包括在这类方法中。

2. 排水固结法

排水固结是指渗透性较低的软黏土在一定荷载作用下排水固结，孔隙比减小，抗剪强度提高，以达到提高地基承载力和减小工后沉降的目的。

排水固结法按预加荷载方法分为堆载预压法、超载预压法、真空预压法、真空预压与堆载预压联合作用法、电渗法等。对于深厚软黏土地基，为了加快固结速率应在地基中设置竖向排水体，根据竖向排水系统的不同可以分为普通砂井、袋装砂井和塑料排水带。

3. 灌入固化物法

灌入固化物是指向土体中灌入或拌入水泥、石灰、其他化学固化浆材，将土粒胶结起来形成增强体，以改善地基土的物理和力学性质，包括深层搅拌法、高压喷射注浆法和灌浆法（渗透、劈裂和挤密灌浆）。

4. 振密与挤密法

振密与挤密是指采用振动或挤密的方法使得地基土体密实，以达到提高地基承载力和减小沉降的目的。

振密与挤密包括表层原位压实法、强夯法、振冲密实法、挤密砂石桩法、爆破挤密法、土桩和灰土桩法、夯实水泥土桩法、柱锤冲扩桩法、孔内夯扩法等。

5. 加筋法

加筋是指在地基中设置强度高和模量大的锚杆、拉筋、土工合成材料，以防止地基土破坏，维持建筑物的稳定。

加筋法包括加筋土垫层法、加筋土挡墙、土钉墙等，为了叙述方便，将锚杆支护法、锚定板挡土结构、树根桩法、低强度混凝土桩复合地基、钢筋混凝土桩复合地基等方法也包括在这一部分。

6. 冷热处理法

冷热处理是指通过冻结地基土体，或焙烧、加热地基土体，以改变土体物理力学性质，这类地基处理方法有冻结法和烧结法。

冻结法是通过人工冷却使地基土降低到孔隙水的冰点以下，使之冷却，从而具有理想的截水性能和较高的承载力；烧结法是通过渗入压缩的热空气和燃烧物，并依靠热传导，将细粒土颗粒加热到100℃以上，从而增加土的强度，减小变形。

7. 托换

托换是指对既有建筑物基础进行加固，以增大基础支承面积、加大基础刚度、增大基础埋深的方法。托换技术有基础加宽技术、桩式托换技术、地基加固技术和综合加固技术等。

8. 纠倾和迁移

纠倾是指利用合适的纠倾技术，同时辅以地基加固技术将已倾斜的建筑物扶正到要求的限度内，以保证建筑物的安全和正常使用。常用的纠倾方法有加载法、掏土法、地基应力解除法、综合纠倾法等，其中，地基应力解除法是我国学者提出的，多年来的实践证明，其纠倾效率高,施工文明、安全,具有很强的实用性。

迁移是指通过托换技术将既有建筑物与基础沿某一特定标高进行分离,而后设置能支承建筑物的上下轨道梁及滚动装置,通过外加的牵引力或顶推力将建筑沿规定的路线搬移到预先设置好的新基础上,连接上部结构与基础,即完成建筑物的搬移,又称为平移或搬移。

1.3.2 地基处理方法的适用范围

地基处理方法很多,但每种地基处理方法都有其适用范围和局限性,各种地基处理方法的简要原理和适用范围如表 1.1 所示。

表 1.1 地基处理方法分类及其适用范围

类别	处理方法	加 固 原 理	适 用 范 围
置换	换土垫层法	挖除基底以下一定深度范围内的软弱土层或不良土层,回填抗剪强度高、压缩性小的砂、砾、石渣等,并分层夯实,形成双层地基。垫层能有效扩散基底压力,提高地基承载力、减小沉降	各种浅层软弱土地基
	挤淤置换法	通过抛石或夯击回填碎石置换淤泥达到加固地基的目的,也可采用爆破挤淤置换	淤泥或淤泥质黏土地基
	砂石桩置换法	利用振冲法、沉管法或其他方法在饱和黏性土地基中成孔,孔内填入砂石料形成砂石桩,置换部分地基土,形成复合地基,以提高承载力,减小沉降	黏性土地基;因承载力提高幅度小,工后沉降大,已很少应用
	强夯置换法	采用边填碎石边夯的方法在地基中形成碎石墩体,由碎石墩、墩间土和碎石垫层形成复合地基,以提高承载力,减小沉降	粉砂土和软黏土地基等
	石灰桩法	采用机械或人工在软弱地基中成孔,孔内填入生石灰块或生石灰块加其他掺合料,通过石灰的吸水膨胀、放热和离子交换作用改善桩间土的物理力学性质,形成复合地基,提高地基承载力、减小沉降	杂填土、软黏土地基
	气泡混合轻质料填土法	气泡混合轻质料的重度为 $5\sim12kN/m^3$,具有较好的强度和压缩性能,用作路堤填料可有效减小作用在地基上的荷载,也可以减小作用在挡土结构上的侧压力	软弱地基上的填方工程
	EPS超轻质料填土法	发泡聚苯乙烯(EPS)重度为土重度的 $1/100\sim1/50$,并具有较好的强度和压缩性能,用作填料可有效减小作用在地基上的荷载,减小作用在挡土结构上的侧压力。需要时也可置换部分地基土	

续表

类别	处理方法	加固原理	适用范围
排水固结	堆载预压法	在地基中设置砂垫层和竖向排水体,以缩小土体固结排水距离,在填土层预压荷载下地基排水固结,产生沉降,地基土强度提高,然后直接在填土层顶面或在卸去填土层后建造建(构)筑物,使得地基承载力提高,工后沉降减小	软黏土、杂填土、泥炭土地基等
	超载预压法	原理同堆载预压法,不同之处在于其预压荷载大于设计使用荷载。超载预压不仅可以减小工后固结沉降,而且可以消除部分工后次固结沉降	
	真空预压法	在地基中设置砂垫层和竖向排水体,然后在砂垫层顶面覆盖不透气密封膜,对膜内进行长时间不断抽气抽水,在地基中形成负压区,使地基产生排水固结,提高地基承载力,减小工后沉降	软黏土地基
	真空-堆载联合预压法	当真空预压法达不到设计要求时,可与堆载预压联合使用,两者的加固效果可叠加	
	电渗法	在地基中形成直流电场,在电场作用下土体中的孔隙水向阴极流动并排出,使得地基土体产生排水固结	
灌入固化物	深层搅拌法	利用深层搅拌机将水泥浆或水泥粉在地基土原位搅拌形成圆柱状、格栅状或连续墙水泥土增强体,形成复合地基,也常用它形成水泥土防渗帷幕。深层搅拌法分为喷浆搅拌法和喷粉搅拌法两种	淤泥、淤泥质土、黏性土和粉土等软土地基,有机质含量较高时,应通过试验确定适用性
	高压喷射注浆法	在地基中通过高压喷射流冲切土体,用浆液置换部分土体,形成水泥土增强体复合地基。按喷射流组成形式,高压喷射注浆法有单管法、二重管法、三重管法,按施工工艺可形成定喷、摆喷和旋喷。也常用它形成水泥土防渗帷幕	淤泥、淤泥质土、黏性土、粉土、黄土、砂土、人工填土和碎石土等地基;当含有较多的大块石,或地下水流速较快,或有机质含量较高时,应通过试验确定适用性
	渗入性灌浆法	在灌浆压力作用下,将浆液灌入地基中以填充原有孔隙,改善土体的物理力学性质	中砂、粗砂、砾石地基
	劈裂灌浆法	在较大灌浆压力作用下,浆液克服地基土中初始应力和土的抗拉强度,使地基中原有的孔隙或裂隙扩张,用浆液填充新形成的裂缝和孔隙,改善土体的物理力学性质	岩基或砂、砂砾石、黏性土地基
	挤密灌浆法	在灌浆压力作用下,向土层中压入浓浆液,在地基形成浆泡,挤压周围土体,通过压密和置换改善地基性能。在灌浆过程中因浆液的挤压作用可产生辐射状上抬力,引起地面隆起	可压缩性地基,排水条件较好的黏性土地基
	TRD工法	渠式切割水泥土连续墙工法(TRD法)是利用链式刀具转动切削和搅拌土体,刀具立柱横向移动、底端喷射切割液和固化液,使得切割液和固化液与原位置被切削的土体进行混合搅拌,形成等厚度水泥土连续墙	人工填土、黏性土、淤泥、淤泥质土、粉土、砂土、碎石土地基

续表

类别	处理方法	加固原理	适用范围
振密与挤密	表层原位压实法	采用人工或机械夯实、碾压或振动，使土体密实。密实范围较浅，常用于分层填筑	杂填土、疏松无黏性土、非饱和黏性土、湿陷性黄土等地基的浅层处理
	强夯法	采用重量为100～400kN的夯锤从高处自由落下，地基土体在强夯的冲击力和振动力作用下密实，提高地基承载力，减小沉降	碎石土、砂土、低饱和度的粉土与黏性土、湿陷性黄土、杂填土和素填土等地基
	振冲密实法	利用振冲器的振动使饱和砂层发生液化，砂颗粒重新排列，孔隙减小，依靠振冲器的水平振动力，加回填料使砂层挤密，从而达到提高地基承载力，减小沉降，并提高地基土的抗液化能力。振冲密实法可加回填料也可不加回填料，加回填料时称为振冲挤密碎石桩法	黏粒含量小于10%的疏松砂性土地基
	挤密砂石桩法	采用振动沉管法等在地基中设置碎石桩，在制桩过程中对周围土层产生挤密作用。被挤密的桩间土和密实的砂石桩形成复合地基	砂土、非饱和黏性土地基
	爆破挤密法	利用在地基中爆破产生的挤压力和振动力使地基土密实，提高地基承载力和减小沉降	饱和净砂、非饱和但经灌水饱和的砂、粉土、湿陷性黄土地基
	土桩、灰土桩法	采用沉管法、爆扩法和冲击法在地基中设置土桩或灰土桩，在成桩过程中挤密桩间土，由挤密的桩间土和密实的土桩或灰土桩形成复合地基，也用于消除湿陷性黄土的湿陷性	地下水位以上的湿陷性黄土、杂填土、素填土等地基
	夯实水泥土桩法	在地基中人工挖孔，然后填入水泥与土的混合物，分层夯实，形成复合地基	
	柱锤冲扩桩法	在地基中采用直径300～500mm、长2～5m、重量10～80kN的柱状锤，在地基土层冲击成孔，然后将拌和好的填料分层填入桩孔夯实，形成复合地基	
	孔内夯扩法	采用人工挖孔、螺旋钻成孔或振动沉管法成孔等方法在地基成孔，回填灰土、水泥土、矿渣土、碎石等填料，在孔内夯实填料并挤密桩间土，由挤密的桩间土和夯实的填料桩形成复合地基	

续表

类别	处理方法	加固原理	适用范围
加筋	加筋土垫层法	在地基中铺设土工织物、土工格栅、金属板条等加筋材料，形成加筋土垫层，以增大压力扩散角，提高地基稳定性	筋条间用无黏性土，加筋土垫层可适用各种软弱地基
	加筋土挡墙法	利用在填土中分层铺设加筋材料以提高填土的稳定性，形成加筋土挡墙。挡墙外侧可采用侧面板形式，也可采用加筋材料包裹形式	应用于填土挡土结构
	土钉墙法	采用钻孔、插筋、注浆在土层中设置土钉，也可直接将杆件插入土层中，通过土钉和土体形成加筋土挡墙以维持和提高土坡稳定性	软黏土地基极限支护高度5m左右，砂性土地基应配以降水措施
	锚杆支护法	锚杆由锚固段、非锚固段和锚头三部分组成。锚固段处于稳定土层，可对锚杆施加预应力。用于维持边坡稳定	软黏土地基中应慎用
	锚定板挡土结构	由墙面、钢拉杆、锚定板和填土组成。锚定板处在填土层，可提供较大的锚固力	应用于填土挡土结构
	树根桩法	在地基中设置如树根状的微型灌注桩（直径70～250mm），提高地基承载力或土坡的稳定性	各类地基
	低强度混凝土桩复合地基法	在地基中设置低强度混凝土桩，与桩间土形成复合地基	各类深厚软弱地基
	钢筋混凝土桩复合地基法	在地基中设置钢筋混凝土桩，与桩间土形成复合地基	
	长短桩复合地基	由长桩和短桩与桩间土形成复合地基，长桩和短桩可采用同一桩型，也可采用两种桩型。通常长桩为刚性桩，短桩为柔性桩	深厚软弱地基
	桩-网复合地基	在地基中同时设置刚性桩和加筋褥垫层，形成"竖向增强体＋水平增强体"联合体，一般由上部填土、加筋褥垫层、桩帽、桩体、桩间土、下卧层组成，又称为桩承式加筋路堤	对沉降要求严格，硬土层或基岩上有深厚软土和新填土地基

续表

类别	处理方法	加 固 原 理	适 用 范 围
冷热处理	冻结法	冻结土体,改善地基土截水性能,提高土体抗剪强度形成挡土结构或止水帷幕	饱和砂土或软黏土,是施工临时措施
	烧结法	钻孔加热或焙烧,减少土体含水量,减小压缩性,提高土体强度	软黏土、湿陷性黄土,有富余热源的地区
托换	基础加宽法	通过加大既有建筑物的基底面积减小基底压力,使原地基承载力满足要求	天然地基承载力较高,但既有建筑物地基承载力不满足要求
	桩式托换法	在既有建筑物基础下设置钢筋混凝土桩,以提高承载力、减小沉降。按设置桩的方法分静压桩法、树根桩法和其他桩式托换法	
	地基加固法	通过采用高压喷射注浆法、渗入性灌浆法、劈裂灌浆法、挤密灌浆法、石灰桩法等地基加固技术,使既有建筑物地基承载力满足要求	
	综合托换法	将两种或两种以上托换方法综合应用以达到加固目的	
纠倾与迁移	加载纠倾法	通过堆载或其他加载形式使建筑物沉降较小的一侧产生沉降,使得建筑物的不均匀沉降减小,达到纠倾目的	深厚软土地基
	掏土纠倾法	在建筑物沉降较少的部位以下的地基中或在其附近的外侧地基中掏取浅层部分土体,迫使沉降较少的部分进一步产生沉降	各类不良地基
	地基应力解除法	在建(构)筑物沉降较小的一侧,沿基底轮廓之外的边缘,设置大口径深钻孔排,钻孔上部设 4~6m 长的钢套管,在钻孔较深的部位掏取适量的软弱土,使地基应力在局部范围内得到解除或转移,增大该侧的沉降量;保持原沉降较大一侧的基土不受扰动,使建(构)筑物在自重作用下逐渐纠正到正常位置,达到纠倾和限沉的效果	建筑物基础部分坐落在较好地基上,部分坐落在软土地基上
	综合纠倾法	将加固地基与纠倾结合,或将几种纠倾方法综合应用	各类不良地基
	迁移	将建筑物与原地基基础分离,通过顶推或牵拉,移到新的位置	需迁移的建筑物

1.3.3 地基处理新技术

随着地基处理技术的发展,一些新的技术和方法得到了应用。下面简要介绍近年来出现的地基处理的新方法。

1. 静-动联合排水固结法

静-动联合排水固结法是我国学者在堆载预压法和强夯法的基础上发展起来的地基处理新方法，其原理是：先在软土地基上覆盖一定厚度的填土及砂垫层，并设置竖向排水通道，待软土地基部分固结后再进行强夯，软土地基随之产生较高的超静水压力，同时借助竖向排水通道形成的"水柱"将强夯产生的附加应力迅速传递到"水柱"的底部，促成了第二轮渗透固结过程（称之为"动力激发渗透固结"）。静-动联合排水固结法的主要优点如下：

（1）因严格控制了强夯动力和夯击能，使软黏土中产生的超静水压力不过快上升，克服了传统强夯法不能用于软土的弱点。

（2）利用竖向排水通道形成的"水柱"使附加应力快速向软土层深部传递，扩展了强夯的影响深度。

（3）利用动载压缩波在层状土中传播与反射从而产生拉伸微裂纹，并与竖向排水体构成网状排水系统，加速了软土的固结过程。

（4）强夯动力反复、逐步增强地作用于软土地基，使软土地基中的超静水压力维持在较高和合理的水平上，既不破坏软土的结构，又能加速软土中孔隙水的排出。

该法首次应用于厦门高崎国际机场跑道延长段填海工程的地基处理中，随后在深圳、珠海、海口、青岛、上海、南京等地多个地基处理工程中得到成功应用，取得了良好的社会经济效益。

2. 高真空击密法

高真空击密法是我国技术人员十多年前提出的一种新技术，其施工工艺主要由高真空强排水和击密两道工序组成。高真空强排水是由改进后的高真空井点对加固范围内的地基土进行强排水，产生较大排气量和较高的真空度，即使在渗透系数较低的黏土地基中也能加快孔隙水的流出；击密主要用强夯或大功率、大能量的振动碾压设备来实施。

通过对上述两道工序的多遍循环来达到加固地基的目的。强夯前采用高真空排水，可减小软土地基的含水量和饱和度，使得强夯时能产生较大的压缩变形；在强夯后采用高真空排水，可加快超静水压力的消散。

3. 刚-柔性桩组合法

刚-柔性桩复合地基是指通过刚性桩、柔性桩和桩间土体变形协调，共同承担荷载作用的多桩型复合地基，较多应用于我国东南沿海的深厚软土地区。其中，柔性桩用于提高地基土的强度，刚性桩用于控制地基沉降并进一步提高地基承载力，这种复合地基充分利用了两种桩的特点，提高了桩间土的参与作用，有效地提高了地基强度，减小了沉降，加快了施工速度。

刚-柔性桩组合法复合地基在路基工程和建筑工程中得到了广泛的应用。

4. 长板短桩法

在排水固结法和粉喷桩联合加固软土地基技术的基础上，我国学者提出了长板短桩法，这种方法是指采用较短的水泥土搅拌桩和较长的塑料排水板联合进行地基处理的组合型复合地基。由于"短桩"的存在，可以快速地提高浅层软土地基的强度和稳定性；由于"长板"的存在，可以为软土地基提供排水和排气通道，提高深层软土的固结排水速度，使地基土产生更多的沉降变形，从而减少工后沉降。

长板短桩法充分利用路堤填土荷载来加速软土地基的固结沉降,以达到减小工后沉降的目的,具有较好的经济性,在公路、铁路和水利设施建设中都有成功的应用。

1.4 地基处理方案确定

1.4.1 地基处理方案确定需要考虑的因素

在选择地基处理方法时需要综合考虑各种影响因素,如地质条件、上部结构及基础要求,邻近建筑物、地下工程、周边道路及有关管线,周边环境情况,当地地基处理经验和施工条件等。只有综合分析上述因素,进行多种方案的技术经济比较,才能获得最佳的处理效果。

1. 上部结构形式和要求

上部结构形式和要求包括建筑物的体形、刚度、结构受力体系、建筑材料和使用要求;荷载大小、分布和种类;基础类型、布置和埋深;基底压力、天然地基承载力和变形容许值等。

大量工程实践证明,加强上部结构刚度和承载能力,可以减小地基的不均匀变形,因此在选择地基处理方案时,应同时考虑上部结构、基础和地基的共同作用,尽量选用加强上部结构和处理地基相结合的方案,可以降低地基处理费用,收到满意的效果。

2. 地质条件

地质条件包括地形及地质成因、地层分布状况;软弱土层厚度、不均匀性和分布范围;持力层位置及状况;地下水情况、地基土的物理和力学性质。

当软弱土层厚度较薄时,可以采取简单的浅层加固方法,如换土垫层法;当软弱土层较厚时,可以按地基处理要求,以及软弱土的性质和地下水情况,采用排水固结法,或掺入固化物,或振密与挤密方法。地基土的性质对地基处理方案的影响较大,如泥炭土、有机质含量大于5%或pH值小于4的酸性土可能出现水泥不凝固或发生后期崩解,当黏土的塑性指数I_p大于25时,容易出现在搅拌头叶片上形成泥团、无法完成水泥土的拌和、软土的灵敏度过大等情形,均不适合采用水泥土搅拌桩。

当砂土地基松散、饱和,需要解决砂土液化问题,一般可以采用强夯法、振冲法或挤密桩法。

对于杂填土、冲填土(含粉细砂)和湿陷性黄土地基,一般可采用深层密实法。

3. 环境条件和施工对周围环境的影响

环境条件和施工对周围环境的影响包括气象条件的影响;振动、噪声可能对周围居民或设施的影响;地基处理对相邻的建筑物、桥台、桥墩、地下结构物的影响和相应对策;水管道、煤气、电信、电缆分布;施工机械和建筑材料进场道路与临时场地;供电和供水情况。

地基处理施工对环境的影响主要有噪声、地下水质污染、地面位移和振动、大气污染,以及施工场地泥浆污水排放等。在地基处理方案的确定过程中,应根据环境要求选择合适的地基处理方案和施工方法,如强夯区域周围有较重要的建(构)筑物时,要确保强夯影响范围内工程设施的安全与稳定;在居住密集的市区,振动和噪声较大的强夯法几乎是不可行的。

4. 地基处理经验和施工条件

相同的地基处理工艺、相同的设备,在不同成因的场地上处理的效果也不尽相同;在一个地区成功的地基处理方法,在另一个地区使用时需要根据场地的特点对施工工艺进行调整,才能取得满意的效果,地基处理是经验性很强的技术工作,因此,应重视地方经验,因地制宜地制定地基处理方案,才能获得最佳的处理效果。

施工条件包括施工用地、施工工期、工程用料来源、机械施工设备及机械条件、施工队伍的技术水平等。如施工时占地较大,对施工虽较方便,但有时却会影响工程造价;地基处理的工期不能影响整个工程的进展,若工期允许较长,就有条件考虑选择堆载预压法方案,若要求工期较短,就限制了某些地基处理方法的采用;要尽可能地采用当地的砂、石料和土方等,以减少运输费用;施工设备的有无、施工难易程度、施工质量控制、管理水平和工程造价等因素,也是确定采用何种地基处理方案的关键因素。

1.4.2 地基处理方案确定步骤

地基处理方案的确定可以按下列步骤进行:

(1) 搜集详细的岩土工程勘察资料、上部结构及基础设计资料等;

(2) 根据结构类型、荷载大小及使用要求,结合地形地貌、地层结构、土质条件、地下水特征、环境情况、对邻近建筑的影响等因素进行综合分析,初步选出几种可供考虑的地基处理方案,包括选择两种或多种地基处理措施组合的综合处理方案;

(3) 对初步选出的各种地基处理方案,分别从加固原理、适用范围、预期处理效果、耗用材料、施工机械、工期要求和对环境的影响等方面进行技术经济分析和对比,选择最佳的地基处理方案;

(4) 对已选定的地基处理方法,宜按建筑物地基基础设计等级和场地复杂程度,在有代表性的场地上进行相应的现场试验或试验性施工,并进行必要的测试,以检验设计参数和处理效果。如达不到设计要求时,应查明原因,修改设计参数或调整地基处理方案。

1.4.3 地基处理的设计规定

(1) 经处理后的地基,当按地基承载力确定基础底面积 A 及埋深 d 而需要对各种地基处理方法加固后的地基承载力特征值进行修正时,按如下公式计算:

$$f_a = f'_{ak} + \eta_b \gamma (b-3) + \eta_d \gamma_m (d-0.5) \tag{1.1}$$

式中,f_a——各种地基处理方法加固后的地基承载力特征值的修正值(kPa)。

f'_{ak}——各种地基处理方法加固后的地基承载力特征值(kPa),需通过静载试验确定,即由荷载试验测定的地基土压力变形曲线线性变形段内规定的变形所对应的压力值,其最大值为比例界限值;缺乏试验资料时,可按各种地基处理方法加固后的地基承载力特征值计算公式来估算。

η_b、η_d——基础宽度和埋深的地基承载力修正系数。对于大面积压实(压实宽度大于基础宽度的 2 倍)填土地基,$\eta_b=0$,压实系数大于 0.95,黏粒含量 $\rho_c \geqslant 10\%$ 的粉土的 $\eta_d=1.5$;$\rho_d > 2.1 \text{t/m}^3$ 的级配砂石的 $\eta_d=2.0$;其他处理地基,$\eta_b=0$,$\eta_d=1.0$。

γ、γ_m——基础底面以下土的重度(kN/m³)和基础底面以上土的加权平均重度(kN/m³),地下水位以下取浮重度。

b、d——基础底面宽度(m)和基础埋置深度(m)。

(2) 处理后的地基应满足建筑物地基承载力、变形和稳定性要求，地基处理设计还应符合下列规定：

① 经处理后的地基，当在受力层范围内仍存在软弱下卧层时，应进行软弱下卧层地基承载力验算。

② 按地基变形设计或应作变形验算且须进行地基处理的建（构）筑物，应对处理后的地基进行变形验算。

③ 对建造在处理后的地基上受较大水平荷载或位于斜坡上的建（构）筑物，应进行地基稳定性验算。

采用圆弧滑动法时，安全系数不小于 1.30，散体加固材料的 c、φ 按其密实度用试验确定，胶结材料的 c、φ 按桩体断裂后滑动面材料的摩擦性能确定。

(3) 采用多种地基处理方法综合使用的地基处理工程验收检验时，应采用大尺寸承载板进行载荷试验，其安全系数不应小于 2.0。

1.5 地基处理技术发展概况

地基处理是既古老又年轻的领域，灰土垫层和短桩处理在我国应用历史悠久，可以追溯到数千年前。从陕西半坡村新石器时代的遗址中，柱基的地基和柱坑周围的回填土内，发现了"红烧土碎块、粗陶片"，表明当时的人们已开始摸索用换填法处理地基；北京 400 年前的城墙基础、陕西三原县的清河龙桥护堤等都是灰土夯实筑成的，至今坚硬如石。近一个世纪以来，随着大型工业厂房、高层建筑、高速公路、高速铁路的与日俱增，出现了许多新的地基处理方法，如 20 世纪 30 年代德国发明的振冲法，1952 年瑞典皇家地质学院提出的真空预压法，20 世纪 60 年代末法国 Menard 技术公司首创的强夯法和我国首创的灰土桩法，20 世纪 70 年代初日本发明的高压喷射技术，20 世纪 90 年代日本开发的 TRD 工法。

地基处理技术在中华人民共和国成立后，尤其是 30 余年来取得了迅速的发展。

中华人民共和国成立初期，为了满足我国建设的需求，大量地基处理技术从苏联引进国内，砂石垫层法、砂桩挤密法、石灰桩法、化学灌浆法、重锤夯实法、堆载预压法、挤密桩法、灰土桩法、预浸水法和井点降水等地基处理技术先后被引进或开发使用。但是，受当时对地基处理加固机理的研究和认识水平，以及地基处理实践经验的限制，在地基处理中主要是参照苏联的规范和实践经验，仍有一定的盲目性，这个时期我国最广泛使用的是垫层等浅层处理法。

从 20 世纪 70 年代末开始，由于改革开放，随着沿海地区大批工业项目的兴建，尤其是上海宝山钢铁公司等大型现代化企业的建设和沿海城市高层建筑的发展，大批国外先进的地基处理技术被引进，如 1977 年引进深层搅拌技术，1978 年引进强夯技术，2007 年引进 TRD 工法等，极大地促进了我国地基处理技术的应用和研究。同时，各地还因地制宜地发展了适合我国国情的地基处理新技术，如真空-堆载联合预压法、锚杆静压桩法、低强度桩复合地基技术、孔内夯扩技术、静动联合排水固结法、应力解除法纠倾技术等。

地基处理技术的发展还推动了我国的地基处理设计计算理论的进步，如复合地基概念从狭义复合地基发展到广义复合地基，形成了较系统的广义复合地基理论，提出了按沉降控制的复合地基设计思路；在考虑井阻的砂井固结理论、超载预压对消除次固结变形的作用、塑料排水带的有效加固深度等方面取得了不少的进展。

自改革开放以来,我国的地基处理技术发展很快。1984年在杭州成立了中国土木工程学会土力学基础工程分会地基处理学术委员会,1986年在上海宝山钢铁公司召开了我国第一届地基处理学术讨论会,全国地基处理学术讨论会每两年一届,至今已召开16届,极大地促进了地基处理技术的普及与提高;地基处理学术委员会组织编写《地基处理手册》,自1988年出版以来已出版3版,发行12万多册,系统、全面地总结了我国地基处理新经验,介绍了我国应用的各种地基处理方法的加固原理、设计计算方法、施工工艺及质量检测,反映了我国地基处理的技术水平。

众多科研院校积极开展地基处理新技术的研究、开发、推广和应用,从事地基处理的专业施工队伍不断增加,相关企业越来越重视地基处理新技术的研发和应用,如高真空击密法就是由施工企业提出的;另外,在地基处理施工机械方法上,研制了许多新产品。从事地基处理科研、设计、施工、检测的专业技术队伍已经形成,并不断壮大。

有关地基处理设计与施工的规范及规程也得到了较快发展,目前已形成了《复合地基技术规范》(GB/T 50783—2012)、《建筑地基处理技术规范》(JGJ 79—2012)、《公路软土地基路堤设计与施工技术细则》(JTG/T D31-02—2013)等国家规范和行业标准。此外,北京、天津、上海、深圳等地制定了地区性地基处理技术规程,这些规范规程的制定和实施,促进了我国地基处理技术不断地向前发展。

目前,我国在地基处理设计、施工、监测和检测等方面的发展已较成熟,地基处理技术总体上已经达到了世界领先水平。

思考题与习题

1. 建筑物的地基面临的问题大致有哪几个?
2. 什么是软土?什么是软弱地基?软弱地基包含哪些地基?
3. 按地基处理加固原理,常见的地基处理方法分为哪几类?简述各类地基处理方法的加固原理。
4. 地基处理方法的确定需考虑哪些因素?
5. 为什么在确定地基处理方法时要因地制宜和重视当地地方处理经验?
6. 大面积深厚软土的地基处理方法有哪些?各自的优缺点是什么?
7. 湿陷性黄土地基的处理方法有哪些?
8. 为了防止粉细砂地基的液化,可采取的地基处理方法有哪些?
9. 经处理后的地基,当按地基承载力确定基础底面积及埋深时,需要对地基承载力特征值进行修正,基础宽度和埋深的地基承载力修正系数如何取值?
10. 经处理后的地基,当在受力层范围内仍存在软弱下卧层时,应如何进行软弱下卧层地基承载力的验算?
11. 地基应力解除法纠倾与掏土法纠倾的区别是什么?
12. 高真空击密法与动力固结法有何异同?

第2章 加密法

2.1 换土垫层法

2.1.1 概述

换土垫层法是将基础底面下一定范围内不满足要求的土层全部或部分挖出后,换填强度高、压缩性小、性能稳定、无侵蚀性,且满足其他特定功能要求的材料,经过分层压(夯、振)实形成垫层。

换土垫层法适用于浅层软弱土层或不均匀土层的处理,也可用于一些区域性特殊土,如膨胀土、湿陷性黄土、季节性冻土的处理。由于垫层仅对浅层软弱地基进行处理,无论是地基承载力的提高、变形性能的改善都有限,因此该法只适用于建(构)筑物荷载不太大的工程。

用作回填的材料有中(粗)砂、碎石、粉质黏土、灰土、矿渣、粉煤灰等,应根据荷载大小、对垫层的使用要求并结合当地材料来源选用。

垫层需分层填筑并压实。垫层密实的常用方法为机械碾压、重锤夯实和振动压实,应根据换填材料选择适合的压实方法及施工机械。

换填垫层的厚度宜为 0.5~3.0m。垫层厚度过大,一方面挖填方量大,另一方面换填时开挖的基坑过深。在软弱土层中施工时,边坡需要增加支护措施,若地下水位高还需降水,这些都会导致工程处理费用增高,工期延长,对环境的影响增大。因此,换土垫层法的处理深度常控制在 3.0m 以内较为经济合理。

2.1.2 加固机理

1. 提高地基的承载力

地基中的剪切破坏是从基础底面开始的,并随着基底压力的增大而逐渐向纵深发展。因此,若以抗剪强度较高的材料代替基底以下的软弱土层,可提高持力层承载力。此外,根据双层地基理论,刚度更大的垫层会使地基中的附加应力进一步扩散,从而满足垫层下未置换的软弱土层的强度要求。

2. 减小基础的沉降量

地基浅层部分的附加应力较大,其沉降量一般在总沉降中所占的比例也较大。以条形基础为例,相当于基础宽度深度范围内的沉降量约占总沉降量的 50%。若以密实填筑材料代替浅层软弱土,则可减少这部分土层的沉降量。此外,由于垫层的应力扩散作用,垫层下软弱土层上的附加应力减小,下卧土层的沉降量也减少了。但需要注意的是,对软弱土层较厚的情况,垫层会加大基础荷载在下卧层中的影响深度,下卧软弱土层的长期变形可能依然很大。

3. 加速软弱土层的排水固结

当垫层采用砂或砂石等透水性大的材料,软弱土层受压后,垫层将是良好的排水通道,可以使地基中的孔隙水压力迅速消散,加速垫层下软弱土层的排水固结,进而提高其强度。

此外,在寒冷地区采用粗粒料换填,由于粗颗粒孔隙大,不易产生毛细现象,可以防止土中结冰造成的冻胀;在湿陷性黄土地基上采用素土、灰土或二灰土进行换填,可消除基底下1~3m厚黄土层的湿陷性,从而减小地基总湿陷量。

2.1.3 垫层设计

垫层的设计不但要满足建筑物对地基强度、稳定性和变形方面的要求,而且要符合耐久性和技术经济合理的要求。换土垫层法设计内容包括垫层材料的选用、垫层厚度和宽度的确定和地基沉降计算等。

1. 垫层材料的选用

垫层材料可因地制宜地根据工程的具体条件、基底压力,合理选择下述材料。

(1) 砂石

砂石垫层材料,宜选用级配良好的碎石、卵石、角砾、圆砾、砾砂、粗砂、中砂或石屑,并不得含有植物残体、垃圾等杂质。对具有排水要求的砂垫层宜控制含泥量不大于3%。当使用粉细砂或石粉时,应掺入不少于总质量30%的碎石或卵石。砂石的最大粒径不宜大于50mm。对湿陷性黄土或膨胀土地基,不得选用砂石等透水性材料。

(2) 粉质黏土

土料中有机质含量不能超过5%,且不得含有冻土或膨胀土。当含有碎石时,其最大粒径不宜大于50mm,但采用粉质黏土大面积换填并使用大型机械夯压时,碎石粒径可稍大于50mm,但不宜超过100mm。用于湿陷性黄土或膨胀土地基时,土料中不得夹有砖、瓦或石块等。

(3) 灰土

灰土的原材料为石灰和土料,体积配合比宜为2∶8或3∶7。石灰宜选用新鲜的消石灰,其最大粒径不得大于5mm,储存期不超过3个月。消石灰的性质取决于其活性矿物的含量,CaO和MgO的含量百分率越高,则石灰的活性越强,胶结力越强。灰土垫层中采用的消石灰应符合Ⅲ级以上标准。土料宜选用粉质黏土,一般黏粒含量越高,与消石灰反应越充分,灰土强度越高。土料不宜采用块状黏土且不得含有松软杂质,土料应过筛且最大粒径不得大于15mm。

土垫层和灰土垫层在湿陷性黄土地区使用较为广泛。当仅要求消除基底下1~3m湿陷性黄土的湿陷量时,可采用土垫层;当同时要求提高垫层的承载力及增强水稳性时,宜采用灰土垫层。

(4) 粉煤灰

粉煤灰是燃煤电厂的工业废弃物,其化学成分与天然土中的化学成分有很大的相似性,从粒径上属于粉土的范畴。工程实践表明,粉煤灰是一种良好的地基处理材料。由于粉煤灰含有CaO、SO_3等成分,当与水作用时,产生具有胶凝作用的火山灰反应,使粉煤灰垫层逐渐获得一定的强度和刚度。粉煤灰自重轻,干灰松散重度一般为6.5~8.5kN/m³,湿灰松散重度为12.5~14.5kN/m³,均比土轻,用其作回填材料时,可避免由于垫层自重增加导致下卧土层产生附加沉降,因此粉煤灰适用于道路、厂房、机场、港区陆域和堆场等工程的大面积换填。

选用的粉煤灰应满足相关标准对腐蚀性和放射性的要求。由于粉煤灰含碱性物质,回填后碱性成分在地下水中溶出,使地下水具有弱碱性,因此应考虑其对地下水的影响并应对粉煤灰垫层中的金属构件、管网采取一定的防腐措施。粉煤灰垫层上宜覆盖0.3~0.5m厚的黏性土,以防止干灰飞扬,同时减少碱性对植物生长的不利影响。

(5) 矿渣

垫层使用的矿渣是指高炉重矿渣,是高炉冶炼生铁过程中产生的固体废渣经自然冷却而成。经破碎、筛分的矿渣称为分级矿渣;未经破碎和筛分的矿渣为原状矿渣;经破碎但未经筛分者为混合矿渣。对中、小型垫层可选用8~40mm与40~60mm的分级矿渣,或0~60mm的混合矿渣;大面积换填时,可采用混合矿渣或原状矿渣,矿渣最大粒径不宜大于200mm或大于分层铺筑厚度的2/3。矿渣的松散重度不应小于11kN/m³,有机质及含泥总量不得超过5%。

矿渣能否用作垫层材料,前提之一在于它是否具有足够的结构稳定性,因此垫层设计、施工前应对所选用的矿渣进行试验,确认其性能稳定并满足腐蚀性和放射性安全的要求。对易受酸、碱影响的基础或地下管网不得采用矿渣垫层。大量填筑矿渣时,应经场地地下水和土壤环境的不良影响评价合格后,方可使用。

(6) 土工合成材料加筋垫层

土工合成材料应采用抗拉强度较高、耐久性好、抗腐蚀的土工带、土工格栅、土工格室、土工垫或土工织物。垫层填料宜用碎石、角砾、砾砂、粗砂、中砂等材料,且不宜含氯化钙、碳酸钠、硫化物等化学物质。当工程要求垫层具有排水功能时,垫层材料应具有良好的透水性。详见第5.2节。

选择上述垫层材料时,其垫层的承载力特征值需满足基底压力的要求。垫层的承载力特征值宜通过现场原位静载荷试验确定。

2. 垫层厚度的确定

垫层的厚度应根据需置换软弱土层的深度和下卧土层的承载力确定,并应符合下式要求:

$$p_z + p_{cz} \leqslant f_{az} \tag{2.1}$$

式中,p_z——相应于作用的标准组合时,垫层底面处的附加压力值(kPa);

p_{cz}——垫层底面处土的自重压力(kPa);

f_{az}——垫层底面处经深度修正后的地基承载力特征值。

垫层底面处的附加压力值可根据双层地基理论进行计算,但这种方法较为复杂,且仅限于条形基础均布荷载的计算条件。目前工程中最常用的是应力扩散角法,如图2.1所示。该方法计算简便。其表达式为:

条形基础:

$$p_z = \frac{b(p_k - p_c)}{b + 2z \cdot \tan\theta} \tag{2.2}$$

矩形基础:

$$p_z = \frac{b \cdot l \cdot (p_k - p_c)}{(b + 2z \cdot \tan\theta)(1 + 2z \cdot \tan\theta)} \tag{2.3}$$

式中，b——矩形基础或条形基础底面的宽度(m)；

l——矩形基础底面的长度(m)；

p_k——相应于作用的标准组合时，基础底面处的平均基底压力(kPa)；

p_{cz}——基础底面处土的自重压力(kPa)；

z——基础底面下垫层的厚度(m)；

θ——垫层的压力扩散角(°)，宜通过试验确定。无试验资料时，可按表2.1选用；

d——基础埋置深度(m)；

b'——垫层底部宽度。

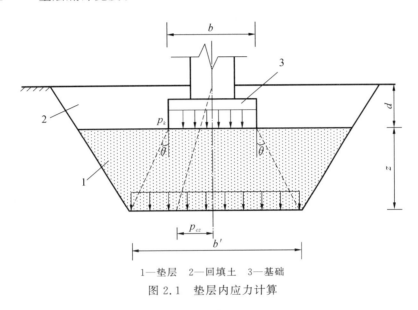

1—垫层　2—回填土　3—基础
图 2.1　垫层内应力计算

表 2.1　压力扩散角 θ(°)

换填材料 z/b	中砂、粗砂、砾砂、圆砾、角砾、碎石、卵石、石屑、矿渣	粉质黏土、粉煤灰	灰土
0.25	20	6	28
≥0.50	30	23	

注：1. 当 $z/b<0.25$ 时，除灰土取 $\theta=28°$外，其他材料均取 $\theta=0°$，必要时宜由试验确定；
　　2. 当 $0.25<z/b<0.5$ 时，θ 值可以内插。

3. 垫层宽度的确定

垫层宽度除应满足应力扩散的要求外，还应考虑侧面软土的约束作用。垫层在自重应力和附加应力作用下，会产生侧向膨胀，挤向周围软土。垫层宽度越小，其侧向膨胀和挤出越严重，不仅会降低垫层的承载力，更直接增加了基础的沉降量。

关于垫层的底面宽度 b'，一般可按压力扩散角从基础底面扩散到砂垫层底面的宽度确定：

$$b' \geq b + 2z \cdot \tan\theta \tag{2.4}$$

式中,b'——垫层底面宽度(m)。

垫层顶面宽度可从垫层底面两侧向上,按当地基坑开挖的经验及要求的放坡确定,并且垫层顶面每边超出基础底边缘不应小于300mm。

4. 地基沉降计算

换填后的地基变形由垫层自身变形和下卧层变形组成,按下式计算:

$$s = s_1 + s_2 \tag{2.5}$$

式中,s——基础的沉降量(mm);

s_1——垫层自身压缩量(mm);

s_2——垫层下卧层的沉降量(mm)。

粗粒料换填的垫层,在施工期间垫层自身的压缩变形已基本完成,且由于其变形模量远大于土,剩余压缩量很小,因而对于碎石、卵石、砂夹石、砂和矿渣垫层,在地基变形计算中,可以忽略垫层自身的变形值;但对于细粒材料,尤其是厚度较大的垫层,若建筑物对地基变形有严格限制时,应计入垫层自身的变形。

垫层自身压缩量可按下式计算:

$$s_1 = \frac{(p_k + \alpha p_k)z}{2E_s} \tag{2.6}$$

式中,α——基底压力扩散系数,由压力扩散角求得;

E_s——垫层材料压缩模量(MPa),应根据试验或当地经验确定。当无试验资料或经验时,可参照表2.2选用。

表 2.2 垫层模量(MPa)

垫层材料	模量	
	压缩模量 E_s	变形模量 E_0
粉煤灰	8~20	—
砂	20~30	—
碎石、卵石	30~50	—
矿渣	—	35~70

注:压实矿渣的 E_0/E_s 可按 1.5~3.0 取用。

垫层下卧层的沉降量 s_2 按《建筑地基基础设计规范》(GB 50007—2011)的规定进行计算。此时,沉降计算深度应从垫层底面算起。

当垫层超出原地面标高或垫层材料的重度高于原土层重度时,若下卧层顶面承受的垫层自重超过原天然土层压力较多时,应考虑这部分附加荷载在下卧层产生的变形。工程条件许可的话,宜尽早换填,以使由此引起的大部分地基变形在上部结构施工之前完成。

【例题 2.1】 某砖混结构办公楼,承重墙下为条形基础,宽1.2m,埋深1.0m,承重墙传至基础的荷载 $F_k=180$kN/m;地表为1.5m厚的杂填土,$\gamma=16$kN/m³,$\gamma_{sat}=17$kN/m³;其下为淤泥质土,$\gamma_{sat}=17.5$kN/m³,$E_s=3.5$MPa,地基承载力特征值 $f_{ak}=75$kPa,地下水埋深1.0m。基础允许沉降量为15cm。试设计基础的垫层。

解:(1)垫层材料选用。

由于基底压力 $p_k=\dfrac{F_k+G_k}{b}=\dfrac{180+20\times 1.2\times 1.0}{1.2}=170\text{kPa}$。参考《建筑地基处理技术规范》(JGJ 79—2012)中的建议值,若垫层材料选择中砂(表 6,中砂垫层承载力特征值 $150\sim 200\text{kPa}$),其承载力可满足要求。

故垫层材料选用中砂,压实系数取 0.97。

(2) 垫层厚度确定。

初步拟定垫层厚度 $z=1.5\text{m}$, $z/b>0.50$,则垫层的应力扩散角 $\theta=30°$,垫层底面处附加压力:

$$p_z=\frac{(p_k-p_c)\cdot b}{b+2z\cdot \tan\theta}=\frac{(170-16\times 1.0)\times 1.2}{1.2+2\times 1.5\tan 30°}=63.0\text{kPa}$$

垫层底面处自重压力:

$p_{cz}=16\times 1.0+10\times 1.5=31\text{kPa}$(中砂重度 $\gamma=18\text{kN/m}^3$,有效重度 $\gamma'=10\text{kN/m}^3$)

垫层底面处经深度修正后地基承载力特征值(查表 5.2.4(《建筑地基基础设计规范》(GB 50007—2011))得深度修正系数 $\eta_d=1.0$)

$$f_{az}=f_{ak}+\eta_d\gamma_d(d-0.5)=75+1.0\times \frac{16\times 1.0+(17-10)\times 0.5+(17.5-10)\times 1.0}{2.5}$$
$$\times(1.0+1.5-0.5)=96.6\text{kPa}$$
$$p_z+p_{cz}=63+31=94\text{kPa}<96.6\text{kPa}$$

故垫层厚度为 1.5m 时,强度满足要求。

(3) 确定垫层底面宽度。

$$b'=b+2z\tan\theta=1.2+2\times 1.5\times \tan 30°=2.93\text{m}$$

(4) 沉降验算。

不考虑相邻荷载影响,根据《建筑地基基础设计规范》(GB 50007—2011)规定,地基变形计算深度为:

$$z_n=2.93\times(2.5-0.4\ln 2.93)=6\text{m}$$

基础最终沉降量为:

$$s=\psi_s\sum_{i=1}^{n}\frac{p_0}{E_s}(z_i\bar{\alpha}_i-z_{i-1}\bar{\alpha}_{i-1})=1.33\times \frac{63}{3.5\times 10^3}\times 0.807\times 600=11.6\text{cm}$$

基础沉降满足要求。

故该基础下可采用中砂换填,垫层厚度为 1.5m,底面宽度为 3m。

2.1.4 垫层施工及质量检验

1. 施工方法

为保证垫层质量,垫层应分层铺筑,分层密实。按照密实所采用的机械和工艺,垫层施工方法可分为机械碾压法、重锤夯实法和平板振动法。

(1) 机械碾压法

机械碾压法是采用推土机、平碾压路机、羊足碾、振动压路机、冲击压路机等机械,来回反复碾压、震动使垫层或表层松散土体压实。此法常用于地下水位以上大面积垫层或回填土的压实,其中粉质黏土、灰土垫层宜采用平碾、振动碾或羊足碾;砂石宜采用振动碾;粉煤灰、矿渣宜采用平碾、振动碾。

为保证分层压实质量,应控制机械碾压速度,一般平碾控制在 2.0km/h 内,羊足碾控制在3.0km/h内,振动碾控制在2.0km/h内。

(2) 重锤夯实法

重锤夯实法是利用起重机械将重锤提到一定高度,然后自由落锤,不断重复夯击以加密垫层。重锤夯实法一般适用于中小型工程的粉质黏土、灰土或粉煤灰垫层。

(3) 平板振动法

平板振动法是使用平板式振捣器往复振密垫层。砂石、粉煤灰和矿渣垫层可采用此方法密实。

2. 施工参数

垫层的施工参数应根据垫层材料、施工机械及设计要求,通过现场试验确定。

(1) 施工含水量

为获得最佳密实效果,宜采用垫层材料的最优含水量 w_{op} 作为施工控制含水量。最优含水量 w_{op} 可通过击实试验确定。

对于粉质黏土和灰土,现场含水量可控制在 $w_{op} \pm 2\%$ 范围内;当使用振动碾压时,可适当放宽下限范围值,即控制在最优含水量 w_{op} 的 $-6\% \sim +2\%$ 范围内。当缺乏试验资料时,可近似取液限 w_L 的60%,或按经验采用塑限 $w_p \pm 2\%$ 的范围值作为施工含水量的控制值。粉煤灰垫层,其施工含水量应控制在 $w_{op} \pm 4\%$ 范围内。对于砂石料,当用平板振动时可取 15%~20%;用平碾或蛙式夯时可取 8%~12%;用插入式振动器时宜为饱和。对于碎石及卵石应充分浇水湿透后夯压。

(2) 压实系数

垫层施工时,由于现场条件与室内击实试验条件存在显著差异,因而现场评价垫层的质量标准常以压实系数 λ_c 来控制。其表达式为:

$$\lambda_c = \frac{\rho_d}{\rho_{d\max}} \tag{2.7}$$

式中,λ_c——现场土的压实系数;

ρ_d——现场土的控制干密度(g/cm³);

$\rho_{d\max}$——室内击实试验标准最大干密度(g/cm³)。

各种垫层的压实系数可按表2.3选用。

表2.3 各种垫层的压实系数

施工方法	换填材料	压实系数 λ_c
碾压振密或夯实	碎石、卵石	≥0.97
	砂夹石(其中碎石、卵石占全重的30%~50%)	
	土夹石(其中碎石、卵石占全重的30%~50%)	
	中砂、粗砂、砾砂、圆砾、角砾、石屑	
	粉质黏土	≥0.97
	灰土	≥0.95
	粉煤灰	≥0.95

注:1. 碎石或卵石的最大干密度可取 2.1~2.2g/cm³;

2. 表中压实系数 λ_c 系使用轻型击实试验给出的压实控制标准,采用重型击实试验时,对粉质黏土、灰土、粉煤灰及其他材料压实标准应为压实系数 $\lambda_c \geq 0.94$。

（3）铺填厚度及压实遍数

分层铺填厚度、每层压实遍数应通过现场试验确定。初步设计时，除垫层底部因接触下卧软土层，其厚度应根据施工机械和下卧层土质条件确定外，其余分层厚度可参考表 2.4 选用。

表 2.4　垫层每层铺填厚度及压实遍数

施工设备	每层铺填厚度（mm）	每层压实遍数
平碾（8～12t）	200～300	6～8
羊足碾（5～16t）	200～350	8～16
振动碾（8～15t）	500～1200	6～8
冲击碾压（冲击势能 15～25kJ）	600～1500	20～40

3. 施工注意事项

（1）基坑开挖时应避免扰动坑底土层，可保留 180～220mm 厚的土层暂不挖除，待铺填垫层前再由人工挖至设计标高。

（2）除砂垫层宜采用水撼法施工外，其余垫层施工均不得在浸水条件下进行，若地下水位高于基坑底面时，应采取排水或降水措施。

（3）如采用碎石或卵石垫层，宜先铺设 150～300mm 的砂垫层或铺一层土工织物，避免碎石或卵石挤入软土中加大沉降。

（4）垫层底面宜设置在同一标高上，如深度不同，坑底土层应挖成阶梯或斜坡搭接，并按先深后浅的顺序施工，搭接处应夯压密实。

4. 质量检验

垫层的质量检验分为施工质量检验和竣工验收。

垫层的施工质量检验应分层进行，并应在每层的压实系数符合设计要求后铺填上层。对粉质黏土、灰土、砂石、粉煤灰垫层的分层检验可选用环刀取样、静力触探、轻型动力触探或标准贯入试验等方法；对碎石、矿渣垫层可选用重型动力触探法。

采用环刀法检验时，取样点应位于每层厚度的 2/3 深度处。检验点数量，条形基础下每 10～20m 不少于 1 个点，独立柱基不应少于 1 个点，其他基础下垫层每 50～100m² 不应少于 1 个点。采用标准贯入试验或动力触探法时，每分层检验点的间距不应大于 4m。

垫层全部施工完毕后，应进行工程质量验收。验收方式采用静载荷试验，每个单体工程不宜少于 3 个点。

2.1.5　典型案例（钱家欢等，1996）

阜宁船闸位于灌溉总渠阜宁县陈集乡境内，其基础下地基，在高程 -0.4～-4.8m 为灰黑色淤泥质黏土，含水量 $w=46\%$，抗剪强度指标 $c=11.0$kPa，$\varphi=6°$，地基承载力 $f_{ak}=60$kPa；其下高程 -4.8～-16.0m 为淤泥质黏土，含水量 $w=41\%$，强度指标 $c=14.0$kPa，$\varphi=10°$，地基承载力 $f_{ak}=75$kPa。经过计算，闸首下基底压力 $p_{max}=89.1$kPa，$p_{min}=84.3$kPa，闸室墙下 $p_{max}=116.0$kPa，$p_{min}=100.0$kPa，承载力不能满足要求，因此将高程

−4.5m以上的土层全部挖除,换填粉土。下闸首换土的干密度 $\rho_d=1.51\text{g/cm}^3$,$c=5\text{kPa}$,$\varphi=25°$,闸室墙下换土的干密度 $\rho_d=1.57\text{g/cm}^3$,$c=10\text{kPa}$,$\varphi=29°$,均满足承载力要求。

换土后,船闸在7个月的施工期间,上、下闸首及闸室墙地基的沉降量分别为77mm、92mm、121mm,完工后15个月内其累计沉降量分别为115mm、155mm、161mm,不均匀沉降量不大,建筑物各部位情况良好。船闸建成后,经历4个半月才开始充水,此期间基底压力最大,沉降量为9～11mm,无异常现象,说明地基强度能够满足建筑物的要求。但船闸使用5年后,由于沉降和不均匀沉降不断发展,导致浆砌块石闸室墙变形、裂缝较大,闸室墙最大沉降35cm,止水铜片撕裂,墙后排水管断裂而不得不多次进行加固。这说明换土垫层的主要作用是解决地基承载力不足的问题,而不能消除垫层以下软土的压缩量。当软弱土层较薄且沉降量小时,一般情况下无须采取其他措施;当垫层以下软弱土层的沉降量较大,但不影响建筑物建成后的正常使用时,需要与之相适应的基础和上部结构,以保持建筑物的整体稳定;当较大的沉降量为建筑物所不容许时,除非结合其他处理措施,否则不适宜采用换土垫层法。如邻近的阜宁腰闸地基与船闸地基土质基本一致,地基软黏土深达24m,采用砂垫层(垫层厚度3.9m)换填,闸底板及岸翼墙均为空箱式钢筋混凝土结构,使用30多年,由于上部采用轻型结构,且荷载均匀,沉降虽达60cm左右,但不均匀沉降不大,建筑物情况良好。

2.2 强夯及强夯置换法

2.2.1 概述

强夯法又称为动力压实法(dynamic compaction method)或动力固结法(dynamic consolidation method),是法国Menard技术公司于1969年首创的一种地基加固法。该法于1969年首先应用于法国戛纳附近芒德利厄海边20多幢八层楼居住建筑的地基加固工程。现场的地质条件是,表层4～8m为采石场废石弃土填海造地,以下15～20m为夹泥灰岩。原拟采用桩基础,不仅桩长达30～35m,而且承担由桩侧摩阻力所产生的荷载将占整个桩基础承载力的60%～70%,很不经济。后改用堆土(5m,100kPa)预压加固,历时3个月,沉降仅20cm。最后,采用强力夯实,只一遍(锤重80kN,落距10m,夯击能为1200kN·m)就沉降了50cm。房屋竣工后,基础底面压力为300kPa,绝

图 2.2 强夯法施工现场

对沉降仅1cm,而差异沉降可忽略不计,随即引起了人们的注意。该法通过8～30t的重锤(最重可达200t)和8～20m的落距(最高可达40m),如图2.2所示,对地基土施加很大的冲击能,一般能量为500～8000kN·m。在地基土中所出现的冲击波和动应力,可提高地基土的强度、降低土的压缩性、改善砂土的抗液化条件、消除湿陷性黄土的湿陷性等。同时,夯击能还可提高土层的均匀程度,减少将来可能出现的差异沉降。对于高饱和度的粉土和黏性

土地基，有人采用在方坑内回填块石、碎石或其他粗颗粒材料，强行夯入并排开软土，最终形成砂石桩（墩）与软土的复合地基，此法称之为强夯置换法（或动力置换、强夯挤淤）（dynamic replacement method）。

工程实践表明，强夯法具有施工简单、加固效果好、使用经济等优点，因而被世界各国工程界所重视。我国在 20 世纪 70 年代末首次在天津新港三号公路进行强夯试验研究。之后，在全国各地对各类土强夯处理都取得了良好的技术经济效果。当前，应用强夯法处理的工程范围极为广泛，有工业与民用建筑、仓库、油罐、储仓、公路和铁路路基、飞机场跑道及码头等。总之，强夯法在某种程度上比机械的、化学的和其他力学的加固方法更为广泛和有效。但对饱和度较高的黏性土，如用一般强夯处理效果不太显著，尤其是加固淤泥和淤泥质土地基，效果更差，使用时应慎重对待，必须给予排水出路。为此，强夯法加袋装砂井（或塑料排水带）是一个在软黏土地基上进行综合处理的加固途径。

2.2.2 加固机理

强夯法虽然在实践中已被证实是一种较好的地基处理方法，但到目前为止，国内外还没有一套成熟和完善的理论和设计计算方法。在第十届国际土力学和基础工程会议上，美国教授 Mitchell 在"地基处理"的科技发展水平报告中提到，"强夯法目前已发展到地基土的大面积加固，深度可达 30m。当用于非饱和土时，压密过程基本上与实验室中的击实实验相同。在饱和无黏性土的情况下，可能会产生液化，其压密过程与爆破和振动密实的过程相同。这种加固方法对饱和细颗粒土的效果，成功和失败的工程实例均有报道。对于这类土需要破坏土的结构，产生超孔隙水压力，以及通过裂隙形成排水通道进行加固。而强夯法对加固杂填土特别有效"。

关于强夯加固机理，首先，应该分为宏观机理和微观机理。其次，对饱和土与非饱和土应该加以区分，而在饱和土中，黏性土与非黏性土还应该再加以区分。另外对特殊土，如湿陷性黄土等，应该考虑特殊土的特征。再次，在研究强夯机理时应该首先确定夯击能量中真正用于加固地基的那一部分，而后再分析此部分能量对地基土的加固作用。

根据实测结果，强夯时突然释放的巨大能量，将转化为各种波形传到土体内。最先到达某指定范围的波是压缩波，振动能量以约 7% 传播出去，它使土体受压或受拉，能引起瞬时的孔隙水汇集，因而使地基土的抗剪强度大为降低。紧随压缩波之后的是剪切波，振动能量以约 26% 传播出去，它会导致土体结构的破坏。另外还有瑞利波（面波），振动能量以约 67% 传播出去，并能在夯击点附近造成地面隆起。对饱和土而言，剪切波是使土体加密的波。

因此，对于土的不同的物理力学特性（颗粒大小、形状、级配、密实度、内聚力、内摩擦角、渗透系数等），土的不同类型（饱和土、非饱和土、砂性土、黏性土等）和不同的施工工艺（夯击能、夯点布置、特殊排水措施等），强夯法的加固机理和效果是不相同的。目前，强夯法加固地基有三种不同的加固机理：动力密实（dynamic compaction）、动力固结（dynamic consolidation）和动力置换（dynamic replacement）。

1. 动力密实

采用强夯加固多孔隙、粗颗粒、非饱和土是基于动力密实的机理，即用冲击型动力荷载，使土体中的孔隙减小，土体变得密实，从而提高地基土强度。非饱和土的夯实过程，就是土中的气相(空气)被挤出的过程,其夯实变形主要是由于土颗粒的相对位移引起的。在夯击动应力 p_d 的作用下,不同位置的土体处于不同的状态,大致可分为以下四个区域(图 2.3):A 区为主压实区,动应力 σ 超过土的强度 σ_f,土体结构被破坏后压实,并产生较大的侧向挤压力,该区加固效果明显;B 区为次压实区(削弱区),土中的应力 σ 小于破坏强度 σ_f,但大于土的弹性极限 σ_i;C 区为隆起区;D 区为未加固区。因此,动力密实的影响深度除了与动力大小有关外,还与地基土的结构强度有关。土的结构强度越大,影响深度越小。

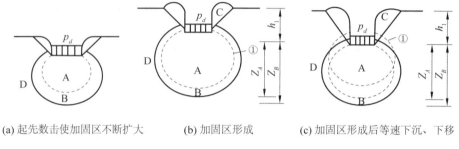

(a) 起先数击使加固区不断扩大　　(b) 加固区形成　　(c) 加固区形成后等速下沉、下移

图 2.3　动力密实机理

2. 动力固结

用强夯法处理细颗粒饱和土时,则是借助于动力固结的理论,即巨大的冲击能量在土中产生很大的应力波,破坏了土体原有的结构,使土体局部发生液化并产生许多裂隙,增加了排水通道,使孔隙水顺利逸出,待超孔隙水压力消散后,土体固结。由于软土的触变性,强度会逐渐得到提高。Menard 根据强夯法的实践,首次对传统的固结理论提出了不同的看法,认为饱和土是可压缩的新机理。可归纳为以下四点:

(1) 饱和土的压缩性

Menard 教授认为:由于土中有机物的分解,第四纪土中大多数都含有以微气泡形式出现的气体,其含气量在 1%～4% 范围内,进行强夯时,气体体积压缩,孔隙水压力增大,随后气体有所膨胀,孔隙水排出的同时,孔隙水压力就减小。这样每夯击一遍,液相气体和气相气体都有所减少。根据实验,每夯击一遍,气体体积可减少 40%。

(2) 产生液化

在重复夯击作用下,施加在土体的夯击能量,使气体逐渐受到压缩。因此,土体的沉降量与夯击能成正比,当气体按体积百分比接近零时,土体便变成不可压缩的。相应于孔隙水压力上升到上覆土层压力相等的能量级,土体即产生液化。如图 2.4 所示的液化度为孔隙水压力与液化压力之比,而液化压力即为覆盖压力。当液化度为 100% 时,亦即为土体产生液化的临界状态,而该能量级称为"饱和能"。此时,吸附水变成自由水,土的强度下降到最小值。一旦达到"饱和能"而继续施加能量,除了使土起重塑的破坏作用外,能量纯属浪费。

图 2.5 为夯击三遍的情况。从图中可见,每夯击一遍时,体积变化有所减少,而地基承载力有所增长,但体积的变化和承载力的提高,并不是遵照夯击能线性增加的。应当指出,天然土的液化常常是逐渐发生的,绝大多数沉积物是层状和结构性的。粉质土层和砂质土层比黏性土层先进入液化。还应注意的是,强夯时所出现的液化,它不同于地震时的液化,只是土体的局部液化。

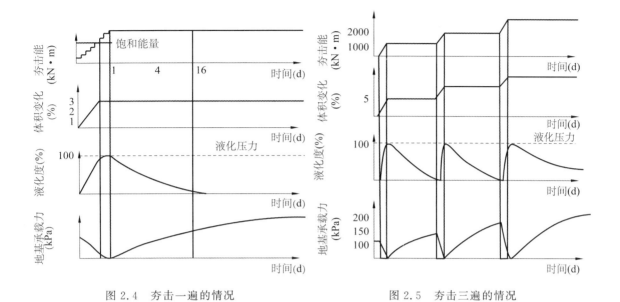

图2.4 夯击一遍的情况　　　　　图2.5 夯击三遍的情况

（3）渗透性变化

在很大夯击能作用下，地基土体中出现冲击波和动应力。当所出现的超孔隙水压力大于颗粒间的侧向压力时，会使土颗粒间出现裂隙，形成排水通道。此时，土的渗透系数骤增，孔隙水得以顺利排出。在有规则网格布置夯点的现场，通过积聚的夯击能量，在夯坑四周会形成有规则的垂直裂缝，夯坑附近会出现涌水现象。

当孔隙水压力消散到小于颗粒间的侧向压力时，裂隙即自行闭合，土中水的运动重新又恢复常态。另外，相关研究表明，夯击时出现的冲击波，将土颗粒间的吸附水转化成为自由水，因而促进了毛细管通道横断面的增大。

（4）触变恢复

触变恢复指的是土体强度在动荷载作用下强度会暂时降低，但随着时间的增长会逐渐恢复的现象。在重复夯击作用下，土体的强度逐渐降低，当土体出现液化或接近液化时，土体的强度达到最低值。此时土体产生裂隙，而土中吸附水部分变成自由水，随着孔隙水压力的消散，土的抗剪强度和变形模量都有了大幅度的增长。这是由于土颗粒间紧密的接触及新吸附水层逐渐固定的原因，其吸附水逐渐固定的过程可能会延续至几个月，在触变恢复期间，土体的沉降却是很小的，有的资料介绍在1‰以下。

相对于砂土和粉土，饱和黏性土的触变性较明显，尤其是对于灵敏度高的软土。因此，强夯后质量检验的勘探工作或测试工作，至少应当在强夯后一个月再进行，不然得出的指标会偏小。值得注意的是，经强夯后土在触变恢复过程中，对振动是十分敏感的，因此在进行勘探或测试工作时应十分注意。

鉴于以上强夯法加固的机理，Menard对强夯中出现的现象，提出了一个新的弹簧活塞模型，对动力固结的机理作了解释，如图2.6所示。

静力固结理论与动力固结理论模型间的区别，主要表现为如表2.5所示的四个主要特性。

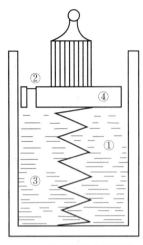 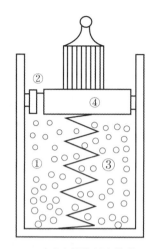

(a) 静力固结理论模型　　　　　　　　(b) 动力固结理论模型

图 2.6　静力固结理论与动力固结理论的模型比较

表 2.5　静力固结理论和动力固结理论对比

静力固结理论(图 2.6(a))	动力固结理论(图 2.6(b))
① 不可压缩的液体	① 含有少量气泡的可压缩液体，由于微气泡的存在，孔隙水是可压缩的
② 固结时液体排出所通过的小孔，其孔径是不变的	② 由于夯击前后土的渗透性发生变化，因此固结时液体排出所通过的小孔，其孔径是变化的
③ 弹簧刚度是常数	③ 在触变恢复过程中，土的刚度有较大的改变，因此弹簧刚度为变数
④ 活塞无摩阻力	④ 活塞有摩阻力。在实际工程中，常可监测到孔隙水压力的减少，但并没有相应的沉降发生

3. 动力置换

动力置换可分为整式置换和桩式置换，如图 2.7 所示。整式置换是采用强夯将碎石整体挤入淤泥中，其作用机理类似于换土垫层。桩式置换是通过强夯将碎石填筑土体中，部分碎石桩(或墩)间隔地夯入软土中，形成桩式(或墩式)的碎石桩(或墩)。其作用机理类似于振冲法等形成的碎石桩，它主要是靠碎石内摩擦角和桩(或墩)间土的侧限来维持桩体的平衡，并与桩(或墩)间土起复合地基的作用。

(a) 整式置换　　　　　　　　(b) 桩式置换

图 2.7　动力置换类型

2.2.3 强夯法设计与计算

1. 强夯法设计要点

1) 有效加固深度

有效加固深度既是选择地基处理方法的重要依据又是反映处理效果的重要参数。一般可按下列公式估算有效加固深度：

$$H = \alpha \sqrt{M \cdot h} \tag{2.8}$$

式中，H——有效加固深度(m)；

M——夯锤质量(t)；

h——落距(m)；

α——系数，须根据所处理地基土的性质而定，对软土可取 0.5，对黄土可取 0.34~0.5。

目前，国内外尚无关于有效加固深度的确切定义，但一般可理解为：经强夯加固后，该土层强度和变形等指标能满足设计要求的土层范围。

实际上影响有效加固深度的因素很多，除了锤重和落距外，还与地基土的性质，不同土层的厚度和埋藏顺序、地下水位及其他强夯的设计参数等都有密切关系。因此，强夯的有效加固深度应根据现场试夯或当地经验确定。在缺少经验或试验资料时，可根据单击夯击能（即锤重 M 与落距 h 的乘积）和地基土类型按表 2.6 预估。

表 2.6 强夯的有效加固深度(m)

单击夯击能(kN·m)	碎石土、砂土等粗颗粒土	粉土、黏性土、湿陷性黄土等细颗粒土
1000	5.0~6.0	4.0~5.0
2000	6.0~7.0	5.0~6.0
3000	7.0~8.0	6.0~7.0
4000	8.0~9.0	7.0~8.0
5000	9.0~9.5	8.0~8.5
6000	9.5~10.0	8.5~9.0
8000	10.0~10.5	9.0~9.5

注：强夯的有效加固深度应从起夯面算起。

2) 夯锤和落距

单击夯击能为锤重与落距的乘积。强夯的单击夯击能量，应根据地基土类别、结构类型、地下水位、荷载大小和要求有效加固深度等因素综合考虑，也可通过现场试验确定。在一般情况下，对砂土等粗粒土可取 1000~6000kN·m；对黏性土等细粒土可取 1000~3000kN·m。

(1) 夯锤。

① 夯锤形式。我国使用的夯锤一般为 10~25t，最大的夯锤可达 40t。夯锤的平面一般

有圆形和方形等形状,其中有气孔式和封闭式两种。实践证明,圆形和带有气孔的锤较好,它可克服方形锤由于上下两次夯击着地并不完全重合而造成夯击能量损失和着地时倾斜的缺点。夯锤中宜设置若干个上下贯通的气孔,孔径可取 250~300mm,它可减小起吊夯锤时的吸力(在上海金山石油化工厂的试验工程中测出,夯锤的吸力达三倍锤重);又可减少夯锤着地前的瞬时气垫的上托力,从而减少能量的损失。

② 锤底面积。锤底面积对加固效果有直接影响,对同样的锤重,当锤底面积较小时,夯锤着地压力过大,会形成很深的夯坑,尤其是饱和细颗粒土,这既增加了继续起锤的阻力,又不能提高地基加固的效果。因此,锤底面积宜按土的性质确定,强夯锤底静压力值可取 25~40kPa,对细颗粒土锤底静压力宜取较小值。国内外资料报道,对于砂性土和碎石填土,一般锤底面积为 2~4m^2;对于一般第四纪黏性土建议用 3~4m^2;对于淤泥质土建议采用 4~6m^2;对于黄土建议采用 4.5~5.5m^2。同时应控制夯锤的高宽比,以防止产生偏锤现象,如黄土,高宽比可采用 1∶2.5~1∶2.8。有的文献也提出,夯坑深度不宜超过夯锤宽度的一半,否则将有一部分能量损失在土中。由此可见,对细颗粒土在强夯时预计会产生较深的夯坑,因而事先要加大锤底的面积。

③ 夯锤材料。国内外夯锤材料,特别是大吨位的夯锤,多数采用以钢板为外壳和内灌混凝土的锤。目前也有为了运输的方便和根据工程需要,浇筑成在混凝土的锤上能临时装配钢板的组合锤。由于锤重的日益增加,锤的材料已趋向钢材铸成。

(2) 落距。

夯锤确定后,根据要求的单点夯击能量,就能确定夯锤的落距。我国通常采用的是 8~25m。对相同的夯击能量,常选用大落距的施工方案,这是因为增大落距可获得较大的接地速度,能将大部分能量有效地传到地下深处,增加深层夯实效果,减少消耗在地表土层塑性变形的能量。

3) 夯击点布置及间距

(1) 夯击点布置。

强夯夯击点位置可根据基底平面形状,采用等边三角形、等腰三角形或正方形布置。同时夯击点布置时应考虑施工时吊机的行走通道。强夯置换墩位置宜采用等边三角形或正方形布置。对独立基础或条形基础可根据基础形状与宽度相应布置。

强夯和强夯置换处理范围应大于建筑物基础范围,具体的放大范围,可根据建筑物类型和重要性等因素考虑决定。对一般建筑物,超出基础外缘的宽度宜为设计处理深度的 1/2~2/3,并不宜小于 3m。

(2) 夯击点间距。

夯击点间距(夯距)的确定,对于一般建筑物,根据地基土的性质和要求处理的深度而定,以保证使夯击能量传递到深处和保护邻近夯坑周围所产生的辐射向裂隙为基本原则。强夯第一遍夯击点间距可取夯锤直径的 2.5~3.5 倍,这样才能使夯击能量传到深处。第二遍夯击点位于第一遍夯击点之间。以后各遍夯击点间距可适当减小。最后一遍以较低的能量进行夯击,锤印彼此重叠搭接,用以确保地表土的均匀性和较高的密实度,俗称"普夯"(或称满夯)。如果夯距太近,相邻夯击点的加固效应将在浅处叠加而形成硬层,会影响夯击能向深部传递。另外夯击黏性土时,一般在夯坑周围会产生辐射向裂隙,这些裂隙是动力固结的主要因素。如夯距太小时,会使产生的裂隙重新又被闭合。对处理深度较深或单击夯击能较大的工程,第一遍夯击点间距宜适当增大。

4) 夯击击数与遍数

整个加固场地的总夯击能量(即锤重×落距×总夯击数)除以加固面积称为单位夯击能。夯击击数和遍数越高,单位夯击能也就越大。强夯和强夯置换的单位夯击能应根据地基土类别、结构类型、荷载大小和要求处理的深度等综合考虑,并可通过试验确定。在一般情况下,对砂土等粗粒土可取 $1000\sim3000$ kN·m/m^2;对黏性土等细粒土可取 $1500\sim4000$ kN·m/m^2。

夯击能量根据需要可分几遍施加,两遍间可间歇一段时间,称为间歇时间。

(1) 夯击击数。

单点夯击击数越多,夯击能也就越大,加固效果也越好。但是当夯击次数和夯击能增长到一定程度(即最佳夯击能)后,再增加夯击次数和夯击能,加固效果的增长就不再明显。

强夯夯点的夯击击数和最佳夯击能一般可通过现场试夯确定,常以夯坑的压缩量最大、夯坑周围隆起量最小为原则,根据试夯得到的强夯击数和夯沉量、隆起量的监测曲线来确定。尤其是对于饱和度较高的黏性土地基,随着夯击次数的增加,夯击过程中夯坑下的地基土会产生较大侧向挤出,而引起夯坑周围地面有较大隆起。在这种情况下,必须根据夯击击数和地基有效压缩量的关系曲线来确定。

对于碎石土、砂土、低饱和度的湿陷性黄土和填土等地基,夯击时夯坑周围往往没有隆起或有很少量隆起。在这种情况下,夯击次数可根据现场试夯得到的夯击击数和夯沉量关系线确定,且应同时满足下列条件:

① 最后两击的平均夯沉量不宜大于下列数值:当单击夯击能量小于 1000 kN·m 时,为 50mm;当夯击能为 $4000\sim6000$ kN·m 时,为 100mm;当夯击能大于 6000 kN·m 时,为 200mm。

② 夯坑周围地面不应发生过大隆起。

③ 不因夯坑过深而发生起锤困难。

强夯夯点的夯击击数和最佳夯击能也可通过试夯过程中地基内孔隙水压力的变化来确定。在黏性土中,由于孔隙水压力消散慢,当夯击能逐渐增大时,孔隙水压力亦相应地叠加,当达到一定程度时,土体产生塑性破坏,孔压不再增长。因而在黏性土中,可根据孔隙水压力的叠加值来确定最佳夯击能。

在砂性土中,由于孔隙水压力增长及消散过程仅为几分钟,因此,孔隙水压力不能随夯击能增加而叠加,但孔压增量会随着夯击次数的增加而有所减小。可绘制孔隙水压力增量与夯击能的关系曲线,当孔隙水压力增量随着夯击击数(夯击能)而减小并逐渐趋于恒定时,此能量即为最佳夯击能。

(2) 夯击遍数。

强夯需分遍进行,即所有的夯点不是一次夯完,而是要分几遍,如图 2.8 所示。这样做的好处如下:

① 大的间距可避免强夯过程中浅层硬壳层的形成,从而加大处理深度。常采用先高能量,大间距加固深层,然后再采用满夯加固表层松土。

② 对饱和细粒土,由于存在单遍饱和夯击能,即土体有效应力的大小,每遍夯击后需等孔压消散,压缩的气泡产生回弹后,方可进行二次压密、挤密,因此对同一夯击点需分遍

夯击。

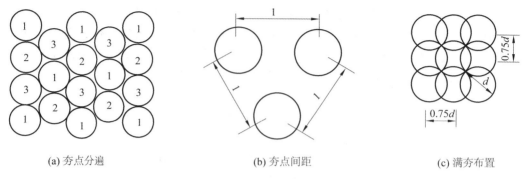

(a) 夯点分遍 (b) 夯点间距 (c) 满夯布置

① 表示第一遍；② 表示第二遍；③ 表示第三遍
图 2.8 强夯夯点布置图

③ 对饱和粗颗粒土，有时需要分遍夯击，当夯坑深度大、夯坑积水或涌土时，需填粒料。

夯击遍数应根据地基土的性质确定，可采用点夯 2～3 遍，对于渗透性较差的细颗粒土，必要时夯击遍数可适当增加。最后再以低能量满夯 2 遍，满夯可采用轻锤或低落距锤多次夯击，锤印搭接。

5) 间歇时间

对于需要分两遍或多遍夯击的工程，两遍夯击间应有一定的时间间隔，各遍间的间歇时间取决于加固土层中孔隙水压力消散所需要的时间。对砂性土，孔隙水压力的峰值出现在夯完后的瞬间，消散时间只有 2～4min（图 2.9(a)），故对渗透性较大的砂性土，两遍夯击间的间歇时间很短，亦即可连续夯击。

对黏性土，由于孔隙水压力消散较砂土慢，故当夯击能逐渐增加时，孔隙水压力亦相应的增加，故间歇时间视孔隙水压力消散情况而定，一般为 2～4 周（图 2.9(b)）。目前国内有的工程采用在黏性土地基的现场埋设袋装砂井（或塑料排水带），以便加速孔隙水压力的消散，缩短间歇时间。有时根据施工流水顺序先后，两遍间也能达到连续夯击的目的。

6) 垫层铺设

强夯施工前要求拟加固的场地必须具有一层稍硬的表层，使其支承起重设备，并便于"夯击能"得到扩散；同时也可加大地下水位与地表的距离，因此有时须铺设垫层。对场地地下水位在 -2m 深度以下的砂砾石土层，可直接施行强夯，无须铺设垫层；对地下水位较高的饱和黏性土与液化流动的饱和砂土，都需要设置砂、砂砾或碎石垫层才能进行强夯，否则土体会发生流动。垫层厚度随场地的土质条件、夯锤重量及其形状等条件而定。当场地土质条件好，夯锤小或形状构造合理，起吊吸力小时，也可减少垫层厚度，垫层厚度一般为 0.5～2.0m。铺设的垫层不能含有黏土。

2. 强夯置换法设计要点

强夯置换法适用于高饱和度粉土和软塑-流塑的黏性土等对变形控制要求不严的工程，其设计要点如下。

(1) 强夯置换墩材料。

强夯置换墩材料宜采用级配良好的块石、碎石、矿渣、建筑垃圾等质地坚硬、性能稳定、

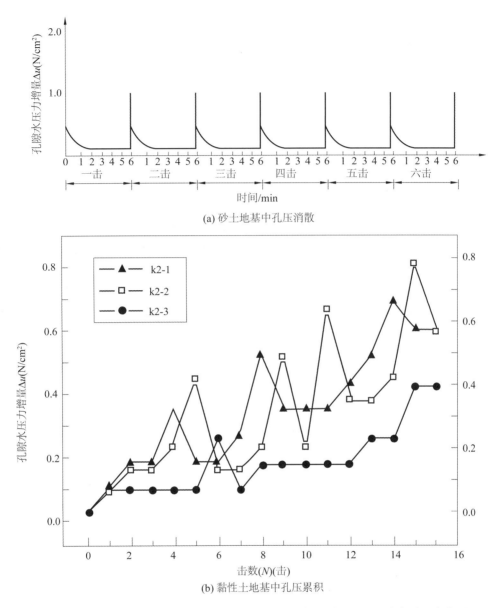

图 2.9 强夯过程中孔隙水压力消散曲线(某工程粉质黏土深 12.0m 处实测 3 点孔压)

无腐蚀性和放射性危害的粗颗粒材料,粒径大于 300mm 的颗粒含量不宜超过全重的 30%。

(2) 强夯置换墩的深度。

强夯置换墩的深度由土质条件和夯锤的形状决定,一般不宜大于 7m,采用柱锤时不宜大于 10m。当软弱土层较薄时,强夯置换墩应穿透软弱层;当软弱土层深厚时,应按地基的允许变形值或地基的稳定性要求确定。

(3) 墩位布置。

墩位宜采用等腰三角形、正方形布置,或按基础形式布置。强夯置换墩间距应根据荷载大小和原土的承载力选定,当满堂布置时可取夯锤直径的 2~3 倍。对独立基础或条形基础可取夯锤直径的1.5~2.0倍。墩的计算直径可取夯锤直径的1.1~1.2倍。

（4）置换墩地基承载力。

确定软黏性土中强夯置换墩地基承载力设计值时，可只考虑置换墩，不考虑桩间土的作用，其承载力应通过现场单墩载荷试验来确定。对饱和粉性土可按复合地基考虑，其承载力可通过现场单墩复合地基载荷试验确定。

2.2.4 施工方法

1. 施工机械

西欧国家所用的起重设备大多为大吨位的履带式起重机，通常在100t以上，稳定性好，行走方便；最近日本采用轮胎式起重机进行强夯作业，亦取得了满意结果；国外除使用现成的履带吊外，还制造了常用的三足架和轮胎式强夯机，用于起吊40t夯锤，落距可达40m。由于100t吊机，其卷扬机能力只有20t左右，如果夯击工艺采用单缆锤击法，则100t的吊机最大只能起吊20t的夯锤。我国绝大多数强夯工程只具备小吨位起重机的施工条件，因此只能使用滑轮组起吊夯锤，利用自动脱钩的装置，如图2.10所示，使锤形成自由落体。拉动脱钩器的钢丝绳，其一端拴在桩架的盘上，以钢丝绳的长短控制夯锤的落距，夯锤挂在脱钩器的钩上，当吊钩提升到要求的高度时，张紧的钢丝绳将脱钩器的伸臂拉转一个角度，致使夯锤突然下落。有时为防止起重臂在较大的仰角下突然释重而有可能发生后倾，可在履带起重机的臂杆端部设置辅助门架，或采取其他安全措施，防止落锤时机架倾覆。自动脱钩装置应具有足够的强度，且施工时要灵活。

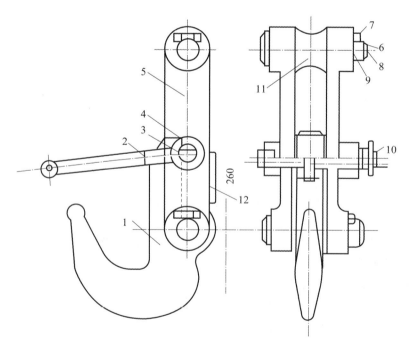

1—吊钩；2—锁卡焊合件；3、6—螺栓；4—开口销；5—架板；7—垫圈；8—止动板；
9—销轴；10—螺母；11—鼓形轮；12—护板

图 2.10 强夯脱钩装置

2. 施工步骤

(1) 强夯施工步骤。

① 清理并平整施工场地；

② 铺设垫层，在地表形成硬层，用以支承起重设备，确保机械通行和施工，同时可加大地下水和表层面的距离，防止夯击的效率降低；

③ 标出第一遍夯击点的位置，并测量场地高程；

④ 起重机就位，使夯锤对准夯点位置；

⑤ 测量夯前锤顶标高；

⑥ 将夯锤起吊到预定高度，待夯锤脱钩自由下落后放下吊钩，测量锤顶高程；若发现因坑底倾斜而造成夯锤歪斜时，应及时将坑底整平；

⑦ 重复步骤⑥，按设计规定的夯击次数及控制标准，完成一个夯点的夯击；

⑧ 重复步骤④～⑦，完成第一遍全部夯点的夯击；

⑨ 用推土机将夯坑填平，并测量场地高程；

⑩ 在规定的间隔时间后，按上述步骤逐次完成全部夯击遍数，最后用低能量满夯，将场地表层土夯实，并测量夯后场地高程。

当地下水位较高，夯坑底积水影响施工时，宜用人工降低地下水位或铺设一定厚度的松散材料。夯坑内或场地的积水应及时排除。

当强夯施工时所产生的振动对邻近建筑物或设备产生有害影响时，应采取防振或隔振措施。

(2) 强夯置换施工步骤。

① 清理并平整施工场地，当表土松软时可铺设一层厚度为 $1.0 \sim 2.0 \mathrm{m}$ 的砂石施工垫层。

② 标出夯点位置，并测量场地高程。

③ 起重机就位，夯锤置于夯点位置。

④ 测量夯前锤顶高程。

⑤ 夯击并逐击记录夯坑深度。当夯坑过深而发生起锤困难时停夯，向坑内填料直至与坑顶平，记录填料数量，如此重复直至满足规定的夯击次数及控制标准，完成一个墩体的夯击；当夯点周围软土挤出影响施工时，可随时清理并在夯点周围铺垫碎石，继续施工。

⑥ 按由内而外、隔行跳打原则完成全部夯点的施工。

⑦ 推平场地，用低能量满夯，将场地表层松土夯实，并测量夯后场地高程。

⑧ 铺设垫层，并分层碾压密实。

(3) 施工过程中的专人监测工作。

① 开夯前应检查夯锤质量和落距，以确保单击夯击能量符合设计要求；

② 在每一遍夯击前，应对夯点放线进行复核，夯完后检查夯坑位置，发现偏差或漏夯应及时纠正；

③ 按设计要求检查每个夯点的夯击次数和每击的夯沉量。对强夯置换应检查置换深度。

2.2.5 现场监测与质量检验

1. 现场监测

现场的测试工作是强夯设计施工中的一个重要组成部分。在大面积施工之前应选择面积不小于 400m² 的场地进行现场试验,监测和分析地基中位移、孔压和振动加速度等数据,以便检验设计方案和施工工艺是否合理,科学确定强夯施工各项参数。现场监测工作一般有以下几个方面的内容:

(1) 地面沉降、深层沉降及侧向变形。

地面变形研究的目的:

① 了解地表隆起的影响范围及垫层的密实度变化;

② 研究夯击能与夯沉量的关系,用以确定单点最佳夯击能量;

③ 确定场地平均沉降和搭夯的沉降量,用以研究强夯的加固效果。

变形研究的手段:地面沉降监测、深层沉降监测和水平位移监测。

每当夯击一次应及时测量夯击坑及其周围的沉降量、隆起量和挤出量。图 2.11 为夯击次数(夯击能)与夯坑体积和隆起体积关系曲线,图中的阴影部分为有效压实体积。这部分的面积越大,说明夯实的效果越好。

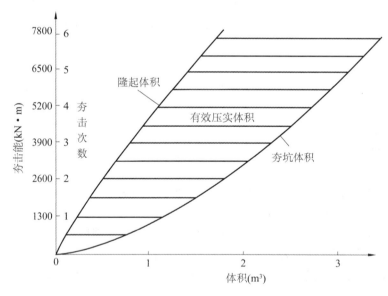

图 2.11 夯击次数(夯击能)与夯坑体积和隆起体积关系曲线

另外,对场地的夯前和夯后平均标高的水准测量,可直接监测出强夯法加固地基的变形效果。还有在分层土面上或同一土层上的不同标高处埋设深层沉降标,用以监测各分层土的沉降量,从而确定强夯法对地基土的有效加固深度;在夯坑周围埋设带有滑槽的测斜导管,再在管内放入测斜仪,在一定深度范围内测定土体在夯击作用下的侧向位移情况,可以了解强夯过程中地基土的侧向位移情况。

(2) 孔隙水压力。

一般可在试验现场沿夯击点等距离的不同深度以及等深度的不同距离埋设双管封闭式

孔隙水压力仪或钢弦式孔隙水压力仪,在夯击作用下,进行对孔隙水压力沿深度、水平距离的增长和消散的分布规律研究。从而确定两个夯击点间的夯距、夯击的影响范围、间歇时间及饱和夯击能等参数。

(3) 侧向挤压力。

将土压力盒事先埋入土中后,在强夯加固前,各土压力盒沿深度分布的土压力的规律,应与静止土压力相似。在夯击作用下,可测试每夯击一次的压力增量沿深度的分布规律。

(4) 振动加速度。

研究地面振动加速度的目的,是为了便于了解强夯施工时的振动对现有建筑物的影响。为此,在强夯时应沿不同距离测试地表面的水平振动加速度,绘成加速度与距离的关系曲线。将地表的最大振动加速度 0.98m/s^2(即 $0.1g$,g 为重力加速度,相当于七级地震设防烈度)作为设计时振动影响安全距离。如图 2.12 所示,距夯击点 16m 处振动加速度为 0.98m/s^2。

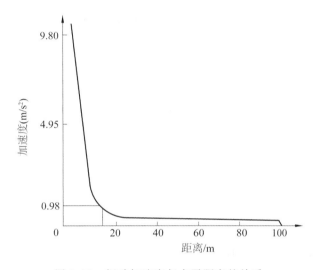

图 2.12 振动加速度与水平距离的关系

虽然 0.98m/s^2 的数值与七级地震烈度相当,但由于强夯振动的周期比地震短得多,产生振动的时间短,一秒钟完成全过程,而地震六级以上的平均振动时间为 30s;且强夯产生振动的范围也小于地震的作用范围,因此强夯施工时,对附近已有建筑物和施工中建筑物的影响肯定要比地震的影响小。减少振动影响的措施,常采用在夯区周围设置隔振沟(亦即指一般在建筑物邻近开挖深度 3m 左右的隔振沟)。隔振沟有两种,主动隔振沟和被动隔振沟。主动隔振沟是采用靠近或围绕振源的沟,以减少从振源向外辐射的能量;被动隔振沟是在靠近减振对象的一边挖沟,这两种的效果都是相同的。

2. 质量检验

强夯施工结束后应间隔一定时间方能对地基加固质量进行检验。对于碎石土和砂土地基,其间隔时间可取 7～14d;对于粉土和黏性土地基,可取 14～28d。强夯置换地基的间隔时间可取 28d。

强夯处理后的地基竣工验收时,承载力检验应采用原位测试和室内土工试验,强夯置换后的地基竣工验收时,承载力检验除应采用单墩载荷试验检验外,还应采用动力触探等有效手段查明置换墩着底情况,以及承载力与密度随深度的变化,对饱和粉土地基可采用单墩复合地基载荷试验代替单墩载荷试验。

竣工验收承载力检验的数量,应根据场地复杂程度和建筑物的重要性确定。对于简单场地上的一般建筑物,每个建筑地基的载荷试验检验点不应少于3点;对于复杂场地或重要建筑地基应增加检验点数。强夯置换地基载荷试验检验和置换墩着底情况检验数量均不应少于墩点数的1%,且不应少于3个点。

检测点位置可分别布置在夯坑内、夯坑外和夯击区边缘。检验深度应不小于设计处理的深度。

此外,质量检验还包括检查施工过程中的各项测试数据和施工记录,凡不符合设计要求的,应补夯或采取其他有效措施。

3. 工程实例

(1) 场地工程地质条件。

拟建场地为会所及建筑小区规划路与主入口道路,所处地貌单元为珠三角的丘陵区,原始场地地形高低起伏,高差变化大,分布有沟壑等。强夯施工时,该场地由新填土覆盖。加固处理场地内土层自上而下依次如下:

① 第一层:人工填土,厚1.5~8.5m,施工前2~7d内堆填而成,平均厚度超过6m。主要为黏土、粉质黏土,并含有粉细砂,结构松散,未完成自重固结。

② 第二层:粉质黏土,厚0.8~5.0m,平均为2.21m,标贯均值$N_{63.5}=3.7$击,$f_k=119$kPa。

③ 第三层:坡积砂(砾)质黏土,厚0.6~11.5m,$N_{63.5}=8.3$击,$f_k=166$kPa,属于中低压缩性土。

④ 第四层:残积砂(砾)质黏土,厚0.5~20.0m,平均为6.79m,$N_{63.5}=15.8$击,$f_k=254$kPa,属于稳定地层。

显然,对于该拟建道路场地,地基处理的关键是不均匀的新近厚填土层。

(2) 参数设计与工艺流程。

① 单击夯击能:一遍点夯1800~2500kN·m,实际根据被加固土层性质及填土厚度变化做相应调整,填土厚度小于4m取其下限,大于6m取上限。

② 单点击数及点夯收锤标准:5~8击;一般情况下要满足最后两击的平均夯沉量不大于10cm,但原则上要使地基土在夯击能作用下能继续密实,不至于整体被破坏而在夯坑附近隆起,在施工现场可按前述最后3击夯沉量的比较来控制。

③ 夯点间距及布置:夯锤底面直径为2.4m,以5.78m×5.00m梅花形布点,夯击范围超出建筑及路基外缘3m。

④ 普夯:采用600~800kN·m夯击能,均以0.75倍锤径的点距相互搭接夯点。

⑤ 夯击遍数:一般两遍点夯加一遍普夯,部分点区视情况可加一遍点夯或普夯。

⑥ 夯击间隔时间:超静孔隙水压力消散后,便可进行下一遍夯击。视地基土情况,将间隔时间控制在4~6d。降雨后,晾干或晒干后才进行夯击。

该工程的主要工艺流程为:施工准备→施工范围测量→试验区试夯→场地平整→第一、二遍点夯→推平、检测→(第三遍点夯→夯后推平)测量标高→满夯,推平场地,工后自检→竣工验收。

采用连续施工方案施工,从起点到终点第一遍点夯结束后就进行第二遍点夯,施工顺序与第一遍相同,在保证有足够的夯击间隔时间的同时,加快工程进度。施工过程中,进行详细的施工记录,避免漏夯、定点偏差过大与夯击间隔时间过短的事情发生。进行夯中、夯后检测,发现问题,及时处理,直至达到要求为止。

(3) 效果检验。

为评价与检验强夯处理效果,除在施工过程中进行轻便动力触探外,还由质检部门专门进行了荷载试验。从检验结果可知:

① 根据施工前后相同位置处触探检测比较,夯后各测点的 N_{10} 趋向接近,地基土均匀性大大提高,其平均值提高 2 倍以上。在荷载板现场试验中,各试验点在 320kPa(建筑区)、260kPa(道路区)压力下,地基沉降分别为 18mm、16mm 左右,压力-沉降(p-s)曲线呈线性,地基承载力特征值分别超过 160kPa 和 130kPa,使用荷载下水平方向每 10m 沉降差不大于 0.5cm。施工后不均匀沉降大为降低,完全满足并超过该区建筑及道路等对地基的承载力与变形的设计要求。

② 从动力触探及触探结果来看,地表 3m 范围内加固效果最好,6m 范围内加固效果亦相当明显,以下逐渐有所减弱,但加固有效深度仍有 8.5m 左右,满足并超过设计要求。

2.3 振密、挤密桩法

2.3.1 概述

振密、挤密桩法是利用振动沉管、爆扩、冲击、打入钢套管、钻孔夯扩等方法,在地基中挤压成孔,使桩孔内地基土侧向挤出,得到加"密",然后在孔中分层填入石灰、素土(或灰土)后夯实而成土桩(或灰土桩)。也可利用粉煤灰、矿渣等工业废料,在土中形成二灰桩(石灰加粉煤灰)、灰渣桩(石灰加矿渣)。振密(挤密)桩属于柔性桩,与桩间土共同组成复合地基。本节主要介绍灰土挤密桩和土挤密桩。

振密、挤密桩法主要有以下特征:

① 振密、挤密桩法虽是横向挤密,但同样可以达到地基处理所要求的加密处理后的最大干密度;

② 振密、挤密桩法不需要开挖回填,工期可大大缩短;

③ 处理厚度所受限制较少,宜为 3~15m;

④ 填入桩孔的材料大多可以就地取材,例如粉煤灰、矿渣等,还可变废为宝,取得很好的经济效益。

灰土挤密桩和土挤密桩复合地基适用于处理地下水位以上的粉土、黏性土、湿陷性黄土、素填土和杂填土等地基,可处理地基的厚度为 3~15m。

不同处理方法的适用条件:

① 土挤密桩法:主要用于消除地基土的湿陷性;地基土的含水率大于 24%、饱和度大于 65%时,应通过试验确定其适用性;

② 灰土挤密桩法:主要用于提高地基土的承载力,增强其水稳性;地基土的含水率大于 24%、饱和度大于 65%时,应通过试验确定其适用性。

对重要工程或在缺乏经验的地区，施工前应按照设计要求，在有代表性的地段进行现场试验。

2.3.2 加固机理

（1）土的侧向挤密作用。

振密、挤密桩法在成孔的过程中，桩孔位置原有土体被强制侧向挤压，使桩周一定范围内的土层密实度提高。一般认为沉桩时沿桩孔周围土体应力的变化与圆柱形孔洞扩张时（图2.13）所产生的应力变化相似。

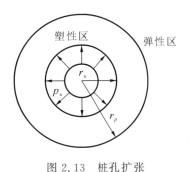

图 2.13 桩孔扩张

以中国西北地区黄土的力学性质指标为例，分析单桩挤密效果，计算得到塑性区最大半径 $r_p=(1.43\sim1.90)d$（d 为桩孔直径），与试验实测结果相吻合。挤密区可划分为有效挤密区和一般挤密区（图2.14）。

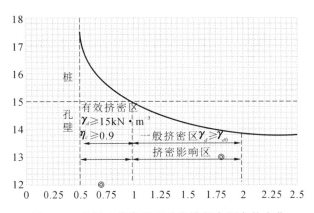

图 2.14 桩周土挤密后干重度沿径向距离的变化

如图 2.14 所示，在孔壁附近土的干密度接近其最大干密度，向远处土的干密度逐渐减小，直至接近原始干密度。"挤密影响区"边缘的界限点，可以用 $\gamma_d=\gamma_{d0}$ 来确定。"挤密影响区"半径通常为 $(1.5\sim2.0)d$。如果采用挤密桩法的主要目的是消除黄土的湿陷性，则应以挤密系数 $\eta_c\geqslant0.93$ 或 $\gamma_d\geqslant15\text{kN}\cdot\text{m}^{-3}$ 作为标准，用 $\gamma_d=\gamma_{d0}$ 来确定满足使用要求的"有效挤密区"的边界和范围。一般来说，单个桩孔"有效挤密区"半径为 $(1.0\sim1.5)d$。

相邻桩孔间挤密效果试验表明，当桩距较近时，桩孔在有效挤密区交界处会出现叠加效应，桩距越近，叠加效果越显著；反之，桩距过远，则叠加效果较差，挤密效果不佳。因此，合理的相邻桩孔中心距为 $2\sim3$ 倍桩孔直径。

（2）灰土性质作用。

灰土桩是用石灰和土按一定体积比例（2∶8 或 3∶7）拌和，并在桩孔内夯实加密后形成的桩。这种材料在化学性能上具有气硬性和水硬性，并随灰土龄期增长土体的强度逐渐增加，从而能提高地基承载力，消除地基的湿陷性，使得地基的最终沉降量及差异沉降减小。

（3）桩体作用。

灰土桩的变形模量 $E_0=29\sim36\text{MPa}$，相当于夯实素土的 $2\sim10$ 倍，因此灰土桩的强度远大于桩间土，荷载向桩上集中，从而使持力层内产生的压缩变形和湿陷变形减小。此外，由于灰土桩对桩间土能起侧向约束作用,桩间土只产生竖向压密,使压力与沉降始终呈线性关系。

土桩挤密地基由桩间挤密土和分层填夯的素土桩组成,两者属同类土料,均为被机械挤密的重塑土,在物理力学指标方面无明显差异,只是密实程度不同而已。因而,土桩挤密地基可视为厚度较大的素土垫层。

2.3.3 设计计算

1. 填料和压实系数

桩孔内的填料,应根据工程要求或处理地基的目的确定,桩体的夯实质量宜用平均压实系数 $\bar{\lambda}_c$ 控制。当桩孔内用灰土或素土分层回填、分层夯实时,桩体的平均压实系数 $\bar{\lambda}_c \geqslant 0.97$;压实系数最小值 $\lambda_{cmin} \geqslant 0.93$。

灰土桩不得使用生石灰与土拌和,而应该使用消石灰,消石灰与土的体积配合比,宜为 $2:8$ 或 $3:7$。土料宜选用粉质黏土,土料中的有机质含量不应超过 5%,且不得含有冻土、膨胀土,使用时应过 10~20mm 的筛,混合料应满足最优含水率要求,允许偏差为 ±2%。石灰可选用(Ⅲ级以上)新鲜的消石灰或生石灰粉,粒径不应大于 5mm。消石灰的质量应合格,有效 CaO+MgO 含量不得低于 60%。

当掺入适当粉煤灰或火山灰等含硅材料时,粉煤灰或火山灰与生石灰的质量配合比一般为 $3:7$。粉煤灰应采用干灰,含水率 $w<5\%$,使用时要与生石灰拌均匀。

2. 桩孔布置原则和要求

桩孔间距应以保证桩间土挤密后达到要求的密实度和消除湿陷性为原则。甲、乙类建筑 $\bar{\eta}_c \geqslant 0.93$, $\eta_{cmin} \geqslant 0.88$;其他建筑 $\bar{\eta}_c \geqslant 0.93$, $\eta_{cmin} \geqslant 0.84$。桩身压实系数应达到:$\bar{\lambda}_c \geqslant 0.97$, $\lambda_{cmin} \geqslant 0.93$。

3. 桩径

设计时如选择的桩径 d 过小,则桩数会增加,施工不仅繁琐费时,而且会增加打桩和回填的工作量;但是如果桩径 d 过大,处理后地基的均匀性、桩间土挤密效果、消除湿陷的程度均会下降,还有可能成为"橡皮土",且对成孔机械要求也相对较高。当前我国桩径宜选 300~600mm,一般为 300~450mm,常用 400mm。

4. 桩距和排距

设计桩距的目的在于使桩间土挤密,挤密后达到设计要求的平均挤密系数 $\bar{\eta}_c$ 和干密度 ρ_d。一般规定桩间土的平均挤密系数 $\bar{\eta}_c$ 不宜小于 0.93。桩距的设计一般应通过试验或计算确定。

为使桩间土得到均匀挤密,桩孔应尽量按等边三角形布桩,如图 2.15 所示,等边三角形 ABC 范围内天然土的平均干密度为 $\bar{\rho}_d$,挤密后其面积减少正好是半个圆面积 $\left(0.435s^2 - \dfrac{\pi}{8}d^2\right)$,由此可导出桩孔之间的中心距离,可按式(2.9)估算,也可以取桩孔直径的 2.0~3.0 倍。

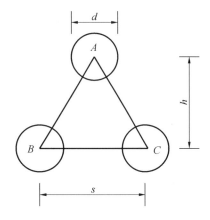

图 2.15 桩距和排距计算示意图

$$s = 0.95d\sqrt{\frac{\overline{\eta}_c \rho_{d\max}}{\eta_c \rho_{d\max} - \overline{\rho}_d}} \tag{2.9}$$

式中,s——桩孔之间的中心距离(m);

d——桩孔直径(m);

$\rho_{d\max}$——桩间土的最大干密度(g·cm^{-3});

$\overline{\rho}_d$——地基处理前(孔深范围内)土的平均干密度(g·cm^{-3});

$\overline{\eta}_c$——桩间土经成孔挤密后的平均挤密系数,不宜小于0.93。

桩间土的平均挤密系数 $\overline{\eta}_c$,应按式(2.10)计算:

$$\overline{\eta}_c = \frac{\overline{\rho}_{d1}}{\rho_{d\max}} \tag{2.10}$$

式中,$\overline{\rho}_{d1}$——在成孔挤密深度内,桩间土的平均干密度(g·cm^{-3}),试样数不应少于6组。

桩孔的数量可按式(2.11)估算:

$$n = \frac{A}{A_e} \tag{2.11}$$

式中,n——桩孔的数量;

A——拟处理地基的面积(m^2);

A_e——一根土桩或一根灰土挤密桩所承担的处理地基面积(m^2),即 $A_e = \frac{\pi d_e^2}{4}$;

d_e——一根桩分担的处理地基面积的等效圆直径(m)。

桩孔按等边三角形布置:$d_e = 1.05s$;

桩孔按正方形布置:$d_e = 1.03s$;

桩孔按矩形布置:$d_e = 1.13\sqrt{s_1 s_2}$。

处理填土地基时,由于干密度值变动较大,也可根据挤密前地基土的承载力特征值 f_{sk} 和挤密后复合地基要求达到的承载力特征值 f_{spk},利用式(2.12)计算桩孔间距:

$$s = 0.95d\sqrt{\frac{f_{pk} - f_{sk}}{f_{spk} - f_{sk}}} \tag{2.12}$$

式中,f_{pk}——灰土桩体的承载力特征值,宜取 $f_{pk} = 500\text{kPa}$。

对重要工程或缺乏经验的地区,在桩间距正式设计之前,应通过现场成孔挤密试验,按照不同桩距时的实测挤密效果再正式确定桩孔间距。

5.桩长

桩的长度取决于加固目的和上部结构的条件:

① 若加固是为了形成一个压缩性较小的垫层,则桩长可取2~4m。洛阳铲成孔桩长不宜超过6m;机械成孔管外投料时,桩长不宜超过8m;螺旋钻成孔及管内投料时可适当加长。

② 若加固是为了减少沉降,则需要较长的桩。

③ 如果为了解决深层滑动问题,则需要保证桩长穿过滑动面。

6.处理范围

振密、挤密桩处理地基的深度,应根据建筑场地的土质情况、工程要求和成孔及夯实设备等综合因素确定。对湿陷性黄土地基,应符合现行国家标准《湿陷性黄土地区建筑标准》

(GB 50025—2018)的有关规定。

(1) 当采用局部处理时,超出基础底面的宽度:对非自重湿陷性黄土、素填土和杂填土等地基,每边不应小于基底宽度的25%,且不应小于0.50m;对自重湿陷性黄土地基,每边不应小于基底宽度的75%,且不应小于1.0m。

(2) 当采用整片处理时,应大于基础或建筑物底层平面的面积,超出建筑物外墙基础底面外缘的宽度,每边不宜小于处理土层厚度的1/2,且不应小于2m。

(3) 陕西省工程建设标准《挤密桩法处理地基技术规程》(DB61/T 5062—2023)。

① 以消除湿陷性为主要目的:土挤密桩地基的平面处理范围应大于基础底边的宽度,超出基础边缘的宽度c(表2.7)。

② 以提高承载力为主要目的:灰土挤密桩地基的平面处理范围应大于基础边缘的宽度c,应符合:条形、矩形基础$c \geq 50$cm;筏式(整片)基础$c \geq 75$cm。

表2.7　地基平面处理范围超出基础边缘的宽度

非自重湿陷性 或关中自重湿陷性黄土地基	自重湿陷性黄土地基	
	消除全部湿陷量	消除部分湿陷量
$c \geq 0.50$m	$c \geq 0.75$m	$c \geq 1.00$m
$c \geq 0.25b$		$c \geq 0.50b$

注:表中,b表示基础底边的宽度。整片基础或甲、乙类建筑物,要求整片处理时,地基处理范围超出基础边缘的宽度不宜小于1.50m;但对自重湿陷性黄土地基,经确定消除其部分湿陷量时,则不宜小于湿陷性土层厚度的1/4。

7. 承载力

振密、挤密桩复合地基承载力特征值,应通过现场单桩或多桩复合地基载荷试验确定,或通过桩体的载荷试验结果和桩周土的承载力特征值根据经验确定。根据《建筑地基处理技术规范》(JGJ 79—2012)及陕西省标准《灰土桩和土桩挤密地基设计施工及验收规范》(DBJ 24-2—85),"初步设计当无试验资料时,可按当地经验确定,但对灰土挤密桩复合地基的承载力特征值,不宜大于处理前的2.0倍,并不宜大于250kPa;对土挤密桩复合地基的承载力特征值,不宜大于处理前的1.4倍,并不宜大于180kPa;对石灰桩复合地基承载力特征值不宜超过160kPa,当土质较好并采取保证桩身强度的措施,经过试验后可以适当提高。"初步设计时也可用桩体和处理后桩间土承载力特征值按式(2.13)估算:

$$f_{spk} = [1 + m(n-1)]f_{sk} \tag{2.13}$$

式中,f_{spk}——复合地基承载力特征值(kPa);

f_{sk}——处理后桩间土承载力特征值(kPa),可按地区经验确定;

n——复合地基桩土应力比,可按地区经验确定;

m——面积置换率,$m = d^2/d_e^2$,d为桩身平均直径(m),d_e为一根桩分担的处理地基面积的等效圆直径(m),等边三角形布桩$d_e = 1.05s$,正方形布桩$d_e = 1.13s$,矩形布桩$d_e = 1.13\sqrt{s_1 s_2}$,s、s_1、s_2分别为桩间距、纵向桩间距、横向桩间距。

按式(2.13)估算复合地基承载力特征值时,桩间土承载力提高系数α可取1.0;桩土应

力比 n 应按试验或地区经验确定。初步估算时,桩土应力比 n 可取 $4\sim 8$,原土强度低取大值,原土强度高取小值。

8. 变形计算

经振密、挤密桩加固后,地基由上层灰土桩复合地基和下卧天然地基组成。复合地基的变形计算应符合现行国家标准《建筑地基基础设计规范》(GB 50007—2011)的有关规定,其中复合土层的压缩模量,可采用载荷试验的变形模量代替,也可按地区沉降观测资料及经验确定。灰土挤密桩和土挤密桩复合地基变形模量经验值见表 2.8。

表 2.8 土挤密桩、灰土挤密桩地基变形模量

地基类型	变形模量(MPa)	
	一般值	平均值
土挤密桩地基	$13\sim 18$	15
灰土挤密桩地基	$29\sim 36$	32

复合土层的压缩模量宜通过桩身及桩间土压缩试验确定,初步设计时可按式(2.14)估算:

$$E_{sp} = \alpha[1 + m(n-1)]E_s \tag{2.14}$$

式中,E_{sp}——复合土层的压缩模量(MPa);

　　α——系数,可取 $1.1\sim 1.3$,成孔对桩周土挤密效应好或置换率大时取高值;

　　n——桩土应力比,可取 $3\sim 4$,长桩取大值;

　　E_s——天然土的压缩模量(MPa)。

实测资料表明,加固后地基的沉降量仅为未加固天然地基的 $1/4\sim 1/5$;差异沉降为 $3\sim 5$mm,且沉降速率快,大部分在施工期完成。

复合地基的沉降量 s 包括复合土层压缩量 s_1 和下卧层压缩量 s_2 两部分,计算方法如下:

(1) 复合土层压缩量 s_1。

采用《建筑地基基础设计规范》(GB 50007—2011)的公式(5.3.9)和复合土层模量计算:

$$s_1 = \sum_{i=1}^{k} \frac{p_0}{E_{spi}}(z_i \bar{\alpha}_i - z_{i-1} \bar{\alpha}_{i-1}) \tag{2.15}$$

式中,p_0——对应于荷载效应准永久组合的基底附加压力(kPa);

　　z_i、z_{i-1}——基础底面至第 i 复合土层底面和顶面的距离(m);

　　$\bar{\alpha}_i$、$\bar{\alpha}_{i-1}$——基础底面计算点至第 i、第 $i-1$ 复合土层底面范围内的平均附加应力系数,见《建筑地基基础设计规范》(GB 50007—2011)附录 K;

　　k——复合土层数;

　　E_{spi}——第 i 复合土层模量,可用《建筑地基处理技术规范》(JGJ 79—2012)中的公式计算。

(2) 下卧层压缩量 s_2。

采用《建筑地基基础设计规范》(GB 50007—2011)的分层总和法公式计算。

(3) 复合地基沉降量 s。

用《建筑地基基础设计规范》(GB 50007—2011) 方法计算时可用式(2.16),其中沉降经验修正系数 ψ_s 可按地区沉降观测资料和经验确定。

$$s = \psi_s(s_1 + s_2) \tag{2.16}$$

当用桩身压缩量法时,可用式(2.17)计算

$$s = s_1 + \eta s_2 \tag{2.17}$$

式中,η——下卧土层压缩量修正系数,取 1.2～1.4,当加固范围大于基础应力扩散范围时取小值。

桩身压缩量法主要针对复合地基加固区的沉降量 s_1 计算,由桩身压缩量反算加固区压缩量。

9. 地基稳定计算

对于承受水平荷载或建筑在斜坡上和边坡附近的建筑物地基,以及路堤、堆场、贮罐等地基,应计算复合地基的复合抗剪强度 τ_{sp},然后采用圆弧滑动法进行地基稳定分析。

2.3.4 施工方法

1. 施工准备

(1) 资料准备。

为了准确了解建筑场地的岩土工程情况和环境条件,应具备下列资料:

① 场地的岩土工程勘察报告、施工钻探资料、地基土和桩孔填料的击实试验资料;

② 建筑物平面位置图、基础和桩孔施工布置图;

③ 场地及邻近区域地上和地下设施资料。

(2) 施工技术措施。

① 绘制施工平面图,其中应标明桩孔位置和编号,施工工艺和参数,施工顺序、机械运行路线、临时设施和材料堆放位置等;

② 确定成孔夯实机械和质量检查器械;

③ 制订试桩计划,编制施工作业计划、材料供应计划和劳动组织规划;

④ 按设计做好场地整平工作,清理障碍物,做好排水措施;

⑤ 测量放线和桩孔定位,复测基准点、水准点和基础轴线;

⑥ 土料和石灰应尽量就近堆放,并应防止雨淋和日晒;

⑦ 制定保证施工质量的措施。

(3) 成孔试验和预浸水措施。

① 场地土质变化较大或土的含水率超过 24%,饱和度大于 65% 时,施工前宜进行成孔试验,以查明成孔质量和挤密效果。成孔试验在同类土质地段内不少于 2 组。

② 如场地内土的含水率低于 12%,土质坚硬,施工有困难,可采用人工预浸水增湿方法使土的含水率达到或接近最优含水率。当预浸水土层深度在 2.0 m 以内时可采用地表水畦(高 300～500mm,每畦范围不大于 $50m^2$)浸水的方法;浸水土层深度大于 2.0m 时,预浸水可采用表层水畦和深层浸水孔(每隔 1～2m 用洛阳铲挖出直径 8cm 和深度为预浸水土层深度 2/3～3/4 的浸水孔,内填砂砾相结合的方式。应于地基处理前 4～6d,将需增湿的水均匀地浸入拟处理范围的土层中。增湿土的加水量可按下式计算:

$$Q = v\bar{\rho}_d(w_{op} - \bar{w})k \tag{2.18}$$

式中，Q——计算加水量(m^3)；

v——拟加固土的总体积(m^3)；

$\bar{\rho}_d$——地基处理前土的平均干密度($g \cdot cm^{-3}$)；

w_{op}——土的最优含水率(%)，通过室内击实试验求得；

$\bar{w}$——地基处理前土的平均含水率(%)；

k——损耗系数，可取 1.05～1.15，夏季取高值。

2. 施工顺序

在加固范围内整片处理施工时，为防止桩打不进去的情况，宜从里(或中间)向外间隔 1～2 孔进行。对大型工程可采取分段施工；对局部处理，宜从外向内间隔 1～2 孔进行。局部处理的范围小，且多为独立基础或条形基础，从外向里对桩间土的挤密有好处。

如对既有建筑物地基加固，其施工顺序应由外及里地进行；如邻近建筑物或紧贴水源边，可先施工部分"隔断桩"将其与施工区隔开；对很软的黏性土地基，应先间隔较大距离打桩，过 4 个星期后再按设计间距补桩。

3. 灌料量控制

确定灌料量时，首先根据设计桩径计算每延米桩料体积，然后将计算值乘以 1.4 的充盈系数作为每延米的灌料量。由于掺合料含水率变化较大，在现场宜采用体积控制法。

4. 桩管直径的选择

桩孔直径与成孔设备或成孔方法有关，成孔设备或成孔方法如已选定，桩孔直径基本上固定不变。因此，桩管直径原则上应根据设计桩径确定，一般设计桩径为桩管直径的 1.3～1.5 倍。当桩管直径较大时，反插后所需拔管力较大，要注意是否会造成拔管困难。

5. 成桩和回填夯实

(1) 成孔

① 成孔方法包括沉管(锤击、振动)和冲击等，但都有一定的局限性，在城市建设和居民较集中的地区往往限制使用，应综合考虑设计要求、成孔设备或成孔方法、现场土质和对周围环境的影响等因素。随着施工机械的发展和现场施工现状与经验积累，新增钻孔法成孔，钻孔夯扩挤密法的优点是施工噪声和振动影响较小，加固范围、处理深度比传统挤密桩更大。

② 挤密桩施工时，在成孔或拔管过程中，对桩孔(或桩顶)上部土层有一定的松动作用，因此施工前应根据选用的成孔设备和施工方法，在基底标高以上预留一定厚度的松动土层，待成孔和桩孔回填夯实结束后，将其挖除或按设计规定夯实或压实。

③ 成孔和孔内回填夯实的施工顺序，习惯做法从外向里间隔 1～2 孔进行，但施工到中间部位，桩孔往往打不下去或桩孔周围地面明显隆起，为此在加固范围内整片处理施工时，宜从里(或中间)向外间隔 1～2 孔进行。对大型工程可采取分段施工；对局部处理，宜从外向内间隔 1～2 孔进行。

④ 向孔内填料前，孔底应夯实，并应抽样检查桩孔的直径、深度和垂直度，然后用素土或灰土在最优含水率状态下分层回填夯实。

⑤ 桩孔的垂直度偏差不宜大于 1%。

⑥ 桩孔中心点的偏差不宜超过桩距设计值的5%。

⑦ 经检验合格后,应按设计要求,向孔内分层填入筛好的素土、灰土或其他填料,并应分层夯实至设计标高。

对沉管法,其直径和深度应与设计值相同;对冲击法或爆扩法,桩孔直径的误差不得超过设计值的±70mm,桩孔深度不应小于设计深度的0.5m。

(2) 填夯设备及施工

夯实机按提锤方式分为偏心轮夹杆式和卷扬提升式两种,这两种均需人工填料配合机械夯实。

夯锤底部直径一般小于桩径9~12cm,夯锤质量不宜小于100kg,一般为200~300kg;夯锤直径应小于桩孔直径约100mm,锤底面静压力不宜小于20kPa。夯锤形状宜呈抛物线锥体形或下端尖角为30°的尖锥形,以便夯击时产生足够的水平挤压力使整个桩孔夯实。夯锤上端宜呈弧形,以便填料时能顺利下落。填料时每一锹料夯击一次或两次,夯锤落距一般在600~700mm,每分钟夯击25~30次,长6m的桩可在15~20min内夯击完成。

施工前应进行2~3根桩的填料数量、夯击次数的试验。

填夯施工按下述要求进行:

① 夯实机就位后应保持平稳,夯锤对准桩孔,夯锤能自由落入孔底。

② 桩孔内有杂物和积水时应清除干净,填料前应先夯实孔底,发出清脆声时正式开始分层填料夯击。

③ 人工填料时应指定专人按规定数量和速度均匀填进,不得盲目乱填,更不允许使用送料车直接倒料入孔。均匀夯击至设计标高以上20~30cm,其上可用素土轻夯至地表。

④ 规定填入孔内的填料量、填入次数、填料的拌和质量、含水率、夯击次数,应有专人操作、记录和管理,并对上述项目按规定的数量进行随机抽检。

⑤ 对施工完毕的桩号、排号、桩数与施工图对照检查,发现问题及时返工和补救。

6. 施工记录

施工记录是验收的原始依据。必须强调施工记录的真实性和准确性,且不得任意涂改。为此应选择有一定业务素质的相关人员担任施工记录,这样才能确保做好施工记录。

7. 封顶

桩顶设计标高以上的预留覆盖土层厚度,沉管成孔不宜小于0.5m,冲击成孔或钻孔夯扩法成孔不宜小于1.2m。可在桩身上段夯入膨胀力小、密度大的灰土或黏土将桩顶捣实,亦称桩顶土塞。也可用C7.5素混凝土封顶捣实。

桩顶设计标高以上应设置300~600mm厚的垫层,垫层材料可以选择多种材料,如配比为2∶8或3∶7的灰土、水泥土等,且压实系数均不应低于0.95。垫层的设置,一方面可使桩顶和桩间土找平,另一方面有利于改善应力扩散,调整桩土应力比,减小桩身应力集中。

2.3.5 质量检验

施工质量与加固效果检验内容包括桩点位置、桩径、桩长、桩孔垂直度、桩孔质量、填夯质量和挤密效果。

《建筑地基基础工程施工质量验收标准》(GB 50202—2018)质量检验标准

见表 2.9。

表 2.9 土和灰土挤密桩地基质量检验标准

项目	检查项目	允许偏差或允许值		检查方法
		单位	数值	
主控项目	桩体及桩间土干密度	设计要求		现场取样检查
	桩长	mm	+500	测桩管长度或垂球测孔深
	地基承载力	设计要求		按规定的方法
	桩径	mm	−20	用钢尺量
一般项目	土料有机质含量(%)		≤5	试验室焙烧法
	石灰粒径	mm	≤5	筛分法
	桩位偏差		满堂布桩≤0.40D 条基布桩≤0.25D	用钢尺量,D 为桩径
	垂直度(%)		≤1.5	用经纬仪测桩管
	桩径	mm	−20	用钢尺量

注:桩径允许偏差负值是指个别断面。

1. 桩孔质量检验

要求所有桩孔在成孔后及时进行检验并作记录,检验合格或经处理后方可进行夯填施工。

桩孔夯填质量的检验方法可以采用轻便触探检验法、环刀取样检验法和载荷试验法。上述前两项检验法,对灰土桩应在桩孔夯实后 48h 内进行,否则将由于灰土的胶凝强度的影响而无法进行检验。

对于一般工程,主要应检查桩和桩间土的干密度和承载力;对重要或大型工程,除应检测上述内容外,还应进行载荷试验或其他原位测试。也可在地基处理的全部深度内取样测定桩间土的压缩性和湿陷性。

2. 桩身质量的保证与检验

(1) 控制灌灰量。

(2) 静力触探测定桩身阻力,并建立贯入阻力 p_s 与压缩模量 E_s 关系。

(3) 挖桩检验与桩身取样试验,这是最直观的检验方法。宜采用开挖探井取样法检测夯后桩长范围内灰土或土的平均压实系数 $\bar{\lambda}_c$,抽样检验的数量不应小于桩孔总数的 1%,且不得少于 9 根。由于挖探井取土样对桩体和柱间土均有一定程度的扰动及破坏,因此选点应具有代表性,并保证检验数据的可靠性。根据现场试验结果的统计数据,实测的灰土桩复合地基桩土应力比达到 6.6~15.6,而土桩复合地基的桩土应力比仅为 1.3~2.4。说明灰土桩的增强体作用明显,土桩的增强体作用很小。若灰土桩的含灰比达不到要求,将影响复合地基的承载力和承载性状。当检测的灰土桩的压实系数多数大于 1.0,或对施工中的灰土质量有疑问时,应进行消石灰与土的体积配合比的检测。取样结束后,探井应分层回填夯实,压实系数不应小于0.94。

(4) 载荷试验,是比较可靠的检验桩身质量的方法,如再配合桩间土小面积载荷试验,可推算复合地基的承载力和变形模量;也可采用轻便触探法进行检验。

承载力检测应在成桩后14~28d进行,检测数量不应少于总桩数的1%。

3. 桩间土检验

以往的浸水载荷试验结果表明,只要桩间土的平均挤密系数达到一定要求,挤密地基即可消除其湿陷性,挤密施工后应取样检测处理深度内桩间土的平均挤密系数 $\bar{\eta}_c$,检测探井数不应少于总桩数的0.3%,且每项单体工程不得少于3个。

用静力触探、十字板和钻孔取样方法进行检验,一般也可获得较满意的结果。有的地区已建立了利用静力触探和标准贯入的资料反映加固效果,以检验施工质量和确定设计参数的关系。

4. 复合地基检验

用大面积载荷板的载荷试验是检验复合地基的可靠方法,每项单体工程复合地基静载荷试验数量不应少于3点。但因设备、费用都存在一定的难度,重要工程才会采用。

当桩间土挤密效果、桩体质量检验不合格或存在较多的问题,以及加固对象是需消除湿陷性的重要工程或地基受水浸湿可能性大的建筑物,还应进行现场浸水载荷试验,判定处理后地基消除湿陷性的效果。试验方法应符合现行国家标准《湿陷性黄土地区建筑标准》(GB 50025—2018)的规定。

2.3.6 工程实例

1. 某木材厂单身宿舍土挤密桩地基加固

(1) 工程概况

该厂单身宿舍兼办公楼为五层砖混结构,长×宽=42.9m×12.3m,建筑面积2750m²。地质勘察资料表明:在建筑场地内湿陷性黄土层厚7~8m,分级湿陷量为300mm,属Ⅱ级自重湿陷性场地。土的含水率 $w=8.7\%\sim14.2\%$,天然干密度 $\rho_d=1.26\sim1.32\mathrm{g\cdot cm^{-3}}$,具有高-中压缩性。决定采用土挤密桩处理地基。

(2) 设计

桩孔直径 d 为400mm,桩中心距 $s=2.22d=0.89\mathrm{m}$。成孔挤密后桩间土的干密度计划提高到 $1.55\sim1.61\mathrm{g\cdot cm^{-3}}$,相应达到的挤密系数 η_c 为0.930~0.943,可满足消除湿陷性的要求。桩孔内填料采用接近最优含水率(15%~17%)的黄土,夯实后压实系数 λ_c 不低于0.95。填料夯实按每两铲土锤击5次进行。

平面处理范围:每边超出基础最外边缘2m,处理面积为790m²,桩孔总数为1155个,整片布置桩孔,每平方米处理面积内平均分布桩孔1.46个。从基础底面算起处理层厚度为4.2m,消除地基湿陷量80%,剩余湿陷量60mm。

(3) 施工

采用沉管法成孔,使用柴油沉桩机。桩孔填料采用人工定量,夯实使用偏心轮夹杆式夯实机。整个工期历时78d,实际工作41d,平均每日完成28个孔。

(4) 效果检验

在施工过程中和施工结束后,分别在场地11个点分层检验了桩间土的干密度和挤密系数(表 2.10),检验表明符合设计要求。

表 2.10 桩间土挤密效果检验

土层深度(m)	含水率(%)	干密度(g·cm^{-3})	挤密系数 η_c
1.0	8.7	1.52	0.91
1.5	10.8	1.55	0.93
2.5	14.2	1.62	0.97
平均	11.2	1.56	0.94

注:1. 土的最大干密度 $\rho_{d\max}=1.67\text{g}\cdot\text{cm}^{-3}$;
　　2. 土的含水率偏低,不利于挤密。

对桩孔填料夯实质量也进行了 11 个点的检验(表 2.11),检验结果表明,夯实质量差,不均匀,个别地方存在填料疏松未夯现象,普遍未能达到压实系数,产生这种情况的主要原因是施工管理不严、分次填料过快过多。填料含水率平均仅为 11.49%,远低于最优含水率(15%~17%),这也是影响夯实质量的一个重要因素。

表 2.11 桩孔填料夯实质量检验

取样深度(m)	干密度(g·cm^{-3})	压实系数 λ_c
1.50	1.43	0.89
1.75	1.54	0.92
2.00	1.51	0.90
2.25	1.58	0.95
2.50	1.42	0.85
平均	1.51	0.90

桩孔填料夯实后的平均压实系数为 0.90,不能完全消除其湿陷性。经过综合分析,认为土桩挤密后尚可满足消除地基 80% 湿陷量的要求。

2. 某住宅楼采用二灰桩地基加固

(1) 工程地质资料

建筑场地位于长江冲积一级阶地,地势平坦,地基土不均匀。各土层的情况见表 2.12。地下水属潜水型,静止水位为 1.1~1.3m。

表 2.12 汉口分校住宅楼场地土质情况

土层号	土层名	层厚(m)	土 描 述	含水率 $w(\%)$	天然重度 $\gamma(kN \cdot m^{-3})$	孔隙比 e	饱和度 S_r (%)	塑性指数 I_P	液性指数 I_L	压缩模量 E_s (MPa)	静探比贯入阻力 p_s (kPa)	承载力标准值 f_k (kPa)
1	人工填土	1.0~2.7	由建筑垃圾和生活垃圾组成,成分复杂,分布不匀,部分地段有0.6m厚的淤泥									
2-1	黏土	0.7~1.5	黄褐色,可塑-软塑状,含少量铁质结核和植物根,中等偏高压缩性	34.8	18.4	1.01	94	18	0.76	4.7	1000	120
2-2	淤泥质粉质黏土	1.9~3.1	褐灰色,软-流塑状,含贝壳和云母片,局部夹粉土薄层,高压缩性	37.4	18.3	1.05	98	15	1.24	3.2	600	80
2-3	黏土		黄褐色,可塑状态,含高岭土条纹和氧化铁,夹软塑状粉土薄层	35	18.4	1.02	97	24	0.57	6.5	1500	160
2-4	黏土		褐灰色,软塑状态,含云母片,局部夹有薄层状可塑黏土,或流塑状淤泥质黏土及粉土								1100	
3-1	粉土		夹粉砂,稍密状态								3000	
3-2	粉砂		稍密状态								6000	

(2) 工程设计方案

在此地基上拟建六层住宅楼,基础埋深为 2m,持力层为 2-2 层土。建筑物体型复杂,基础挑出 2m,偏心严重,荷载差异大,地基土又很不均匀,加上近邻原有一幢六层住宅,估计会产生不均匀沉降并对建筑物造成危害。为此决定用二灰桩(石灰+粉煤灰桩)处理,要求复合地基承载力达到 160kPa,压缩模量大于 8.0MPa。

(3) 设计计算

① 设计方案。原设计采用 90 根直径 600mm、长 16~18m 的钻孔灌注桩方案,后改为采用 ϕ300mm 二灰桩,桩长 4.0~6.0m。其中基础挑出部分荷载较大,又紧靠原有建筑物,因此该部分二灰桩加长到 6.0m,桩端进入 2-3 黏土层。整幢建筑物布桩 887 根,桩中心距

在 550~800mm。设计置换率 m 为 25%,荷载偏心处 m 达到 30%。

② 承载力计算。由复合地基承载力公式推得:

置换率

$$m' = \frac{f_{spk} - f_{sk}}{f_{pk} - f_{sk}} = \frac{160 - 80}{400 - 80} = 0.25 = 25\%$$

布桩数

$$k = \frac{m'A}{A_0} = \frac{0.25 \times 250}{0.0707} = 884 \text{ 根}$$

式中,A——基础范围面积;

A_0——一根二灰桩面积,此处未按膨胀直径计算,偏于安全;

f_{pk}——桩身承载力标准值,采用地区经验值。

实际布桩数为 887 根。

(4) 施工方法

采用洛阳铲成孔,至设计深度后抽干孔中水,将生石灰与粉煤灰按 1:1.5 体积比拌和均匀,分段填入孔内夯实,每段填料长度 30~50cm。桩顶 30cm 则用干黏土夯实封顶。

施工次序遵循从外向内的原则,先施工外围桩。局部孔位水量太大难以抽干时,则先灌入少量水泥,再夯填生石灰粉煤灰混合料。

(5) 质量检验

① 桩身质量检验。采用静力触探试验,取桩身 10 个点进行试验,结果表明桩体强度较高。

② 桩间土加固效果检验。取桩间土 10 个点做静力触探试验,结果表明桩间土承载力约提高 10%。

根据以上两种检验结果,推得复合地基承载力标准值 f_{spk} 为 160kPa,压缩模量 E_{sp} 为 8.2MPa。

(6) 技术经济效果

住宅楼竣工后 2 个月,最大沉降 5.3cm,最小沉降 3.1cm,最大不均匀沉降值 2‰。预计最终沉降量控制在 10cm 以内。

与原设计方案相比,节约 70% 的造价,经济效益明显,并解决了场地狭窄原方案实施困难,及有泥水污染的问题。

思考题与习题

1. 何谓换土垫层法?垫层的作用是什么?什么情况下可以考虑采用此方法?
2. 换土垫层法处理地基时,垫层厚度及宽度确定的主要依据是什么?
3. 常用的换填材料有哪些?选用时需考虑哪些因素?
4. 垫层施工时需注意哪些问题?如何控制施工质量?
5. 某四层砖混结构住宅,承重墙下为条形基础,宽 1.6m,埋深为 1.2m,上部建筑物作用于基础的荷载为 F_k=160kN/m,基础及基础上土的平均重度为 20.0kN/m³。场地土质条件第一层为粉质黏土,层厚 1.0m,重度为 17.6kN/m³;第二层为淤泥质黏土,层厚 14.0m,重度为

$17.2kN/m^3$,饱和重度为 $18.2kN/m^3$,地基承载力特征值 $f_{ak}=52kPa$;第三层为密实砂砾石层,地基承载力特征值 $f_{ak}=200kPa$。地下水距地表为 1.2m。如果对淤泥质黏土利用换土垫层法进行处理,换填料为粗砂,重度为 $16.8kN/m^3$,饱和重度为 $18kN/m^3$,砂垫层的厚度选为 1.8m,试验算下卧层承载力。(答案:满足要求。$p_z+p_{cz}=80.2kPa$,$f_{az}=81.8kPa$)

6. 叙述强夯法的适用范围以及对于不同土性的加固机理。

7. 阐明"触变恢复""时间效应""平均夯击能""饱和能""间歇时间"这些词语的含义。

8. 为减少强夯施工对邻近建筑物的振动影响,在夯区周围常采用何种措施?

9. 叙述强夯置换法质量检测的主要项目和方法。

10. 某湿陷性黄土地基,厚度为 7.5m,地基承载力特征值为 100kPa。要求经过强夯处理后的地基承载力大于 250kPa,压缩模量大于 20MPa。完成以下强夯法地基处理方案制定工作:

(1) 制定强夯法施工初步方案。

(2) 拟定试夯方案,确定根据试夯方案调整施工参数的方法。

(3) 提出地基处理效果检验的方法和要求。

11. 振密桩法的主要特征是什么?

12. 简述振密桩法的加固机理。

13. 振密桩法加固地基,桩距和排距如何选择?

14. 如何确定振密桩法加固地基的有效处理深度?

15. 施工中可能出现的问题和处理方法。

16. 某湿陷性黄土地基,厚度为 6.5m,平均干密度为 $1.28g·cm^{-3}$,最大干密度为 $1.63g·cm^{-3}$。根据经验,当桩间土平均挤密系数 $\bar{\eta}_c \geqslant 0.93$ 时,可以消除湿陷性。试完成挤密桩法的设计方案,并对施工方法、施工质量检测和地基处理效果检测提出要求。

17. 某 330kV 变电所,主要建筑包括主控通信楼、综合楼及 110kV 构架等。由于场地湿陷性黄土层厚约 17m,且承载力偏低,设计采用灰土桩及素土桩挤密法进行地基处理。

根据工程地质勘察资料,场地为第四纪冲洪积物组成,土类属黄土状粉土和粉质黏土,具自重湿陷性,湿陷等级为自重Ⅱ、Ⅲ级。主要地基土层的物理力学性质指标如下表所示,从表列指标可知,需要处理的土层为①-1、①-2 和第②层,最大深度约为 10m。

地基土的主要物理力学性质指标

地层编号	土的名称	层厚(m)	$w(\%)$	$\rho_d(g·cm^{-3})$	δ_{zs}	δ_s	E_s(MPa)	f_k(kPa)
①-1	黄土状粉土	3.6~6.9	17.9	1.39	0.030	0.054	4.83	120~140
①-2	黄土状粉土	4.0	18.2	1.45	0.024	0.040	9.33	165
②	黄土状粉质黏土	0.5~1.0	21.6	1.42	0.020	0.030	8.16	150
③	黄土状粉质黏土	5.0	21.0	1.49	0.022	0.023	10.87	175

注:③ 层以下各层土的工程性质尚好,地基承载力标准值 $f_k \geqslant 160kPa$,且已基本不具湿陷性,可不处理。

请选择桩孔直径、压实系数,并计算桩距。

第3章 排水固结法

3.1 概述

排水固结法又称预压法(preloading method)。该法是在天然地基或预先在地基中设置砂井、塑料排水带等竖向排水体的地基上,通过加压系统对地基施加预压荷载,使软黏土地基土体中的孔隙水排出,土体孔隙体积减小,抗剪强度提高,达到减少地基工后沉降和提高地基承载力的目的。该法常用于解决软黏土地基的沉降和稳定问题,可使地基的沉降在加载预压期间基本完成或大部分完成,使建筑物或构筑物在使用期间不致产生过大的沉降和沉降差。同时,可增加地基土的抗剪强度,从而提高地基的承载力和稳定性。

排水固结法通常由排水系统和加压系统两部分共同组合而成,如图3.1所示。

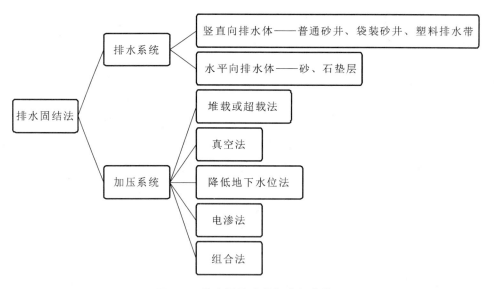

图3.1 排水固结法的组成与分类

设置排水系统主要目的在于改变地基原有的排水边界条件,增加孔隙水排出的途径,缩短排水距离。该系统是由水平排水垫层和竖向排水体构成的。当软土层较薄或土的渗透性较好而施工期允许较长,可仅在地面铺设一定厚度的砂垫层,然后加载。当工程中遇到透水性很差的深厚软土层时,可在地基中设置砂井和塑料排水带等竖向排水体,排水体伸出地面与水平排水的砂、石垫层连接,构成排水系统,加快土体固结。在地基中设置竖向排水体,早期常用的是砂井,它是先在地基中成孔,然后灌以砂使之密实而形成的。后来袋装砂井在我国得到较广泛应用,它具有用砂料省,连续性好,不致因地基变形而折断,施工简便等优点。而由塑料芯板和滤膜外套组成的塑料排水带在工程上的应用也在迅速增加。塑料排水带可在工厂制作,运输方便,在没有砂料的地区尤为适用。

设置加压系统的目的是在地基土中产生水力梯度,从而使地基土中的自由水排出而孔隙比减小。加压系统主要包括堆载法、真空法、降低地下水位法、电渗法和组合法。对于一些特殊工程可以采用建筑物或构筑物的自重作为堆载预压法的堆载材料,如高路堤软基处理中可以采用路堤自重作为堆载,油罐软基处理可在油罐中注水作为堆载。堆载预压法中的荷载通常需要根据地基承载力的增长分级施加,科学控制加载速率以免产生地基失稳。而对于真空法、降低地下水位法、电渗法,由于未在地基表面堆载,也就不需要控制加载速率。当单一方法效果不足时也可采用组合加载的方法,如堆载联合真空预压,堆载与降水组合预压法。20 世纪末由原武汉水利电力大学刘祖德教授率先提出的静动联合排水固结法由于其技术经济及工期的明显综合优势也在推广应用。

排水系统是一种手段,如没有加压系统,孔隙中的水没有压力差就不会自然排出,地基也就得不到加固,强度也很难提高。如果只增加固结压力,不缩短土层的排水距离,则不能在预压期间尽快地完成设计所要求的沉降量,强度不能及时提高,加载也就不能顺利进行。因此,设计时两个系统需要联合起来共同考虑。

排水固结法适用于处理各类淤泥、淤泥质土及冲填土等饱和黏性土地基。砂井法特别适用于存在连续薄砂层的地基。真空预压法适用于能在加固区形成(包括采取措施后形成)稳定负压边界条件的软土地基,当软土地基中存在连续薄砂层夹层时,需要采用可靠的隔断措施以保证负压的稳定。降低地下水位法,真空预压法和电渗法由于不增加剪应力,地基不会产生剪切破坏,因此适用于很软弱的黏土地基。

3.2 加固机理

饱和软黏土地基在荷载作用下,通过一定的排水通道,孔隙中的水慢慢地减少,地基发生固结变形的同时,随着超静水压力逐渐消散,有效应力逐渐提高,地基土的强度逐渐增长。下面以图 3.2 所示进行说明。

假设地基中的某一点竖向固结压力为 σ'_0,天然孔隙比为 e_0,即处于 a 点状态。当压力增加 $\Delta\sigma'$,固结终了时达到 c 点状态,孔隙比相应减少量为 Δe,曲线 abc 称为压缩曲线。与此同时,抗剪强度与固结压力成比例地由 a 点提高到 c 点。因此,土体在受压固结时,一方面孔隙比减少产生压缩,另一方面抗剪强度也得到提高。如从 c 点卸除压力 $\Delta\sigma'$,则土样沿 cef 回弹曲线回弹至 f 点状态。由于回弹曲线在压缩曲线的下方,因此卸载回弹后该位置土体虽然与初始状态具有相同的竖向固结压力 σ'_0,但孔隙比已减小。从强度曲线可以看出,强度也有一定程度增长。

经过上述过程后,地基土处于超固结状态。如从 f 点施加相同的加载量 $\Delta\sigma'$,土样沿虚线 fgc' 发生再压缩至点 c',此间孔隙比减少值为 $\Delta e'$,$\Delta e'$ 比 Δe 小得多。因此可以看出,经过预压处理后,由建筑物所引起的沉降即可大大减小。如果预压荷载大于建筑物荷载,即所谓超载预压,则效果更好。

综上所述,排水固结法就是通过不同加压方式进行预压,使原来正常固结的黏土层变为

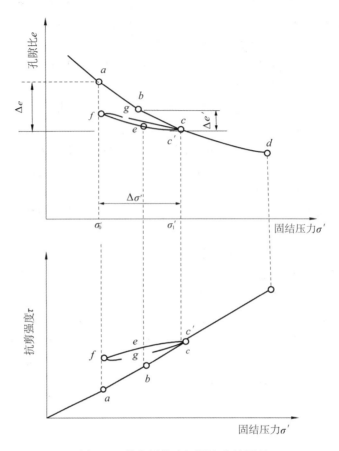

图 3.2 排水固结法加固地基的原理

超固结土,而超固结土与正常固结土相比具有压缩性小和强度高的特点,从而达到减小沉降和提高承载力的目的。

当然,上述过程是逐渐发生的,土体固结的发生需要一定的时间。排水固结效果越好,地基处理所需要的时间就越少,效率就越高。地基土层的排水效果与它的排水边界有关,根据固结理论,在达到同一固结度时,固结所需的时间与排水距离的长短平方成正比,如图3.3(a)所示,软黏土层越厚,一维固结所需的时间越长。如果淤泥质土层厚度大于10~20m,要达到较大固结度$U>80\%$,所需的时间要几年至几十年之久。为了加速固结,最为有效的方法是在天然土层中增加排水途径,缩短排水距离。为此在天然地基中设置竖向排水体,如图3.3(b)所示,这时土层中的孔隙水主要沿水平向通过砂井排出,另有部分孔隙水沿竖向通过土体排出。因此砂井(袋装砂井或塑料排水带)的作用就是增加排水条件,缩短预压工程的预压期,在短期内达到较好的固结效果,使沉降提前完成;加速地基土强度的增长,使地基承载力提高的速率始终大于施工荷载的速率,以保证地基的稳定性,这一点无论从理论还是实践上都得到了证实。

3.2.1 堆载预压法原理

堆载预压法是用填土等加荷对地基进行预压,是通过增加总应力 σ,并使孔隙水压力 u

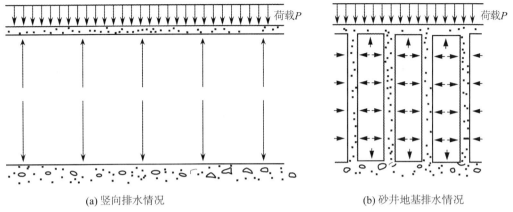

(a) 竖向排水情况　　　　(b) 砂井地基排水情况

图 3.3　排水固结法的原理

消散来增加有效应力 σ' 的方法。堆载预压是在地基中形成超静水压力的条件下排水固结，称为正压固结。

堆载预压，根据土质情况分为单级加荷或多级加荷；根据堆载材料分为自重预压、加荷预压和加水预压。堆载一般用填土、碎石等散粒材料；油罐通常用充水对地基进行预压。对堤坝等以稳定为控制的工程，则以其本身的重量有控制地分级逐级加载，直至设计标高；有时也采用超载预压的方法来减少堤坝使用期间的沉降。

3.2.2　真空预压法原理

真空预压法（vacuum preloading）是在需要加固的软土地基表面先铺设砂垫层，然后埋设垂直排水管道，再用不透气的封闭膜使其与大气隔绝，薄膜四周埋入土中，通过砂垫层内埋设的吸水管道，用真空装置进行抽气，使其形成真空，增加地基的有效应力，如图 3.4 所示。

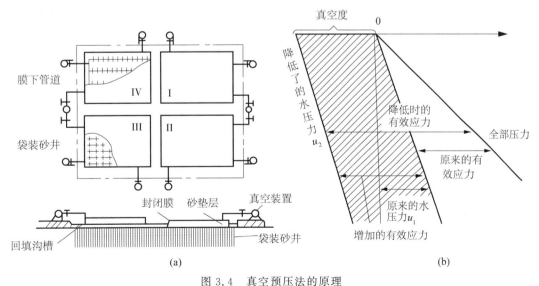

图 3.4　真空预压法的原理

真空预压法最早是瑞典皇家地质学院 W. Kjellman 教授于 1952 年提出的，随后有关国家相继进行了探索和研究,但因密封问题未能很好解决,又未研究出合适的真空装置,不易获得和保持所需的真空度,因此未能很好地用于实际工程,同时在加固机理方面也进展甚少。我国于 20 世纪 50 年代末 60 年代初曾对该法进行过研究,也因同样的原因未能解决工程问题,所以就一直被搁置起来。后来由于港口发展,沿海的大量软基必须在短期内加固,因而于 1980 年起开展了真空预压法的研究,1985 年通过国家鉴定,在真空度和大面积加固方面处于国际领先地位。其膜下真空度达 610~730mmHg,相当于 80~95kPa 的等效荷载,历时 40~70d,固结度达 80%,承载力提高 3 倍,单块薄膜面积在国内最大达 30000m²,已在 240 多万平方米的工程中使用,取得了满意效果。

为了满足某些使用荷载大、承载力要求高的建筑物的需要,1983 年开展了真空-堆载联合预压法的研究,开发了一套先进的工艺和优良的设备,并从理论和实践方面论证了真空和堆载的加固效果是可叠加的,并已在 50 多万平方米软土地基上应用,取得了良好效果。该法已多次在国际会议上介绍,国外同行给予了很高的评价,认为中国在这方面创造了奇迹。

真空预压的原理主要反映在以下几个方面。

(1) 薄膜上面承受等于薄膜内外压差的荷载。

在抽气前,薄膜内外都承受一个大气压 p_a。抽气后薄膜内气压逐渐下降,首先砂垫层,其次砂井中的气压降至 p_v,故使薄膜紧贴砂垫层。由于土体与砂垫层和砂井间的压差,发生渗流,使土中的孔隙水压力不断降低,有效应力不断增加,从而促使土体固结。土体和砂井间的压差,开始时为 $(p_a - p_v)$,随着抽气时间的增加,压差逐渐变小,最终趋向于零,此时渗流停止,土体固结完成。

(2) 地下水位降低,相应增加附加应力。

地下水位离地面 H_1,抽气后土体中水位降至 H_2,亦即下降了 $(H_2 - H_1)$,在此范围内的土体便从浮重度变为湿重度,此时土骨架增加了大约水高 $(H_2 - H_1)$ 的固结压力。

(3) 封闭气泡排出,土的渗透性加大。

如饱和土体中含有少量封闭气泡,在正压作用下,该气泡堵塞孔隙,使土的渗透降低,固结过程减慢。但在真空吸力下,封闭气泡被吸出,从而使土体的渗透性提高,固结过程加速。堆载预压法和真空预压法加固原理对比如表 3.1 所示。

表 3.1 堆载预压法和真空预压法加固原理对比

项目	堆载预压法	真空预压法
加载方式	采用堆重,如土、水、油和建筑物自重	通过真空泵、真空管、密封膜来提供稳定负压
地基土中总应力	预压过程中,地基土中总应力是增加的,是正压固结	预压过程中,地基土中应力不变,是负压固结
排水系统中水压力	预压过程中,排水系统中的水压力接近静水压力	预压过程中,排水系统中的水压力小于静水压力
地基土中水压力	预压过程中,地基土中水压力由超孔压逐渐消散至静水压力	预压过程中,地基土中水压力由静水压力逐渐消散至稳定负压
地基土水流特征	预压过程中,地基土中水由加固区向四周流动,相当于"挤水"过程	预压过程中,地基土中水由四周向加固区流动,相当于"吸水"过程
加载速率	需要严格控制加载,地基有可能失稳	不需要控制加载速率,地基不可能失稳

3.2.3 降低地下水位法原理

降低地下水位法是指利用井点抽水降低地下水位以增加土的自重应力,达到预压加固的目的。众所周知,降低地下水位能使土的性质得到改善,使地基发生附加沉降。降低地基中的地下水位,使地基中的软土承受了相当于地下水位下降高度水柱的重量而固结。这种增加有效应力的方法,如图3.5所示。

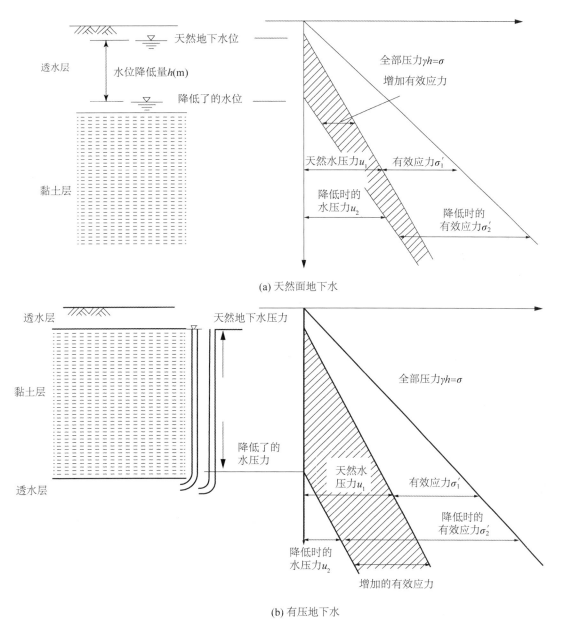

图 3.5 降低地下水位法原理

降低地下水位法最适用于砂性土或在软黏土层中存在砂或者粉土的情况。对于深厚的软黏土层，为加速其固结，往往设置砂井并采用井点法降低地下水位。当用真空装置降水时，地下水位能降5~6m。需要更深的降水时，则需要用高扬程的井点法。

降水方法的选用与土层的渗透性关系很大，见表3.2。

表3.2 各类井点的适用范围

各类井点	土层渗透系数(m/d)	降低水位深度(m)
单层轻型井点	0.1~50	3~6
多层轻型井点	0.1~50	6~12
喷射井点	0.1~2	8~20
电渗井点	<0.1	根据选用的井点确定
管井井点	20~200	3~15
深井井点	10~250	>15

在选用降水方法时，还要根据多种因素如地基土类型、透水层位置、厚度、水的补给源、井点布置形状、水位降深、粉粒及黏土的含量等进行综合判断后选定。

井点降水的计算可参照有关理论进行，但实际上影响因素很多，仅仅采用经过简化的图式进行计算是难以求出可靠结果的，因此计算必须和经验密切结合起来。

3.2.4 电渗法原理

在土中插入金属电极并通以直流电，由于直流电场作用，土中水分从阳极流向阴极，这种现象称为电渗。如将水在阴极排出而在阳极不予补充的情况下土体就会固结，引起土层压缩。50余年来，电渗已作为一种实用的加固技术用于改进软弱细粒土的强度和变形性质。

如Casagrande(1961)曾叙述过一个用电渗来加固加拿大Pic河的松软饱和土的例子，边坡最小处理深度12m，电极最大间距3m，电压为100V，相当于电压梯度0.3V/cm，3个月后土的平均含水量约减少4%，地下水位在坡顶处降低10m，坡趾处降低15m。

电渗施工时，水的流动速率随时间减小，当阳极相对于阴极的孔隙水压力降低所引起的水力梯度（导致水由阴极流向阳极）恰好同电场所产生的水力梯度（导致水由阳极流向阴极）相平衡时，水流便会停止，在这种情况下，有效应力比加固前增加$\Delta\sigma'$值。

$$\Delta\sigma' = \frac{k_e}{k_h}\gamma_w \cdot V \tag{3.1}$$

式中，k_e——电渗透系数，其值为8.64×10^{-6}~8.64×10^{-4} m²/(d·V)，典型值约为4.32×10⁻⁴ m²/(d·V)；

k_h——水的渗导性(m/d)；

γ_w——水的重度(kN/m³)；

V——电压(V)。

土层的压缩量为：

$$s_c = \sum_{i=1}^{n} m_{Vi} \cdot \Delta\sigma'_{Vi} \cdot h_i \tag{3.2}$$

式中，m_{Vi}——第 i 土层的体积压缩系数；

$\Delta\sigma'_{Vi}$——第 i 土层的平均有效竖向应力增量；

h_i——第 i 土层的厚度。

电渗法应用于饱和粉土和粉质黏土、正常固结黏土以及孔隙水电解浓度低的情况下是经济和有效的。工程上可利用电渗法降低黏土中的含水量和地下水位来提高土坡和基坑边坡的稳定性；利用电渗法加速堆载预压饱和黏土地基的固结和提高强度等。

3.3 设计与计算

排水固结法的设计，实质上在于根据上部结构荷载的大小、地基土的性质及工期要求，合理安排排水系统和加压系统的关系，使地基在受压过程中快速排水固结，从而满足建筑物的沉降控制要求和地基承载力要求。主要设计计算项目包括排水系统设计（包括竖向排水体的深度、间距等）、加载系统设计（包括加载量、预压时间等）、地基变形验算、地基承载力验算和监测系统设计（包括监测内容、监测方法、监测点布置、监测标准等）。

3.3.1 沉降计算

对于以稳定控制的工程，如堤、坝等，通过沉降计算可预估施工期间由于基底沉降而增加的土方量；还可估计工程竣工后尚未完成的沉降量，作为堤坝预留沉降高度及路堤顶面加宽的依据。对于以沉降控制的建筑物，沉降计算的目的在于估计所需预压时间和各时期沉降量的发展情况，以满足建筑物的沉降控制要求，即建筑物使用期间的沉降小于允许沉降值。

我国《建筑地基基础设计规范》（GB 50007—2011）中对各类建筑物地基的允许沉降和变形值做了明确规定。其他类型的构筑物的沉降控制标准可参照相关规范规程执行。

1. 建筑物使用期间的沉降

计算建筑物使用期间的沉降计算方法根据预压工程的不同特性而有所差别。

对于预压荷载与建筑物自身荷载分离的工程（如真空预压法），预压荷载在地基处理结束后移除，地基土会产生一定的回弹变形。在其后建筑物修建和使用过程中，地基土会产生再压缩变形（图3.6），在这种情况下，建筑物荷载作用下地基的总沉降量可按照《建筑地基基础设计规范》（GB 50007—2011）中给出的天然地基沉降计算方法即分层总和法进行计算，但其中地基土的压缩模量要根据预压处理后土的压缩试验获得。因此，在地基处理结束后，需要对处理后的地基土取样进行压缩试验，以测得处理后地基土的压缩模量值。在地基处理方案初步设计阶段，可以采用与预压加载路径相同的压缩试验结果来确定压缩模量值。

对于预压荷载即建筑物自重的情况，如高速公路路堤的修建、大坝的修建，预压荷载就是建筑物的荷载，在预压处理后预压荷载并不移除。在这种情况下，建筑物在使用期间的沉降量 s 为建筑物在荷载（在等载预压情况下，建筑物荷载与预压荷载相同）作用下的总沉降量 s_∞ 减去预压期 T 内的沉降量 s_T，如图3.7所示，即：

$$s = s_\infty - s_T \tag{3.3}$$

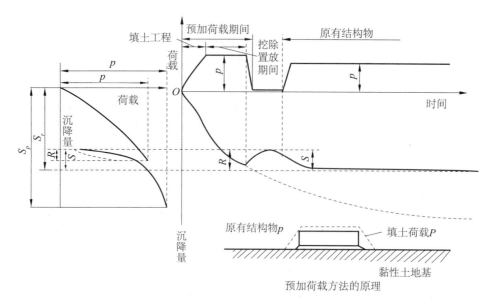

图 3.6 地基沉降示意图

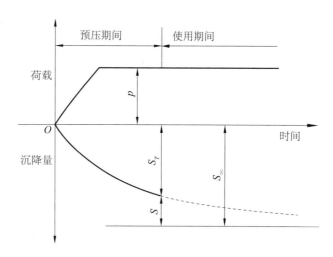

图 3.7 路堤堆载预压沉降示意图

2. 总沉降量计算

地基土的总沉降量 s_∞ 一般包括瞬时沉降、固结沉降和次固结沉降三部分。瞬时沉降是在荷载作用下由于土的畸变（这时土的体积不变，即 $\mu=0.5$）所引起，并在荷载作用下立即发生的。这部分变形是不可忽略的，这一点正在逐渐被人们认识。固结沉降是由于孔隙水的排出而引起土体体积减小所造成的，占总沉降量的主要部分。而次固结沉降则是由于超静水压力消散后，在恒值有效应力作用下土骨架的徐变所致，次固结的大小和土的性质有关。泥炭土、有机质土或高塑性黏性土土层，次固结沉降占很可观的部分，而其他土则所占比例不大。次固结沉降目前还不容易计算。若忽略次固结沉降，则最终沉降量 s_∞ 可按下式计算：

$$s_\infty = \psi_s \sum_{i=1}^n \frac{e_{0i} - e_{1i}}{1 + e_{0i}} h_i \tag{3.4}$$

式中,s_∞——最终竖向变形量(m);

e_{0i}——第 i 层中点土自重应力所对应的孔隙比,由室内固结试验 e-p 曲线查得;

e_{1i}——第 i 层中点土自重应力与附加应力之和所对应的孔隙比,由室内固结试验 e-p 曲线查得;

h_i——第 i 层土层厚度(m);

ψ_s——经验系数,对于堆载预压施工,正常固结饱和黏性土地基可取 $\psi_s = 1.1 \sim 1.4$。荷载较大,地基土较软弱时取较大值,否则取较小值;对于真空预压施工,ψ_s 可取 $0.8 \sim 0.9$;真空-堆载联合预压法以真空预压法为主时,ψ_s 可取 0.9。

变形计算时,可取附加应力与土自重应力的比值为0.1的深度作为受压层的计算深度。也可通过预压期间的地基变形监测数据来推测最终沉降量。

3. 预压期间沉降量计算

预压期间的沉降量可按照预压期固结度采用下式进行计算:

$$s_T = \overline{U}_z s_\infty$$

采用固结理论可求得地基平均固结度 $\overline{U}_z$。在竖向排水情况下,可采用太沙基固结理论计算预压期内地基平均固结度;对于布置竖向排水体的地基,主要产生径向渗流,要采用砂井固结理论计算地基平均固结度。根据固结理论,预压时间 T 越长,地基平均固结度 $\overline{U}_z$ 就越大,预压期间沉降量 s_T 就越大,使用期间的沉降量 s 就越小,因此,需要根据工程沉降要求来确定预压期和预压荷载的大小。

3.3.2 承载力计算

处理后地基承载力可根据斯开普顿极限荷载的半经验公式作为初步估算,即:

$$f = \frac{1}{K} 5 \cdot c_u \left(1 + 0.2 \frac{B}{A}\right)\left(1 + 0.2 \frac{D}{B}\right) + \gamma D \tag{3.5}$$

式中,K——安全系数;

D——基础埋置深度(m);

A、B——分别为基础的长边和短边(m);

γ——基础标高以上土的重度(kN/m³);

c_u——处理后地基土的不排水抗剪强度(kPa)。

对饱和软黏性土也可采用下式估算:

$$f = \frac{5.14 c_u}{K} + \gamma D \tag{3.6}$$

对长条形填土,可根据 Fellenius 公式估算:

$$f = \frac{5.52 c_u}{K} \tag{3.7}$$

采用排水预压处理后,地基土的不排水抗剪强度 c_u 要大于天然土的不排水抗剪强度值 c_{u0}。根据土的抗剪强度理论,即摩尔-库伦理论,强度增长与有效应力的增长成正比关系,因此,排水预压处理后地基土的不排水抗剪度 c_u 可采用下式估算:

$$c_u = c_{u0} + \Delta\sigma_z \cdot \overline{U}_z \tan\varphi_{cu} \tag{3.8}$$

式中,c_u——t 时刻该点土的抗剪强度(kPa);

c_{u0}——地基土的天然抗剪强度(kPa);

$\Delta\sigma_z$——预压荷载引起的地基的附加竖向应力(kPa);

$\overline{U}_z$——地基土平均固结度;

φ_{cu}——由固结不排水剪切试验得到的内摩擦角(°)。

3.3.3 砂井地基固结度计算

地基平均固结度 $\overline{U}_z$ 计算是砂井地基设计中的一个重要内容。通过固结度计算可推算地基强度的增长,确定适应地基强度增长的加荷计划。如果已知各级荷载下不同时间的固结度,还可推算各个时间的沉降量。固结度与砂井布置、排水边界条件、固结时间,以及地基固结系数有关,计算之前要先确定有关参数。

砂井地基的固结理论通常都是假设荷载是瞬时施加的,因此首先介绍瞬时加荷条件下固结度的计算,然后根据实际加荷过程进行修正计算。

1. 瞬时加荷条件下砂井地基固结度的计算

砂井固结理论作如下假设:

(1) 每个砂井的有效影响范围为一直径为 d_e 的圆柱体,圆柱体内的土体中水向该砂井渗流(图 3.8),圆柱体边界处无渗流,即处理为非排水边界;

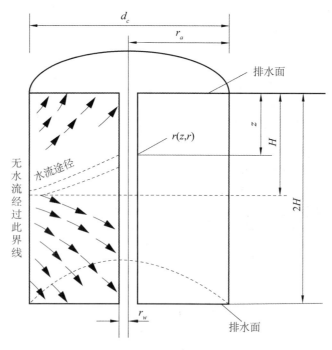

图 3.8 砂井地基渗流模型

(2) 砂井地基表面受均布荷载作用,地基中附加应力分布不随深度而变化,故地基土仅

产生竖向的压密变形;

(3) 荷载是一次施加上去的,加荷开始时,外荷载全部由孔隙水压力承担;

(4) 在整个压密过程中,地基土的渗透系数保持不变;

(5) 井壁上面受砂井施工所引起的涂抹作用(可使渗透性发生变化)的影响不计。

砂井地基固结度由竖向固结度和径向固结度构成,据此可求出在竖向和径向排水联合作用时整个砂井影响范围内土柱体的平均总固结度。

(1) 竖向固结度:当 $U_z > 30\%$ 时,某一时间竖向固结度的计算按单向固结公式计算。

(2) 径向固结度:某一时间径向固结度的计算公式为:

$$U_r = 1 - e^{-\frac{8T_h}{F(n)}} \tag{3.9}$$

式中,U_r——径向固结度(%);

T_h——径向固结时间因数(无因次),$T_h = \dfrac{C_h t}{d_e^2}$;

C_h——径向固结系数,$C_h = \dfrac{k_h(1+e)}{\alpha \gamma_w}$;

k_h——天然土层水平向渗透系数(cm/s);

n——井径比,$n = \dfrac{d_e}{d_w}$;

$F(n)$——井径比 n 的函数,$F(n) = \dfrac{n^2}{n^2-1}\ln(n) - \dfrac{3n^2-l}{4n^2}$,井径比 n 与 $F(n)$ 的关系见表3.3;

d_w——砂井直径(m)。

表3.3 井径比 n 与 $F(n)$ 的关系

n	4	5	6	7	8	9	10	12	14	16
$F(n)$	0.741	0.940	1.097	1.240	1.364	1.468	1.572	1.752	1.904	2.034
n	18	20	22	24	26	28	30	40	50	
$F(n)$	2.150	2.254	2.348	2.434	2.513	2.587	2.655	2.941	3.164	

(3) 砂井地基总的平均固结度。砂井等排水体地基总的平均固结度 $\overline{U}_{rz}$ 是由竖向排水和径向排水所引起的,可按式(3.10)计算:

$$\overline{U}_{rz} = 1 - (1-U_z)(1-U_r) \tag{3.10}$$

对于未打穿整个受压层的砂井,地基总的平均固结度 $\overline{U}$ 为:

$$\overline{U} = \lambda \overline{U}_{rz} + (1-\lambda)\overline{U}_z \tag{3.11}$$

式中,$\overline{U}_{rz}$——砂井区平均固结度;

$\overline{U}_z$——未设置砂井区平均固结度;

λ——砂井打入深度与整个压缩层厚度之比:

$$\lambda = \dfrac{L}{L+H}$$

式中,L——砂井长度(m);

H——砂井下压缩层范围内土层的厚度(m)。

在实际工程中,一般软黏土层厚度比砂井的间距要大得多,故经常忽略竖向固结,式(3.9)便可确定砂井的间距,也可从图3.9查得。

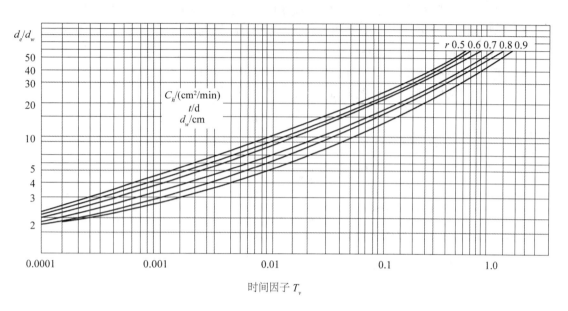

图 3.9 排水砂井设计计算曲线

曾国熙(1975)建议地基平均固结度采用下述普遍表达式表示(现行规范使用):

$$\overline{U} = 1 - \alpha e^{-\beta t} \tag{3.12}$$

式中,α、β——参数,不同条件下平均固结度计算公式及参数 α、β 值见表 3.4。

表 3.4 不同条件的固结度计算公式

序号	条件	平均固结度计算公式	α	β	备注
1	竖向排水固结 ($\overline{U}_z > 30\%$)	$\overline{U}_z = 1 - \dfrac{8}{\pi^2} e^{-\frac{\pi^2 C_v}{4H^2}t}$	$\dfrac{8}{\pi^2}$	$\dfrac{\pi^2 C_v}{4H^2}$	Terzaghi 解
2	内径向排水固结	$\overline{U}_r = 1 - e^{-\frac{8C_h}{F(n)d_e^2}t}$	1	$\dfrac{8C_h}{F(n)d_e^2}$	Barron 解
3	竖向和内径向排水固结(砂井地基平均固结度)	$\overline{U}_{rz} = 1 - (1-\overline{U}_r)(1-\overline{U}_z)$ $= 1 - \dfrac{8}{\pi^2} e^{-\left(\frac{8C_h}{F(n)d_e^2} + \frac{\pi^2 C_v}{4H^2}\right)t}$	$\dfrac{8}{\pi^2}$	$\dfrac{8C_h}{F(n)d_e^2} + \dfrac{\pi^2 C_v}{4H^2}$	

续表

序号	条件	平均固结度计算公式	α	β	备注
4	砂井未贯穿受压土层平均固结度	$\overline{U}=\lambda \overline{U}_{rz}+(1-\lambda)\overline{U}_z$ $\approx 1-\dfrac{8\lambda}{\pi^2}e^{-\frac{8C_h}{F(n)d_e^2}t}$	$\dfrac{8\lambda}{\pi^2}$	$\dfrac{8C_h}{F(n)d_e^2}$	$\lambda=\dfrac{L}{L+H}$ L——砂井长度 H——砂井以下压缩土层厚度
5	外径向排水固结 ($\overline{U}_z>60\%$)	$\overline{U}=1-0.692 e^{-\frac{5.78C_h}{R^2}t}$	0.692	$\dfrac{5.78C_h}{R^2}$	R——土桩体半径
6	普遍表达式	$\overline{U}=1-\alpha e^{-\beta t}$			

2. 逐渐加荷条件下地基固结度的计算

以上计算固结度的理论公式是假定荷载一次瞬间加足的,而实际工程中,荷载总是分级逐渐施加的。因此,根据理论方法求得的固结时间关系或沉降时间关系必须加以修正,下面介绍改进的太沙基修正方法。

该修正方法的基本假定是,每一级荷载增量所引起的固结过程是单独进行的,和上一级或下一级荷载增量所引起的固结无关;每级荷载是在加荷起讫时间的中点一次瞬时加足的;在每级荷载 Δp_n 起讫时间 T_{n-1} 和 T_n 以内任意时间 t 时的固结状态与 t 时相应的荷载增量(如图 3.10 中 $\Delta p''$)瞬间作用下经过时间 $\dfrac{t-t_{n-1}}{2}$ 的固结状态相同,时间 t 大于 t_n 时的固结状态与荷载 Δp_n 在加荷期间 $t-t_{n-1}$ 的中点瞬间施加的情况一样;某一时间 t 时总平均固结度等于该时各级荷载作用下固结度的叠加。

对于两级等速加荷的情况,如图 3.10 所示,每级荷载单独作用所产生的固结度与时间的关系曲线为 C_1、C_2,根据上述假定按式(3.13)可计算出修正后的总固结度与时间的关系曲线 C。

当 $t_0<t<t_1$ 时:

$$U'_t = U_{rz}\left(t-\dfrac{t-t_0}{2}\right)\dfrac{\Delta p'}{\sum \Delta p'}$$

当 $t_1<t<t_2$ 时:

$$U'_t = U_{rz}\left(t-\dfrac{t+t_0}{2}\right)\dfrac{\Delta p_1}{\sum \Delta p} \tag{3.13}$$

当 $t_2<t<t_3$ 时:

$$U'_t = U_{rz}\left(t-\dfrac{t_1+t_0}{2}\right)\dfrac{\Delta p_1}{\sum \Delta p} + U_{rz}\left(t-\dfrac{t+t_0}{2}\right)\dfrac{\Delta p''}{\sum \Delta p}$$

当 $t>t_3$ 时:

$$U'_t = U_{rz}\left(t-\dfrac{t_1+t_0}{2}\right)\dfrac{\Delta p_1}{\sum \Delta p} + U_{rz}\left(t-\dfrac{t_2+t_3}{2}\right)\dfrac{\Delta p_2}{\sum \Delta p} \tag{3.14}$$

多级等速加荷可依此类推,其通式为:

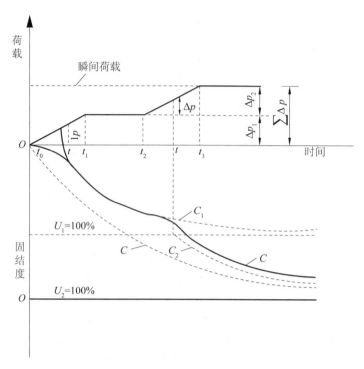

图 3.10 两级等速加荷固结度修正法示意图

$$U'_t = \sum_1^n U_{rz}\left(t - \frac{t_n - t_{n-1}}{2}\right)\frac{\Delta p_n}{\sum \Delta p} \quad (3.15)$$

式中，U'_t——多级等速加荷，t 时刻修正后的平均固结度(%)；

U_{rz}——瞬间加荷条件的平均固结度(%)；

t_n、t_{n-1}——分别为每级等速加荷的起点时间和终点时间(d)，从时间零点起算，当计算某一级荷载加荷期间 t 时刻的固结度时，则 t_n 改为 t；

Δp_n——第 n 级荷载重量(kN/m²)，如计算加荷过程中某一时刻 t 的固结度时，则用该时刻相对应的荷载增量。

同样，曾国熙(1975)建议多级等速下修正后对 $\sum \Delta p$ 而言的地基固结度可归纳为下式表达：

$$\overline{U}_t = \sum_1^n \frac{q_n}{\sum \Delta p}\left[(t_n - t_{n-1}) - \frac{\alpha}{\beta}\mathrm{e}^{-\beta t}(\mathrm{e}^{\beta t_n} - \mathrm{e}^{\beta t_{n-1}})\right] \quad (3.16)$$

式中，q_n——第 n 级荷载的加荷速率，如 $q_1 = \dfrac{\Delta p_1}{t_1}$；

$\sum \Delta p$——各级荷载的累加值；

t_n、t_{n-1}——分别为第 n 级荷载起始和终止时间，当计算第 n 级荷载加荷过程中时间 t 的固结度时，t_n 改用 t；

α、β——参数，见表 3.4。

3. 影响砂井固结度的几个因素

(1) 关于初始孔隙水压力。

上述计算砂井固结度的公式,都是假设初始孔隙水压力等于地面荷载强度,而且假设在整个砂井地基中应力分布是相同的。只有当荷载面的宽度足够大时,这些假设才与实际基本符合。一般认为当荷载面的宽度等于砂井的长度时,采用这样的假设其误差就可忽略不计。

(2) 关于涂抹作用。

当排水竖井采用挤土方式施工时,应考虑涂抹对土体固结的影响,涂抹区土的水平向渗透系数k_s可取$\left(\dfrac{1}{5} \sim \dfrac{1}{3}\right) k_h$。涂抹区直径$d_s$与竖井直径$d_w$的比值可取 2.0~3.0,对中等灵敏黏性土取低值,对高灵敏黏性土取高值。

(3) 关于砂料的阻力。

砂井中砂料对渗流也有阻力,产生水头损失。根据巴伦(Barron)理论解可知,当井径比为 7~15,井的有效影响直径小于砂井深度时,其阻力影响很小。当竖井的纵向通水量q_w与天然土层水平向渗透系数k_h的比值较小,且长度又较长时,应考虑井阻影响。

3.3.4 堆载预压法设计

堆载预压法设计包括加压系统和排水系统的设计。加压系统主要指堆载预压计划以及堆载材料的选用;排水系统包括竖向排水体的材料选用、排水体长度、断面、平面布置的确定。可参照图 3.11 所示的流程进行。

1. 加压系统设计

堆载预压,根据土质情况分为单级加荷和多级加荷;根据堆载材料分为自重预压、加荷预压和加水预压。

堆载一般用填土、砂石等散粒材料;油罐通常利用罐体充水对地基进行预压。对堤坝等以稳定为控制的工程,则以其本身的重量有控制地分级逐渐加载,直至设计标高。

由于软黏土地基抗剪强度低,无论直接建造建筑物还是进行堆载预压往往都不可能快速加载,而必须分级逐渐加荷,待前期荷载下地基强度增加到足以加下一级荷载时,方可加下一级荷载。其计算步骤是,首先用简便的方法确定一个初步的加荷计划,然后校核这一加荷计划下的地基的稳定性和沉降,具体计算步骤如下:

(1) 利用地基的天然抗剪强度计算第一级容许施加的荷载p_1。天然地基承载力f_0一般可根据斯开普顿极限荷载的半经验公式作为初步估算,并保证第一级荷载p_1小于天然地基承载力f_0。

(2) 采用式(3.14)计算p_1荷载作用下经预定预压时间后达到的固结度U'_{t1}。

(3) 采用式(3.8)计算p_1荷载作用下经过一段时间预压后地基强度c_{u1}。

(4) 采用式(3.7)估算预压处理后的地基强度f_1,确定第二级荷载p_2,保证其小于地基承载力f_1。

(5) 按以上步骤确定的加荷计划进行每一级荷载下地基的稳定性验算。如稳定性不满足要求,则调整加荷计划。

(6) 计算预压荷载下地基的最终沉降量和预压期间的沉降,从而确定预压荷载卸除的

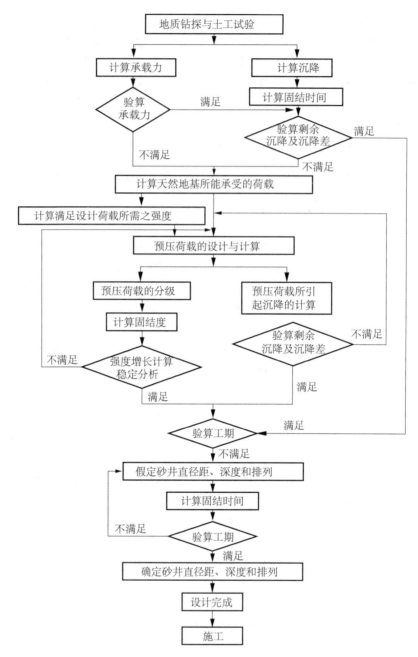

图 3.11 堆载预压法设计与计算流程

时间,保证所剩留的沉降是建筑物允许的。

2.排水系统设计

(1)竖向排水体材料选择。

竖向排水体可采用普通砂井、袋装砂井和塑料排水带。若需要设置竖向排水体长度超过 20m,建议采用普通砂井。

(2) 竖向排水体深度设计。

竖向排水体深度主要根据土层的分布、地基中附加应力大小、施工期限和施工条件以及地基稳定性等因素确定。

① 当软土层不厚,底部有透水层时,排水体应尽可能穿透软土层;

② 当深厚的高压缩性土层间有砂层或砂透镜体时,排水体应尽可能打至砂层或砂透镜体;而采用真空预压时,应尽量避免排水体与砂层相连接,以免影响真空效果;

③ 对于无砂层的深厚地基,则可根据其稳定性及建筑物在地基中造成的附加应力与自重应力的比值确定(一般为 0.1~0.2);

④ 按稳定性控制的工程,如路堤、土坝、岸坡、堆料等,排水体深度应通过稳定分析确定,排水体长度应大于最危险滑动面的深度;

⑤ 按沉降控制的工程,排水体长度可从压载后的沉降量满足上部建筑物容许的沉降量来确定。竖向排水体长度一般为 10~25m。

(3) 竖向排水体平面布置设计。

普通砂井直径一般为 200~500mm。

袋装砂井直径一般为 70~100mm。

塑料排水带常用当量直径表示,换算直径可按下式计算:

$$d_p = \frac{2(b+\delta)}{\pi} \tag{3.17}$$

式中,d_p——塑料排水带当量换算直径(mm);

b——塑料排水带宽度(mm);

δ——塑料排水带厚度(mm)。

砂井、袋装砂井、塑料排水带的平面布置多采用正方形或梅花形,如图 3.12 所示。

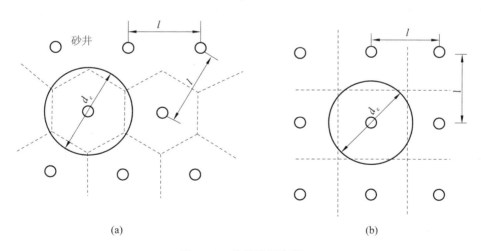

图 3.12 砂井平面布置

以正方形排列时,每根砂井、袋装砂井、塑料排水带的影响范围为正方形面积 l^2。以梅花形排列时,每根砂井、袋装砂井、塑料排水带的影响范围为正六边形面积 $0.866l^2$。为简化起见,每根砂井、袋装砂井、塑料排水带的影响范围折合为一个等面积的圆,则有效影响范围的直径d_e分别如下：

以正方形排列时，$d_e=1.128l$；

以梅花形排列时，$d_e=1.050l$。

竖向排水体直径和间距主要取决于土的固结性质和施工期限的要求。排水体截面大小只要能满足及时排水固结就行，由于软土的渗透性比砂性土要小，因此排水体的理论直径可以很小。但直径过小，施工困难；直径过大，对增加固结速率并不显著。从原则上讲，为达到这样的固结度，缩短排水体间距比增加排水体直径效果要好，即井距和井间距关系是"细而密"比"粗而稀"为佳。

排水竖井的间距可根据地基土的固结特性和规定时间内所要求达到的固结度确定。设计时，竖井的间距可按井径比n选用（$n=d_e/d_w$，d_w为竖井直径，对塑料排水带可取$d_w=d_p$）。塑料排水带或袋装砂井的间距可按$n=15\sim22$选用，普通砂井的间距可按$n=6\sim8$选用。

竖向排水体的布置范围一般比建筑物基础范围稍大为好。扩大的范围可由基础的轮廓线向外增大$2\sim4m$。

(4) 砂料设计。

制作砂井的砂宜用中粗砂，砂的粒径必须能保证砂井具有良好的透水性。砂井粒度要不被黏土颗粒堵塞。砂应是洁净的，不应有草根等杂物，其黏粒含量不应大于3%。

(5) 地表排水砂垫层设计。

为了使砂井排水有良好的通道，砂井顶部必须铺设砂垫层，以连通各砂井将水排到工程场地外。砂垫层采用中粗砂，含泥量应小于3%。

砂垫层应形成一个连续的、有一定厚度的排水层，以免地基沉降时被切断而堵塞排水通道。陆上施工时，砂垫层厚度不应小于500cm；水下施工时，一般为1m。砂垫层的宽度应大于堆载宽度或建筑物的底宽，并伸出砂井区外边线2倍砂井直径。在砂料贫乏地区，可采用连通砂井的纵横砂沟代替整片砂垫层。

3.3.5 应用实测沉降与时间关系曲线推测最终沉降量

在预压期间应及时整理竖向变形与时间、孔隙水压力与时间等关系曲线，并推算地基的最终竖向变形及不同时间的固结度以分析地基处理效果，并为确定卸载时间提供依据。工程上往往利用实测变形与时间关系曲线推算最终竖向变形量s_f和参数β值。

各种排水条件下土层平均固结度的理论解，可归纳为下面一个普遍的表达式：

$$\overline{U} = 1-\alpha \cdot e^{-\beta \cdot t}$$

根据固结度的定义：

$$\overline{U} = \frac{s_d}{s_c} = \frac{s_t-s_d}{s_\infty-s_d}$$

解以上两式得：

$$s_t = (s_\infty-s_d)(1-\alpha \cdot e^{-\beta \cdot t})+s_d$$

从实测的沉降-时间(s-t)曲线上选取任意三点：(s_1,t_1)、(s_2,t_2)、(s_3,t_3)，并使$t_2-t_1=t_3-t_2$，则

$$s_1 = s_\infty(1-\alpha \cdot e^{-\beta \cdot t_1})+s_d \cdot \alpha \cdot e^{-\beta \cdot t_1} \qquad (3.18\text{-}1)$$

$$s_2 = s_\infty(1-\alpha \cdot e^{-\beta \cdot t_2}) + s_d \cdot \alpha \cdot e^{-\beta \cdot t_2} \tag{3.18-2}$$

$$s_3 = s_\infty(1-\alpha \cdot e^{-\beta \cdot t_3}) + s_d \cdot \alpha \cdot e^{-\beta \cdot t_3} \tag{3.18-3}$$

由式(3-18a)、式(3-18b)、式(3-18c)解得

$$e^{\beta(t_2-t_1)} = \frac{s_2-s_1}{s_3-s_2} \tag{3.19}$$

$$\beta = \frac{\ln\dfrac{s_2-s_1}{s_3-s_2}}{t_2-t_1} \tag{3.20}$$

$$s_\infty = \frac{s_3(s_2-s_1)-s_2(s_3-s_2)}{(s_2-s_1)-(s_3-s_2)} \tag{3.21}$$

$$s_d = \frac{s_t-s_\infty(1-\alpha \cdot e^{-\beta \cdot t})}{\alpha \cdot e^{-\beta \cdot t}} \tag{3.22}$$

为了使推算的结果精确些，(s_3,t_3)点应尽可能取 s-t 曲线的末端，以使(t_2-t_1)和(t_3-t_2)大些。

应予注意，上述各个时间是按修正的 O' 点算起，对于两级等速加荷的情况（图 3.13），O' 点按下式确定：

$$O' = \frac{\Delta p_1(T_1/2)+\Delta p_2(T_2+T_3)/2}{\Delta p_1+\Delta p_2} \tag{3.23}$$

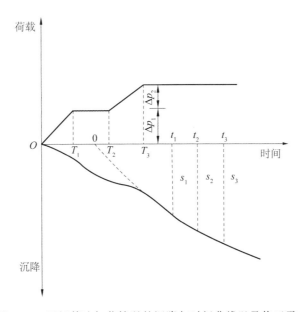

图 3.13　两级等速加荷情况的沉降与时间曲线以及修正零点

3.3.6　计算案例

已知：某淤泥质黏土地基，土体固结系数为 $C_h=C_v=1.8\times10^{-3}\text{cm}^2/\text{s}$，土层厚 20m。采用堆载预压法加固，袋装砂井直径采用 $d_w=70\text{mm}$，等边三角形布置，间距 $l=1.4\text{m}$，深度 $H=20\text{m}$，砂井底部为不透水层，砂井已打穿需加固土层。预压荷载总压力 $p=100\text{kPa}$，分

两级等速加载,预压过程如图 3.14 所示。

求:加载开始后 120d 加固地基土层的平均固结度(不考虑砂井的井阻和涂抹影响)。

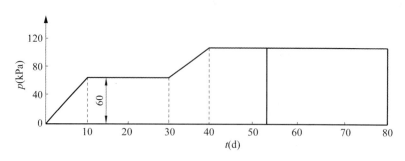

图 3.14 预压加载过程

解:

土层平均固结度包括两部分:径向排水平均固结度和向上竖向排水平均固结度。加固地基土层平均固结度采用式(3.16)计算,式中参数 α、β 由表 3.4 知:

$$\alpha = \frac{8}{\pi^2} = 0.81$$

$$\beta = \frac{8 C_h}{F(n) d_e^2} + \frac{\pi^2}{4} \frac{C_v}{H^2}$$

根据砂井的有效排水圆柱体直径 $d_e = 1.05l = 1.05 \times 1.4 = 1.47$ m

径井比 $n = d_e/d_w = 1.47/0.07 = 21$,则

$$F(n) = \frac{n^2}{n^2 - 1}\ln(n) - \frac{3n^2 - 1}{4n^2} = 2.3$$

$$\beta = \frac{8C_h}{F(n) d_e^2} + \frac{\pi^2 C_v}{4H^2} = 2.908 \times 10^{-7} \text{m/s} = 0.025 \text{m/d}$$

第一级荷载加荷速率

$$\dot{q}_1 = 60/10 = 6 \text{kPa/d}$$

第二级荷载加荷速率

$$\dot{q}_2 = 40/10 = 4 \text{kPa/d}$$

加固地基土层平均固结度采用式(3.16)计算:

$$\overline{U}_t = \sum_1^n \frac{q_n}{\sum \Delta p}\left[(t_n - t_{n-1}) - \frac{\alpha}{\beta} e^{-\beta t}(e^{\beta t_n} - e^{\beta t_{n-1}})\right]$$

$$= \sum \frac{\dot{q}_1}{\sum \Delta p}\left[(t_1 - t_0) - \frac{\alpha}{\beta} e^{-\beta t}(e^{\beta t_1} - e^{\beta t_0})\right] + \sum \frac{\dot{q}_2}{\sum \Delta p}\left[(t_3 - t_2) - \frac{\alpha}{\beta} e^{-\beta t}(e^{\beta t_3} - e^{\beta t_2})\right]$$

$$= \frac{6}{100}\left[(10 - 0) - \frac{0.81}{0.0251} e^{-0.0251 \times 120}(e^{0.0251 \times 10} - e^{0.0251 \times 0})\right]$$

$$+ \frac{4}{100}\left[(40 - 30) - \frac{0.81}{0.0251} e^{-0.0251 \times 120}(e^{0.0251 \times 40} - e^{0.0251 \times 30})\right]$$

$$= 0.93$$

加固地基土层平均固结度为 0.93。

3.4 施工及质量检验

从施工角度分析,要保证排水固结法的加固效果,主要做好以下三个环节:铺设水平排水垫层、设置竖向排水体和施加固结压力。

3.4.1 排水系统的施工

1. 水平排水垫层的施工

排水垫层的作用是使在预压过程中,从土体进入垫层的渗流水迅速地排出,使土层的固结能正常进行,防止土颗粒堵塞排水系统。因而垫层的质量将直接关系到加固效果和预压时间的长短。

(1) 垫层材料

垫层材料应采用透水性好的砂料,其渗透系数一般不低于 10^{-3} cm/s,同时能起到一定的反滤作用。通常采用级配良好的中砂、粗砂,含泥量不大于 3%。一般不宜采用粉砂、细砂。

(2) 垫层尺寸

① 垫层厚度应根据保证加固全过程砂垫层排水的有效性确定,若垫层厚度较小,在较大的不均匀沉降下很可能是垫层的排水性失效。一般情况下,陆上排水垫层厚度为 0.5m 左右,水下垫层为 1.0m 左右。对新吹填不久的或无硬壳层的软黏土及水下施工的特殊条件,应采用厚的或混合粒排水垫层。

② 排水砂垫层宽度等于铺设场地宽度,砂料不足时,可用砂沟代替砂垫层。

③ 砂沟的宽度为 2~3 倍砂井直径,一般深度为 40~60cm。

(3) 垫层施工

不论采用何种施工方法,都应避免对软土表层的过大扰动,以免造成砂和淤泥混合,影响垫层的排水效果。另外,在铺设砂垫层前,应清除干净砂井顶面的淤泥或其他杂物,以利于砂井排水。

2. 竖向排水体施工

(1) 砂井施工

砂井施工要求:保持砂井连续和密实,并且不出现缩颈现象;尽量减小对周围土的扰动;砂井的长度、直径和间距应满足设计要求。

我国砂井施工常采用以下几种方法:

① 沉管法。该法是将带有活瓣管尖或套有混凝土端靴的套管沉到预定深度,然后在管内灌砂,拔出套管形成砂井。根据沉管工艺的不同,沉管法又可分为静压沉管法、锤击沉管法、振动沉管法等。

② 水冲成孔法。该法是通过专用喷头,在水压力作用下冲孔,成孔后经清孔,再向孔内灌砂成形。该法适用于土质较好且均匀的黏性土地基,对于土质很软的淤泥,因其在成孔和灌砂过程中容易缩孔,很难保证砂井的直径和连续性。

③ 螺旋钻机成孔法。该法以动力螺旋钻钻孔,属于钻法施工,提钻后向孔内灌砂成形。该法适用于陆上工程,砂井长度在 10m 以内,土质较好,不会出现缩颈和塌孔现象的软弱

地基。

(2) 袋装砂井施工

袋装砂井是在探讨、改进砂井存在的问题过程中发展起来的，工程实践经验表明，大直径砂井的施工存在以下普遍性的问题：砂井不连续或缩颈现象很难完全避免；所用设备相对比较笨重，不便于在很软弱的地基上进行大面积施工；从排水要求分析，不需要普通砂井这样大的断面，这完全是砂井施工的需要，因此，这种砂井材料消耗大；造价相对比较高。

袋装砂井在工程中的应用，基本上解决了大直径砂井所存在的问题，使砂井的设计和施工更加科学化。它保证了砂井的连续性；打设设备实现了轻型化，比较适于在软弱地基上施工；砂用量大大减少；施工速度加快，工程造价降低，更重要的是排水距离缩短，具有优越的排水固结条件，是一种比较理想的竖向排水体。我国于1977年首先由交通部第二航务工程局科研所引进这项技术，并结合711工程进行了试验研究，取得了成功的经验，随后在天津新港地区、台州电厂煤场等工程中都采用了袋装砂井处理软黏土地基，取得了良好效果。

① 袋装砂井直径。袋装砂井直径是根据所承担的排水量和施工工艺要求决定的，一般采用7～12cm的直径。

② 袋子材料的选择。根据排水要求，袋装砂井的编织袋应具有良好的透水性，袋内砂不易漏失，袋子材料应有足够的抗拉强度，使其能承受袋内砂自重及弯曲所产生的拉力，要有一定的抗老化性能和耐环境水腐蚀的性能，同时又要便于加工制作，价格低廉。目前国内普遍采用的袋子材料是聚丙烯编织布。该材料的特点是，具有足够的抗拉强度，耐腐蚀，便于制作，对人员无害，价格低廉，但其抗老化性能较差，只能袋装后即时使用，避免紫外线直接照射，它仍是一种比较理想的袋子材料。

③ 袋装砂井施工方法。由于袋装砂井断面小，重量轻，减轻了施工设备重量，简化了施工，提高了打设效率。目前国内外均有专用的施工设备，一般为导管式的振动打设机械，只是在行进方式上有差异。我国较普遍采用的打设机械有轨道门架式、履带臂架式、步履臂架式、吊机导架式等。

袋装砂井的施工程序包括定位，整理桩尖(有的是与导管相连的活瓣桩尖，有的是分离式的混凝土预制桩尖)，沉入导管，将砂袋放入导管，往管内灌水(减少砂袋与管壁的摩擦力)，拔管等。为确保质量，在袋装砂井施工中，应注意以下几个问题：

① 定位要准确，砂井垂直度要好，这样就可以确保实际排水距离和理论计算一致。

② 砂料含泥量要小；这对于小断面的砂井尤为重要。因为直径小，长细比大的砂井，其井阻效应较显著，所以一般含泥量要求小于3%。

③ 袋中砂宜用风干砂，不宜采用潮湿砂，以免袋内砂干燥后，体积减小，严重者断层，造成袋装砂井缩短与排水垫层不搭接或缩颈、断颈等质量事故。

④ 聚丙烯编织袋在施工时应避免太阳光长时间直接照射。

⑤ 砂袋入口处的导管口应装设滚轮，避免砂袋被挂破漏砂。

⑥ 施工中要经常检查桩尖与导管的密封情况，避免导管内进泥过多，将袋装砂井上带，影响加固深度。

⑦ 确定袋装砂及施工长度时，应考虑袋内砂体积减小，袋装砂井在孔内的弯曲、超深及伸入水平排水垫层内的长度等因素，避免砂井全部沉入孔内，造成与砂垫层不连接。

(3) 塑料排水带施工

塑料排水带由芯板和滤膜组成,其中芯板是由聚丙烯塑料加工而成的两面具有间隔沟槽的板体,滤膜材料一般采用耐腐蚀的涤纶衬布制作。塑料排水带的特点是,单孔过水断面大、排水畅通、质量轻、强度高、耐久性好,是一种较理想的竖向排水体。

塑料排水带由于材料不同,断面结构形式各异(图 3.15)。

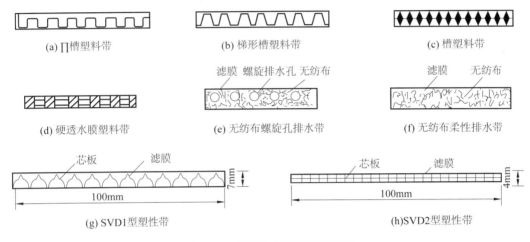

图 3.15 塑料排水带断面结构图

塑料排水带的施工机械基本上可与袋装砂井打设机械共用,只是将圆形导管改为矩形导管。其施工顺序为:定位,将塑料板通过导管从管靴穿出,将塑料板与桩尖连接贴紧管靴并对准桩位,插入塑料板,拔管剪断塑料排水带等。

3.4.2 预压荷载的施工

产生固结压力的荷载一般分三类:一是利用建筑物自身加压;二是外加预压荷载;三是通过减小地基土的孔隙水压力而增加固结压力的方法。

1. 利用建筑物自重压重

利用建筑物本身重量对地基加压是一种经济而有效的方法。此法一般应用于以地基的稳定性为控制条件,能适应较大变形的建筑物,如路堤、土坝、贮矿场、油罐、水池等。特别是对油罐或水池等建筑物,先进行充水加压,一方面可检验罐壁本身有无渗漏现象;同时,还利用分级逐渐充水预压,使地基强度得以提高,满足稳定性要求。对路堤、土坝等建筑物,由于填土高、荷载大,地基的强度不能满足快速填筑的要求,工程上都采取严格控制加荷速率,逐层填筑的方法以确保地基的稳定性。

2. 堆载预压

堆载预压的材料一般以散料为主,如石料、砂、砖等。大面积施工时通常采用自卸汽车与推土机联合作业。对超软地基的堆载预压,第一级载荷宜用轻型机械或人工作业。

施工时应注意以下几点:

① 堆载面积要足够。堆载的顶面积不小于建筑物底面积。堆载的底面积也应适当扩大,以保证建筑物范围内的地基得到均匀加固。

② 堆载要求严格控制加荷速率,保证在各级荷载下地基的稳定性,同时要避免部分堆载过高而引起地基的局部被破坏。

③ 对超软黏性土地基,载荷的大小、施工工艺更要精心设计以避免对土的扰动和破坏。

不论利用建筑物荷载加压还是堆载预压,最危险的是急于求成,不认真进行设计,忽视对加荷速率的控制,施加超过地基承载力的荷载。特别对打入式砂井地基,未待因打砂井而使地基减小的强度得到恢复就进行加载,这样就容易导致工程的失败。另外,从沉降角度分析,地基的沉降不仅仅是固结沉降,由于侧向变形也产生一部分沉降,特别是当荷载过大时,如果不注意加荷速率的控制,地基内就会产生局部塑性区而因侧向变形引起沉降,从而增大总沉降量。

3.4.3 现场监测及加荷速率控制

在排水预压地基处理施工过程中,为了解地基中固结度的实际发生情况,更加准确地预估最终沉降和及时调整设计方案,需要同时进行一系列的现场监测。另外,现场监测是控制堆载速率非常重要的手段,可以避免工程事故的发生。因此,现场监测不仅是发展理论和评价处理效果的依据,同时也可及时防止因设计和施工不完善而引起的意外工程事故。

1. 现场监测

现场监测项目包括孔隙水压力监测、沉降监测、边桩水平位移监测、真空度监测、地基土物理力学指标检测等。

1) 孔隙水压力监测

孔隙水压力现场监测时,可根据测点孔隙水压力-时间变化曲线,反算土的固结系数,推算该点不同时间的固结度,从而推算强度增长值,并确定下一级施加荷载的大小。根据孔隙水压力和荷载的关系曲线可判断该点是否达到屈服状态,因而可用来控制加荷速率,避免加荷过快而造成地基破坏。

现场监测孔隙水压力的仪器,目前常用钢弦式孔隙水压力计和双管式孔隙水压力计。钢弦式孔隙水压力计的构造原理与土压力盒相似,其主要优点是反应灵敏,时间延滞短,所以适用于荷载变化比较迅速的情况,也便于实现原位测试技术的电气化和自动化。实践证明,它的长期稳定性也较好。

双管式孔隙水压力计耐久性能好,但常有压力传递的滞后现象。另外,容易在接头处发生漏气,并能使传递压力的水中逸出大量气泡,影响测读精度。

在堆载预压工程中,一般在场地中央、载物坡顶部位及载物坡脚部位等不同深度处设置孔隙水压力监测仪器,而真空预压工程则只需在场内设置若干个测孔。测孔中测点布置垂直距离为1~2m,不同土层也应设置测点,测孔的深度应大于待加固地基的深度。

2) 沉降监测

沉降监测是最基本、最重要的监测项目之一。监测内容包括荷载作用范围内地基的总沉降、荷载外地面沉降或隆起、分层沉降及沉降速率等。

堆载预压工程的地面沉降标应沿场地对称轴线上设置,场地中心、坡顶、坡脚和场外10m范围内均需设置地面沉降标,以掌握整个场地的沉降情况和场地周围地面隆起情况。

真空预压工程地面沉降标应在场内有规律地设置,各沉降标之间距离一般为20~30m,边界内外适当加密。

深层沉降一般用磁环或沉降监测仪,布置在堆载轴线下地基的不同土层中,孔中测点位于各土层的顶部。通过深层沉降监测可以了解各层土的固结情况,有利于更好地控制加荷速率。

3) 水平位移监测

水平位移监测包括边桩水平位移和沿深度的水平位移两部分。它是控制堆载预压加荷速率的重要手段之一。

地表水平位移标一般由木桩或混凝土桩制成,布置在堆载的坡脚,并根据荷载情况,在堆载作用面外再布置2～3排监测点。它是控制堆载预压加荷速率和监测地基稳定性的重要手段之一。一般情况下,水平位移值控制在4mm/d。

深层水平位移则由测斜仪测定,测孔中测点距离为1～2m,一般布置在堆载坡脚或坡脚附近。通过深层侧向位移监测可更有效地控制加荷速率,保证地基稳定。

真空预压的水平位移指向加固场地,不会造成加固地基的破坏。

4) 真空度监测

真空度监测分为真空管内真空度、膜下真空度和真空装置的工作状态。膜下真空度则能反映整个场地"加载"的大小和均匀程度。膜下真空度测头要求分布均匀,每个测头监控的预压面积为1000～2000m^2,抽真空期间一般要求真空管内真空度值大于90kPa,膜下真空度值大于80kPa。

5) 地基上物理力学指标检测

通过对比加固前、后地基土物理力学指标可更直观地反映出排水固结法加固地基的效果。

对以稳定性控制的重要工程,应在预压区内选择有代表性的点预留孔位,对堆载预压法在堆载不同阶段,对真空预压法在抽真空结束后,进行不同深度的十字板抗剪强度试验和取土进行室内试验,以验算地基的抗滑稳定性,并检验地基的处理效果。

2. 加荷速率控制

1) 地基破坏前的变形特征

地基变形是判别地基破坏的重要指标。软土地基一旦接近破坏,其变形量就急剧增加,故根据变形量的大小可以大致判别破坏预兆。

在堆载情况下,地基破坏前有如下特征:

① 堆载顶部和斜面出现微小裂缝;

② 堆载中部附近的沉降量 s 急剧增加;

③ 堆载坡趾附近的水平位移 δ_H 向堆载外侧急剧增加;

④ 堆载坡趾附近地面隆起。

停止堆载后,堆载坡趾的水平位移和坡趾附近地面的隆起继续增大,水压力也继续上升。

2) 控制加荷速率的方法

加荷速率可通过理论计算。但在一般情况下,加荷速率可以在土中埋设仪器,通过现场测试控制。如果埋设仪器有困难,也可根据某些经验值加以判别。

(1) 现场测试

通过现场测试,判别地基破坏的具体方法如下:

① 根据沉降 s 和侧向位移 δ_H 判别。利用 s 和 δ_H 关系,即同时测试堆载中部的沉降量 s 和堆载坡趾侧向位移 δ_H。日本富永和桥本指出:当 δ_H/s 值急剧增加时,意味着地基接近破坏(图 3.16)。当预压荷载较小时,s-δ_H 曲线应与 s 轴有个夹角 θ,测点在 E 线上移动。预压荷载接近破坏荷载时,δ_H 增加要比 s 增加显著,如图 3.16 中的 Ⅰ、Ⅱ 所示。

尽管影响地基稳定的因素很复杂,条件不相同,但地基破坏时 s 和 δ_H 关系大致在一条曲线上,如图 3.17 中 $q/q_f=1.0$ 的曲线,该曲线称为破坏基准线。

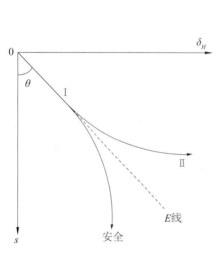

图 3.16 s 和 δ_H 关系曲线

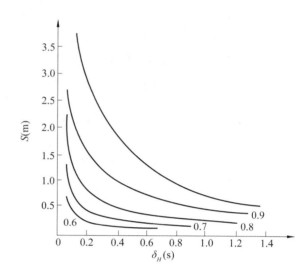

q—任意时刻的荷载;q_f—地基土破坏时的荷载

图 3.17 判别堆载的安全图

将堆载过程中实测到的变形值绘制在 s-δ_H 图上,视其规律是接近还是远离破坏基准线,如接近破坏基准线,则表示接近破坏;远离则表示安全稳定。根据国外工程实例,堆载各位置上出现的裂缝,其 q/q_f 值大多为 0.8~0.9。

② 根据侧向位移速率判别。该法是以堆载坡趾侧向位移速率 $\delta_H/\Delta t$ 不超过某极限值作为判别标准。$\delta_H/\Delta t$ 的极限值是随荷载大小、形状、土质等不同而变化的。日本栗原和一本在泥炭土上进行试验:当 $\delta_H/\Delta t$ 为 20mm/d 时,在堆载顶面上就会发生裂缝,因此将该值作为控制堆载速率的标准。

③ 根据侧向位移系数判别。图 3.18 是荷载 q(或堆高 h)、时间 t 和侧向位移 δ_H 的关系图。堆载按图中所示的分级进行。在某级荷载的 Δt 时间内,侧向位移增量为 δ_H(Δt 取等间隔),有一个 Δq 就有一个相应的 δ_H 值,就可绘制出 $\frac{\Delta q}{\Delta \delta_H}$-$q$(或 h)曲线(图 3.19)。

由图 3.19 可知,当 q(或 h)值较小时,$\Delta q/\delta_H$(或 $\Delta h/\delta_H$)值就较大,当 q 达到某值后,q 则和 $\Delta q/\Delta \delta_H$ 成直线关系,将直线延长与横轴 q 相交,则该交点为极限荷载 q_f(或堆载极限高度 h_f)。$\Delta q/\Delta \delta_H$ 为侧向位移系数,它是表示地基刚性的一个指标。

④ 根据土中孔除水压力判别。图 3.20 为测定的孔隙水压力 u 和荷载 q 的曲线,1、2、3 三个测点的曲线有明显的转折点,对应于转折点荷载为 q_y:

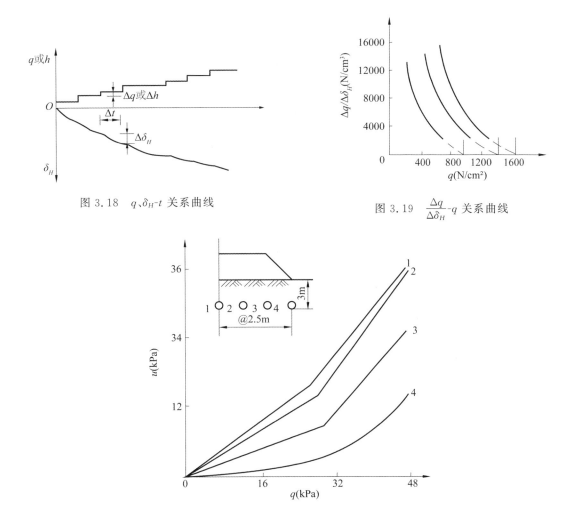

图 3.18 q、δ_H-t 关系曲线

图 3.19 $\frac{\Delta q}{\Delta \delta_H}$-$q$ 关系曲线

图 3.20 q-u 关系曲线

当 $q < q_y$ 时,地基土处在弹性阶段;

当 $q = q_y$ 时,设置孔隙水压力计测头处的土发生塑性挤出;

当 $q > q_y$ 时,塑性区扩大。

q_y 和极限荷载 q_f 间存在这样的关系:$q_f/q_y = 1.6$。

亦即在 q-u 图中,当出现直线的折点时,极限荷载(或极限高度)为该点荷载的 1.6 倍。

(2) 根据经验值判别

根据某些工程经验,加荷期间如超过下述三项指标时,地基有可能被破坏:

① 在堆载中心点处,埋设地面沉降监测点的地面沉降量每天超过 10mm。

② 堆载坡趾侧向位移(在坡趾埋设测斜管或打入边桩)每天超过 4mm。

③ 孔隙水压力(在地基不同深度处埋设孔隙水压力计)超过预压荷载所产生应力的 50%~60%。

(3) 卸荷标准

预压到某一程度后可卸载,卸载标准为:
① 地面总沉降量大于预压荷载下最终计算沉降量的80%;
② 地基总固结度大于80%;
③ 地面沉降速率小于0.5~1.0mm/d,沉降变化曲线趋于平缓。

思考题与习题

1. 按排水系统分类,排水固结法可分为几类? 按预压加载方法分类,排水固结法又可分为几类? 试分析各类排水固结法的优缺点。
2. 试述采用排水固结提高地基强度和压缩模量的原理。
3. 简述砂井地基堆载预压法的设计步骤。
4. 对比真空预压法与堆载预压法的原理。
5. 堆载预压中如何通过现场监测来控制加载速率?
6. 某高速公路地基为淤泥质黏土,固结系数 $C_h = C_v = 1.8 \times 10^{-3} \text{cm}^2/\text{s}$, $E_s = 2\text{MPa}$,厚度为50m,不排水抗剪强度 $s_u = 15\text{kPa}$,固结不排水强度指标为 $c=0$, $\varphi=20°$,其下为不排水土层。路堤总高度为5m,总荷载为100kPa。路堤底部宽度为20m,采用堆载预压法进行处理,由于工期限制,预压期需控制在120天以内,并要求达到工后沉降小于20cm的要求。试完成以下设计计算工作:
(1) 进行排水系统设计,确定排水系统的布置。
(2) 进行加载系统的设计,保证堆载期间的地基稳定性。
(3) 进行沉降验算,满足工后沉降小于20cm的使用要求。
(4) 制定相应的监测方案和检测方案,提出监测和检测要求,以检验地基处理效果。

第 4 章 复合地基

4.1 复合地基概述

采用各种地基处理方法形成的人工地基(artificial ground)大致可以分为两类:均匀地基和复合地基(composite foundation)。均匀地基是指经过地基处理后地基的土质得到全面地改良,地基土的物理力学性质是比较均匀的;复合地基是指经过地基处理后地基的部分土体得到增强,或被置换,或被设置加筋材料,处理区由增强体和增强体之间的地基土所组成,地基土的性质是不均匀的。

复合地基由增强体和地基土共同承担上部结构荷载,当地基土为欠固结土、湿陷性黄土、可液化土等时,必须选用适当的增强体和施工工艺,消除地基土的欠固结性、或湿陷性、或液化性之后,才能形成复合地基。

根据地基中增强体的方向,复合地基分为竖向增强体复合地基、水平向增强体复合地基。竖向增强体复合地基习惯上被称为桩体复合地基,是本章的主要讨论对象。

根据桩体材料的性质(表 4.1),桩体复合地基分为散体材料桩复合地基、黏结材料桩复合地基两类。散体材料桩复合地基的桩体材料没有黏聚力,只有依靠周围土体的围箍作用才能形成桩体;黏结材料桩复合地基根据桩体刚度大小分为柔性桩、半刚性桩和刚性桩复合地基。复合地基的分类如图 4.1 所示。

表 4.1 复合地基中桩的分类

桩体材料	散体材料桩	柔 性 桩		半 刚 性 桩		刚 性 桩	
	碎石桩、砂石桩、矿渣桩	石灰桩	灰土桩	水泥土搅拌桩	高压旋喷桩	水泥粉煤灰碎石桩(CFG桩)	混凝土桩(混凝土强度等级)
桩体抗压强度 f_{cu}(MPa)	无	0.2～1	0.5～1	0.2～3	0.5～10	10～25	>10
桩体变形模量 E_0(MPa)		10～30	40～200	40～600	500～1500	10000～20000	>22000

为了保证复合地基的加固效果,桩体施工质量必须得到保证,施工完成后应进行桩体质量检验。对于散体材料桩应进行密实度的检验,对于黏结材料桩应进行桩身强度和桩身完整性的检验。

桩体复合地基的选用原则如下。

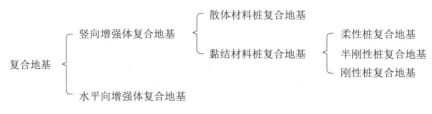

图 4.1 复合地基分类

① 散体材料桩复合地基承载力主要取决于桩周土体所能提供的最大侧限力,桩周土体的侧限力与其不排水强度 c_u 有关,因此,散体材料桩复合地基适宜于加固砂性土地基,对于 c_u 较小的饱和软黏土地基应慎用。

② 对深厚软土地基,可采用刚性桩复合地基,适当增加桩长以减小地基沉降,或采用长短桩复合地基形式。

③ 刚性基础下黏结材料桩复合地基破坏是由桩体先破坏造成的,因此,若桩土相对刚度较大,且桩体强度较小时,应在桩体复合地基与刚性基础之间设置砂石等柔性垫层。若桩土相对刚度较小,或桩体强度足够时,也可不设褥垫层。

④ 路堤下黏结材料桩复合地基的桩土荷载分担比较小,复合地基破坏是由土体先破坏造成的,因此,应在桩体复合地基与路堤底面之间铺设土工格栅砂垫层或灰土垫层,防止桩体向上刺入路堤,增加桩土应力比,充分发挥桩体的性能。

⑤ 对于不同深度存在相对硬层的正常固结土,或浅层存在欠固结土、湿陷性黄土、可液化土,以及地基承载力和变形要求较高的地基,应选用多桩型复合地基。

4.2 复合地基加固理论

4.2.1 复合地基作用机理和破坏模式

复合地基中的桩与桩基中的桩有所不同,主要体现在以下两个方面:一方面是桩身材料及强度,复合地基中有散体材料桩、柔性桩、半刚性桩和刚性桩之分,而桩基中的桩均为刚性桩;另一方面是桩与基础的连接方式,复合地基中的桩与基础之间往往设置垫层,而桩基础的桩需嵌固到承台或筏板基础中,与基础形成一个整体;因此,桩体复合地基仍属于地基的范畴。

1. 复合地基作用机理

桩体复合地基通过基础将上部结构荷载的一部分直接传递给浅层的地基土,另一部分通过桩体传递给深层的地基土,从荷载传递路线来看(图 4.2),桩体复合地基是由桩和桩间土共同承担荷载的。

桩体复合地基的加固效应主要表现在以下几个方面。

(1) 桩体作用

复合地基中桩体的刚度比周围土体刚度大,上部荷载通过刚性基础向下传递时,大部分荷载由桩体承受,桩体产生应力集中现象,此时桩体应力远远高于桩间土应力,随着桩体刚

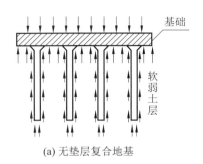
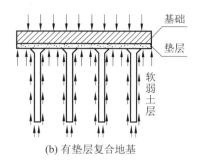

(a) 无垫层复合地基　　　　　　(b) 有垫层复合地基

图 4.2　桩体复合地基荷载传递路线示意图

度增加,其桩体作用发挥得更加明显,提高了地基承载力、减小了沉降。

（2）垫层作用

桩与桩间土形成的复合地基,其性能优于原天然地基,起到类似垫层的换土、均匀地基应力和增大应力扩散角等作用。在桩体没有贯穿整个软弱土层的地基中,垫层的作用越发明显。

（3）加速排水作用

碎石桩、砂石桩、砂桩、粉煤灰碎石桩等具有较好的透水性,构成了地基中的竖向排水通道,加速了桩间土的排水固结速度,提高了桩间土的强度,尤其在软黏土中此作用更为明显。

（4）挤密作用

碎石桩、砂石桩、土桩和灰土桩在施工过程中,由于振动、挤压、排土等原因,可使桩间土得到一定的密实作用。采用生石灰桩时,生石灰吸水时的发热和膨胀,对桩间土同样可以起到挤密作用。

（5）加筋作用

各种桩土复合地基除了可以提高地基承载力外,还可以用来提高复合地基土体的抗剪强度,增加地基的抗滑稳定性,例如散体材料桩、黏结材料桩常用于高速公路路堤的地基加固中,就是利用了桩体的这种加筋作用。

2. 桩体复合地基的破坏模式

桩体复合地基破坏与桩身材料、桩体强度、地基土质条件、荷载形式和上部结构形式等因素有关,可能的破坏形式有刺入破坏、鼓胀破坏、桩体剪切破坏和整体滑动破坏4种,如图4.3所示。

刺入破坏如图4.3(a)所示,当桩体刚度较大、地基土强度较低时,桩尖向下卧层刺入使地基土变形加大,导致土体剪切破坏。刺入破坏是刚性桩复合地基破坏的主要形式。

鼓胀破坏如图4.3(b)所示,由于桩身无黏聚力,在桩顶荷载作用下容易发生鼓胀变形,当桩周土体不能提供足够的侧向抗力时,桩体侧向变形增大产生鼓胀破坏。散体材料桩复合地基易发生桩体鼓胀破坏。

桩体剪切破坏如图4.3(c)所示,在桩顶荷载作用下,复合地基中的桩体发生剪切破坏,进而引起复合地基全面破坏。柔性桩复合地基易发生桩体剪切破坏。

整体滑动破坏如图4.3(d)所示,在上部荷载和路堤自重作用下,路堤填土、桩体复合地基中沿某连续滑动面产生滑动破坏,滑动面处的桩体被剪断。各种桩体复合地基均可能发生整体滑动破坏。

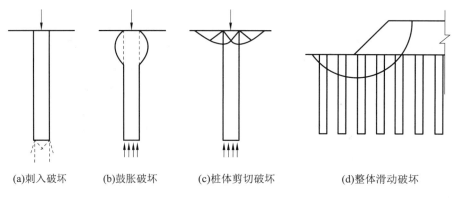

(a) 刺入破坏　　(b) 鼓胀破坏　　(c) 桩体剪切破坏　　(d) 整体滑动破坏

图 4.3　桩体复合地基破坏形式

同一种桩型,当其桩身强度不同时,也会有不同的破坏模式。如水泥土搅拌桩的水泥掺量较小($a_w=5\%$)时,水泥土轴向应变很大($\varepsilon_a=4\%\sim9\%$)情况下,应力才达到峰值并产生塑性破坏,此后在较大应变范围内缓慢下降,表现出桩体鼓胀破坏特性。但当 $a_w=15\%$ 时,水泥土在较小轴向应变情况下,才使应力达到峰值,随即发生脆性破坏,类似于桩体整体剪切破坏,以上两种均使浅层桩体发生破坏。然而,当 $a_w=25\%$ 时,属于高强度水泥土桩,桩体的变形和鼓胀量很小,当下卧层土质较软时发生刺入破坏。

4.2.2　复合地基的基本术语

1. 面积置换率 m

面积置换率 m 是指复合地基中单桩的桩身横断面面积 A_p 除以所承担的复合地基面积 A_e,见式(4.1):

$$m = \frac{A_p}{A_e} \tag{4.1}$$

常见的桩位布置形式有正方形、等边三角形和矩形等,如图 4.4 所示。

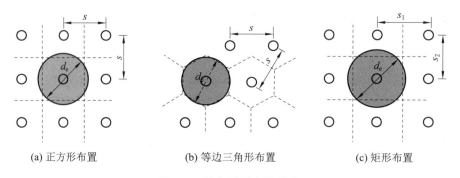

(a) 正方形布置　　(b) 等边三角形布置　　(c) 矩形布置

图 4.4　桩位平面布置形式

将单根桩承担的复合地基面积等效为圆形 A_e,等效圆的直径为 d_e,桩中心距用 s 或 s_1 和 s_2 表示,则等效圆的直径分别为 $d_e=1.13s$(正方形),$d_e=1.05s$(等边三角形),$d_e=1.13\sqrt{s_1\times s_2}$(矩形)。桩的直径为 d_p,面积置换率分别为:

正方形布桩：

$$m = \frac{d_p^2}{d_e^2} = \frac{\pi d_p^2}{4s^2} \tag{4.2}$$

等边三角形布桩：

$$m = \frac{d_p^2}{d_e^2} = \frac{\pi d_p^2}{2\sqrt{3}s^2} \tag{4.3}$$

矩形布桩：

$$m = \frac{d_p^2}{d_e^2} = \frac{\pi d_p^2}{4s_1 s_2} \tag{4.4}$$

2. 桩土应力比 n

桩土应力比 n 是指桩体竖向压应力 σ_p 与桩间土竖向压应力 σ_s 之比，见式(4.5)：

$$n = \frac{\sigma_p}{\sigma_s} \tag{4.5}$$

桩土荷载比 N 是指桩体承担的荷载 P_p(kN)与桩间土承担的荷载 P_s(kN)之比，见式(4.6)：

$$N = \frac{P_p}{P_s} = \frac{m}{1-m} \times n \tag{4.6}$$

桩土应力比 n 仅用于碎石桩和砂石桩等散体材料桩的设计计算，n 值应按试验取值或按地区经验取值，如无当地经验，可按表 4.2 取值。

表 4.2 各类桩的桩土应力比

钢桩或钢筋混凝土桩	水泥粉煤灰碎石桩（CFG 桩）	水泥搅拌桩（含水泥 5%～12%）	石灰桩	碎石桩或砂石桩
$n>50$	$20<n<50$	$3<n<12$	$2.5<n<5$	黏性土地基：$2.0<n<4.0$ 砂土、粉土地基：$1.5<n<3.0$

桩土应力比与地基土的固结条件有关，一般情况下，应力比开始时随时间延长及固结度增加而缓慢增大，再趋于稳定，因此，在长期荷载作用下的桩土应力比与试验条件时的结果有一定的差异，设计时应充分考虑。

3. 复合土层的压缩模量 E_{sp}

将复合地基加固区中增强体和地基两部分视为一个整体即复合土层，采用复合压缩模量 E_{sp} 来计算复合地基加固区的沉降。

对于散体材料桩复合地基，若假定桩土沉降变形协调一致，根据材料力学方法可以推导出其复合土层压缩模量 E_{sp} 为：

$$E_{sp} = mE_p + (1-m)E_s \tag{4.7}$$

或

$$E_{sp} = [1 + m(n-1)]E_s \tag{4.8}$$

式中，E_p、E_s——散体材料桩体压缩模量、桩间土的压缩模量(MPa)。

由于 E_p、n 和 E_s 受较多因素的影响，其准确值不易获得，因此，上述 E_{sp} 计算式在实际中并不常用。

工程实践表明,当荷载接近或达到复合地基承载力时,复合土层的压缩模量 E_{sp} 可按该天然地基压缩模量的 ζ 倍计算。因此,无论是散体材料桩复合地基,还是黏结材料桩复合地基,复合土层的压缩模量 E_{sp} 按式(4.9)确定:

$$E_{sp} = \zeta E_s, \quad \zeta = \frac{f_{spk}}{f_{ak}} \tag{4.9}$$

式中,E_{sp}——复合地基加固土层的压缩模量(MPa);

E_s——加固土层的天然地基压缩模量(MPa);

ζ——复合地基加固土层压缩模量提高系数,不同的桩体复合地基,ζ 取值有不同的规定;

f_{spk}——增强体复合地基承载力特征值(kPa),由试验确定;无试验资料,初步设计可分别按散体材料桩复合地基承载力特征值或有黏结强度的桩复合地基承载力特征值计算公式确定;

f_{ak}——基础底面下天然地基承载力特征值,由试验确定。无试验资料时,初步设计可取地质报告提供的各土层的承载力特征值。

复合地基的分层与天然地基的分层相同,如图 4.5 所示。

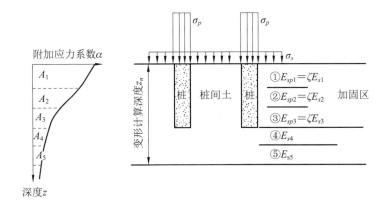

图 4.5 复合地基的分层示意图

4.2.3 复合地基承载力特征值计算

复合地基承载力与天然地基承载力的概念相同,均代表地基能够承受外界荷载的能力,如上部荷载控制在"地基承载力特征值"范围内,则可以保证地基的稳定性,也不会发生较大的塑性变形。因此,复合地基承载力的验算如下:

$$p_k \leqslant f_a \tag{4.10}$$

式中,p_k——相应于荷载效应标准组合时基础底面处的平均应力(kPa);

f_a——复合地基承载力特征值经深度修正后的修正值(kPa),按第 1 章式(1.1)对复合地基承载力特征值 f_{spk} 进行修正,对于复合地基,$\eta_b=0$,$\eta_d=1.0$,即取深度修正后的复合地基承载力特征值 f_{spa}。

对于复合地基,当在受力范围内仍存在软弱下卧层时,还应验算下卧层的地基承载力,

第 4 章 复合地基

要求作用在软弱下卧层顶面处的附加应力与土的自重应力之和不超过软弱下卧层的承载力特征值,验算公式如下:

$$p_z + p_{cz} \leqslant f_{az} \tag{4.11}$$

式中,p_z——相应于荷载效应标准组合时,软弱下卧层顶面处的附加应力(kPa),可采用应力扩散法计算;

p_{cz}——软弱下卧层顶面处的土体自重应力(kPa);

f_{az}——软弱下卧层顶面处经深度修正后的地基承载力特征值(kPa)。

在进行复合地基详细设计和检验复合地基效果时,复合地基承载力特征值 f_{spk} 应采用复合地基静荷载试验来确定,或采用桩体静荷载试验结果和其周边土的承载力特征值结合经验确定。在进行复合地基方案初步设计时,可按以下方法来估算 f_{spk}。

1. 散体材料桩复合地基承载力特征值

对于振冲碎石桩、沉管砂石桩、灰土挤密桩、土挤密桩、柱锤冲扩桩复合地基,复合地基承载力采用"应力复合法"来计算,该法认为复合地基在达到其承载力时,桩和桩间土也同时达到了各自的承载力。因此,散体材料桩复合地基承载力特征值 f_{spk} 按式(4.12)计算:

$$f_{spk} = [1 + m(n-1)]f_{sk} \tag{4.12}$$

式中,f_{sk}——处理后桩间土承载力特征值(kPa),可按地区经验确定;桩间土承载力特征值 f_{sk} 与原土强度、类型和施工工艺密切相关,可按桩型、原土类别等分别取高于或等于原土承载力的特征值;

n——桩土应力比,应按试验取值或地区经验确定;

m——面积置换率。

2. 有黏结强度的桩复合地基承载力特征值

对于水泥土搅拌桩、旋喷桩、夯实水泥土桩、水泥粉煤灰碎石桩复合地基,复合地基承载力计算采用"变形复合法"来计算,该法认为复合地基在达到其承载力时,桩和桩间土并不同时达到各自的承载力。因此,有黏结强度的桩复合地基承载力特征值 f_{spk} 按式(4.13)计算:

$$f_{spk} = \lambda m \frac{R_a}{A_p} + \beta(1-m)f_{sk} \tag{4.13}$$

式中,λ——单桩承载力发挥系数,可按地区经验确定;

m——面积置换率;

R_a——单桩竖向承载力特征值(kN),应按单桩静荷载试验确定,当缺乏试验资料时,可按式(4.14)估算;

A_p——桩的截面积(m²);

β——桩间土承载力发挥系数,可按地区经验取值;

f_{sk}——处理后桩间土承载力特征值(kPa),可按地区经验确定;桩间土承载力特征值 f_{sk} 与原土强度、类型和施工工艺密切相关,可按桩型、原土类别等分别取高于或等于原土承载力的特征值。

对于刚度较大的桩体,在复合地基静载试验取桩顶相对沉降 s/b 或 s/d 等于 0.01 来确定 f_{spk},以及采用单桩静荷载试验确定 R_a 时,$\lambda = 0.7 \sim 0.9$,$\beta = 1.0 \sim 1.1$。复合地基设计要根据工程的具体情况,采用相对安全的设计,初步设计时 λ 和 β 的取值范围在 $0.8 \sim 1.0$ 之间,λ 取高值时,β 应取低值;反之,λ 取低值时,β 应取高值。

3. 增强体单桩竖向承载力特征值

对于水泥土搅拌桩、旋喷桩、夯实水泥土桩、水泥粉煤灰碎石桩复合地基,其单桩竖向承载力特征值应通过单桩静荷载试验确定。初步设计时,可以按式(4.14)估算:

$$R_a = u_p \sum_{i=1}^{n} q_{si} l_{pi} + \alpha_p q_p A_p \tag{4.14}$$

式中,R_a——增强体单桩竖向承载力特征值(kPa);

q_{si}——桩周第 i 层土的侧阻力特征值(kPa),可按地区经验确定;

l_{pi}——桩长范围内第 i 层土的厚度(m);

α_p——桩端端承力发挥系数(kN),应按地区经验确定;

q_p——桩端端阻力特征值(kPa),可按地区经验确定。对于水泥搅拌桩、旋喷桩应取未经修正的桩端地基土承载力特征值;

A_p——桩的截面积(m^2)。

桩端端阻力发挥系数 α_p 与桩体的荷载传递性质、桩长、桩土相对刚度密切相关,当桩长过长导致影响桩端承载力发挥时,应取低值;当水泥土搅拌桩其荷载传递受搅拌土的性质影响时,应取 0.4~0.6;其他情况可取 1.0。

4. 有黏结强度的桩身强度

桩身的强度是保证复合地基工作的必要条件,必须保证其安全度。对于有黏结强度的桩,借鉴混凝土强度表达方法并将桩身材料强度安全系数提高到 4,即按桩身立方体试块强度为桩体轴心抗压强度的 4 倍来进行强度验算。因此,对具有黏结强度的复合地基桩体应按建筑物基础底面作用在桩上的压力进行验算:

$$f_{cu} = 4 \frac{\lambda R_a}{A_p} \tag{4.15}$$

当复合地基承载力验算需要进行基础埋深的深度修正时,桩身强度验算按基底压力验算如下:

$$f_{cu} = 4 \frac{\lambda R_a}{A_p} \left[1 + \frac{\gamma_m (d - 0.5)}{f_{spa}}\right] \tag{4.16}$$

式中,f_{cu}——桩体试块(边长 150mm 立方体)标准养护 28d 的立方体抗压强度平均值(kPa);

γ_m——基础底面以上土的加权平均重度(kN/m^3),地下水位以下取有效重度;

d——基础埋深(m);

f_{spa}——深度修正后的复合地基承载力特征值。

其他符号同上。

上述桩身强度验算不包括水泥土搅拌桩。对于水泥土搅拌桩,应使由桩身材料强度确定的单桩承载力不小于由按式(4.14)计算得出的单桩承载力,其验算如下:

$$\eta f_{cu} A_p \geqslant R_a \tag{4.17}$$

式中,f_{cu}——与搅拌桩桩身水泥土配比相同的室内加固土试块,边长为 70.7mm 的立方体在标准养护条件下 90d 龄期的立方体抗压强度平均值(kPa);

η——桩身强度折减系数,干法可取 0.20~0.25;湿法可取 0.25。

其他符号同上。

4.2.4 复合地基变形计算

复合地基变形计算采用以分层总和法为基础的计算方法,其变形计算步骤与天然地基变形计算步骤基本相同,具体如下:

(1) 根据场地勘查报告提供的地层分布和计算参数进行分层,复合土层的分层与天然地基相同。

(2) 计算基底平均压力 $\bar{p} = \dfrac{F+G}{b \times l}$ 和基底附加应力 $p_0 = \bar{p} - \gamma_m d$,上部结构荷载 F 取荷载效应准永久组合值。

(3) 确定变形计算深度 z_n。z_n 的确定采用"变形比法",即根据 $\Delta s'_n \leqslant 0.025 \sum\limits_{i=1}^{n} \Delta s'_i$ 来确定 z_n,且 z_n 应大于复合土层的厚度。

(4) 复合地基的变形由加固土层的变形、加固土层以下的土层的变形所组成。
加固土层的压缩模量为该层天然地基压缩模量的 ζ 倍,ζ 值按式(4.9)计算;
加固土层以下的土层的压缩模量取该土层天然地基压缩模量。
复合地基最终变形按式(4.18)计算:

$$s = \psi_s \sum_{i=1}^{n} \Delta s_i = \psi_s \left[\sum_{i=1}^{m} \frac{p_0}{E_{spi}} (z_i \bar{\alpha}_i - z_{i-1} \bar{\alpha}_{i-1}) + \sum_{j=m+1}^{n} \frac{p_0}{E_{sj}} (z_j \bar{\alpha}_j - z_{j-1} \bar{\alpha}_{j-1}) \right] \quad (4.18)$$

式中,s——复合地基的最终变形量(mm);

ψ_s——复合地基沉降计算经验系数,可根据地区沉降观测资料统计值确定,无经验取值时可根据沉降计算深度范围内压缩模量的当量值($\bar{E}_s$)按表 4.3 取值;

p_0——相应于作用的准永久组合时基础底面处的附加应力(kPa);

E_{spi}——加固土层下第 i 层土的压缩模量(MPa);

E_{sj}——加固土层下第 j 层土的压缩模量(MPa);

z_i、z_{i-1}——基础底面至第 i 层土、第 $i-1$ 层土底面的距离(m);

$\bar{\alpha}_i$、$\bar{\alpha}_{i-1}$——基础底面计算点至第 i 层土、第 $i-1$ 层土底面范围内平均附加应力系数;

m、n——加固区内所划分的加固土层数、地基变形计算深度内所划分的土层数。

表 4.3 复合地基沉降计算经验系数 ψ_s

$\bar{E}_s$(MPa)	4.0	7.0	15.0	20.0	35.0
ψ_s	1.0	0.7	0.4	0.25	0.2

注:1. ψ_s 大小与土质软硬有关,可线性插值;

2. $\bar{E}_s$ 为沉降计算深度范围内压缩模量的当量值,应按式(4.19)计算:

$$\bar{E}_s = \frac{\sum\limits_{i=1}^{m} A_i + \sum\limits_{j=m+1}^{n} A_j}{\sum\limits_{i=1}^{m} \dfrac{A_i}{E_{spi}} + \sum\limits_{j=m+1}^{n} \dfrac{A_i}{E_{sj}}} \quad (4.19)$$

式中，A_i——加固区土层第 i 层土附加应力系数沿土层厚度的积分值；

A_j——下卧区第 j 层土附加应力系数沿土层厚度的积分值。

其他符号同前。

【例题 4.1】 某高速公路过渡段的路基底宽为 40m，地基土自上而下的土层为：

① 黏性土：厚度 14m，软塑，天然含水量 $w=50\%$，压缩模量 $E_s=3.2$MPa，不排水强度 $c_u=20\sim28$kPa，地基承载力特征值 $f_{ak}=80$kPa；

② 粗砂夹淤泥：厚度 5m，压缩模量 $E_s=6.3$MPa，不排水强度 $c_u=50$kPa，地基承载力特征值 $f_{ak}=120$kPa；

③ 淤泥质黏土：厚度 9m，$E_s=2.5$MPa，不排水强度 $c_u=20$kPa，地基承载力特征值 $f_{ak}=85$kPa；

④ 弱风化黏土岩层：未钻穿，坚硬。

靠桥台 15m 长度的地基采用振冲碎石桩加固，碎石桩按等边三角形布置，碎石桩中心距 $s=1.5$m，桩径 $d_p=1.1$m，桩长 $l=15$m。求：

(1) 碎石桩复合地基承载力特征值 f_{spk}。

(2) 路堤填土高度约 6m，作用在碎石桩复合地基的自重压力为 $p=110$kPa，复合地基的最终沉降 s。

解：(1) 碎石桩复合地基承载力特征值 f_{spk}。

根据地区经验，复合地基桩土应力比 $n=3$，处理后桩间土承载力特征值取原土承载力特征值，即 $f_{sk}=80$kPa。

等效圆直径：
$$d_e=1.05s=1.05\times1.5=1.575\text{m}$$

面积置换率：
$$m=\frac{d_p^2}{d_e^2}=\frac{1.1^2}{1.575^2}=0.4878$$

碎石桩复合地基承载力特征值 f_{spk}：
$$f_{spk}=[1+m(n-1)]f_{sk}=[1+0.4878\times(3-1)]\times80=158.05\text{kPa}$$

(2) 碎石桩复合地基最终沉降量 s。

碎石桩加固的平面尺寸为 $b\times l=15\text{m}\times40\text{m}$，荷载面的面积较大，因此，变形计算深度取 $z_n=14+5+9=28$m，地基变形计算深度内所划分的土层数 $n=4$，$m=2$。

加固土层下第 1 层土：$z_1=14$m，桩间土为①黏性土。

根据碎石桩有关规定，$0\sim13.2$m（12d）范围加固土层压缩模量按该黏性土天然压缩量的 ζ 倍计算，$13.2\sim14$m 范围不考虑挤密效果或按该黏性土排水固结后的模量取值。为了便于计算，这里统一取 $E_{sp1}=\dfrac{f_{spk}}{f_{ak1}}E_{s1}=\dfrac{158.05}{80}\times3.2=6.32$MPa。

$$4\bar{\alpha}_1\left(\frac{14}{15/2},\frac{40/2}{15/2}\right)=4\times0.2041=0.8164,\quad A_1=4p_0z_1\bar{\alpha}_1=1257.25(\text{kPa}\cdot\text{m})$$

加固土层下第 2 层土：$z_2=15$m，桩间土为②粗砂夹淤泥。

根据碎石桩有关规定，$14\sim15$m 范围加固土层压缩模量按该粗砂挤密后的压缩模量取值，假定挤密后该层的压缩模量为 8.30MPa，因此取 $E_{sp2}=8.30$MPa。

$$4\bar{\alpha}_2\left(\frac{15}{15/2},\frac{40/2}{15/2}\right)=4\times 0.1991=0.7964,$$
$$A_2=4p_0(z_2\bar{\alpha}_2-z_1\bar{\alpha}_1)=56.80(\text{kPa}\cdot\text{m})$$

加固土层下第 3 层土：$z_3=19\text{m}$，压缩模量为 $E_{s3}=6.3\text{MPa}$。

$$4\bar{\alpha}_3\left(\frac{19}{15/2},\frac{40/2}{15/2}\right)=4\times 0.1814=0.7256,$$
$$A_3=4p_0(z_3\bar{\alpha}_3-z_2\bar{\alpha}_2)=202.44(\text{kPa}\cdot\text{m})$$

加固土层下第 4 层土：$z_4=28\text{m}$，压缩模量为 $E_{s4}=2.5\text{MPa}$。

$$4\bar{\alpha}_4\left(\frac{28}{15/2},\frac{40/2}{15/2}\right)=4\times 0.1488=0.5952,\quad A_4=4p_0(z_4\bar{\alpha}_4-z_3\bar{\alpha}_3)=316.71(\text{kPa}\cdot\text{m})$$

压缩模量的当量值：

$$\bar{E}_s=\frac{\sum_{i=1}^{2}A_i+\sum_{j=3}^{4}A_j}{\sum_{i=1}^{2}\frac{A_i}{E_{spi}}+\sum_{j=3}^{4}\frac{A_i}{E_{sj}}}=\frac{1257.25+56.08+202.44+316.71}{\frac{1257.25}{6.32}+\frac{56.08}{8.30}+\frac{202.44}{6.3}+\frac{316.71}{2.5}}=\frac{1832.48}{364.51}=5.027\text{MPa}$$

沉降计算经验系数：

$$\Psi_s=1.0+\frac{0.7-1.0}{7-4}(5.027-4)=0.8973$$

复合地基最终沉降量：

$$s=0.8973\times\left[\frac{1257.25}{6.32}+\frac{56.08}{8.30}+\frac{202.44}{6.3}+\frac{316.71}{2.5}\right]=0.8973\times 364.51=327.07\text{mm}$$

4.2.5 多桩型复合地基的承载力和变形计算

1. 多元复合地基的设置原则

竖向增强体复合地基的桩分为散体材料桩、柔性桩、半刚性桩和刚性桩 4 种类型，不同类型桩体复合地基的承载力和变形特性各不相同，都有其适用范围和优缺点。在工程实践中，可以将上述两种或两种以上不同类型增强体，或者同一类型增强体所采用的材料、工法不同，或者同类增强体相同工法采用不同长度或直径的组合应用于地基加固中，形成多桩型复合地基(图 4.6)，可以充分发挥各种桩型的优势，较大幅度地提高地基承载力和减小沉降，如 1995 年竣工的河南新闻大厦(主体 26 层)，采用高压旋喷长短桩复合地基，旋喷桩桩径为 600mm，桩长分别为 16m、12m，长桩用于处理软弱下卧层进入承载力较高的砂层，该楼竣工后的沉降量小于 30mm。

采用多桩型复合地基处理，一般情况下采用一种增强体处理后达不到设计要求的承载力或变形要求，或者是先采用一种增强体处理特殊土以减小其特殊性的工程危害，再采用另一种增强体处理使之达到设计要求。多桩型复合地基中，一般将桩身强度较高的长桩称为主桩，它对地基承载力贡献较大或控制复合地基的变形，因此，应选择埋深较大、相对较好的土层作为其桩端持力层；将强度较低的桩称为次桩，用于处理欠固结土、或湿陷性土、或可液化土层，其桩长应穿过这些特殊土层。

多桩型的工作特性：在等变形条件下的增强体和地基土共同承担荷载，必须通过现场试验确定其设计参数和施工工艺。在工程实践中，一般按如下原则设置多桩型复合地基：

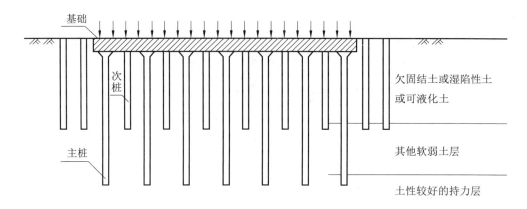

图 4.6　多桩型复合地基示意图

(1) 如浅部存在有较好持力层的正常固结土,可采用长桩与短桩的组合方案,如 CFG 长短桩复合地基、静压长短桩复合地基。

(2) 对浅部存在软土或欠固结土,宜先采用挤密桩或低强度桩穿越欠固结土层,再采用半刚性或刚性长桩进行地基处理。

(3) 对湿陷性黄土,应采用土桩、灰土桩穿过湿陷性土层,再采用半刚性或刚性长桩,形成如灰土挤密桩加 CFG 桩、灰土桩加挤密 CFG 桩、灰土桩加预应力管桩等复合地基来进行地基处理。

(4) 对可液化地基或软黏土地基,可采用碎石桩等方法穿过可液化土层或软黏土层,再采用有黏结强度桩,形成如碎石桩加 CFG 桩、碎石桩加水泥土桩、塑料排水板或砂井加水泥土搅拌桩复合地基来进行地基处理。

此外,不同直径灌注桩复合地基、不同直径静压管桩,以及处理工程事故的钢筋混凝土灌注桩与水泥土桩组合的复合地基、钢筋混凝土桩与 CFG 桩组合的复合地基,也是较常用的多桩型复合地基。

多桩型复合地基上作用的荷载也是由桩和桩间土共同承担,与单一桩型复合地基的区别在于各不同桩型之间刚度的差异,使得桩、土间分担的荷载强度不同,各桩型之间分担的荷载强度也有区别。

以下对两种桩型组合形成的复合地基承载力和沉降计算进行介绍。两种以上桩型的复合地基设计、施工与检测,应通过试验确定其适用性和设计、施工参数,不适用于按如下方法来计算。

2. 多桩型复合地基面积置换率

多桩型复合地基的布桩宜采用正方形或三角形间隔布置,其中,刚性桩布置在基础范围内,其他增强体布桩应满足液化土地基和湿陷性黄土地基对不同性质土质处理范围的要求。

多桩型复合地基的面积置换率,应根据基础面积与该面积范围内实际的布桩数量来计算,当基础面积较大或条形基础较长时,可用单元面积置换率替代。

(1) 矩形布桩(图 4.7(a)),$m_1 = \dfrac{2A_{p1}}{2s_1 \times 2s_2} = \dfrac{A_{p1}}{2s_1 s_2}$,$m_2 = \dfrac{A_{p2}}{2s_1 s_2}$;

(2) 三角形布桩(图 4.7(b)),且 $s_1=s_2$,$m_1=\dfrac{2A_{p1}}{2(\frac{1}{2}\times 2s_1\times s_2)}=\dfrac{A_{p1}}{s_1\times s_2}=\dfrac{A_{p1}}{s_1^2}$,$m_2=\dfrac{A_{p2}}{s_1^2}$。

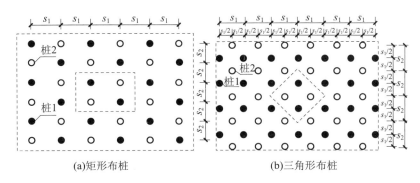

(a)矩形布桩　　　　　　(b)三角形布桩

图 4.7　多桩型复合地基不同布桩的单元面积计算模型

3. 多桩型复合地基承载力特征值计算

多桩型复合地基承载力特征值,应采用多桩型复合地基静荷载试验确定。缺少试验资料时,在初步设计阶段可以采用下列公式估算:

(1) 具有黏结强度的两种桩组合形成的多桩型复合地基,其承载力特征值 f_{spk} 为:

$$f_{spk}=m_1\dfrac{\lambda_1 R_{a1}}{A_{p1}}+m_2\dfrac{\lambda_2 R_{a2}}{A_{p2}}+\beta(1-m_1-m_2)f_{sk} \qquad (4.20)$$

式中,m_1、m_2——分别为桩1、桩2的面积置换率;

λ_1、λ_2——分别为桩1、桩2的单桩承载力发挥系数;应由单桩复合地基试验按等变形准则或多桩复合地基静荷载试验确定,有地区经验时也可按地区经验确定;

R_{a1}、R_{a2}——分别为桩1、桩2的单桩竖向承载力特征值(kN);

A_{p1}、A_{p2}——分别为桩1、桩2的截面面积(m^2);

β——桩间土承载力发挥系数;无经验时可在 0.9~1.0 取值;

f_{sk}——处理后复合地基桩间土承载力特征值(kPa)。

(2) 具有黏结强度的桩与散体材料桩组合形成的多桩型复合地基,其承载力特征值 f_{spk} 为:

$$f_{spk}=m_1\dfrac{\lambda_1 R_{a1}}{A_{p1}}+\beta[1-m_1+m_2(n-1)]f_{sk} \qquad (4.21)$$

式中,m_1、m_2——分别为具有黏结强度的桩、散体材料桩的面积置换率;

λ_1——具有黏结强度的单桩承载力发挥系数;应由单桩复合地基试验按等变形准则或多桩复合地基静荷载试验确定,有地区经验时也可按地区经验确定;

R_{a1}——具有黏结强度的单桩竖向承载力特征值(kN);

A_{p1}——具有黏结强度的桩的截面面积(m^2);

β——仅由散体材料桩加固处理形成的复合地基承载力发挥系数;

n——仅由散体材料桩加固处理形成复合地基的桩土应力比;

f_{sk}——仅由散体材料桩加固处理后桩间土承载力特征值(kPa)。

多桩型复合地基的单桩承载力 R_{a1}、R_{a2} 采用式(4.14)进行估算时,若桩周地基土对施工扰动敏感时,应考虑后施工桩对已施工桩的影响,对已施工桩的单桩承载力进行适当折减。

多桩型复合地基的刚性桩可仅在基础范围内布置,其他增强体桩位布置应满足液化土地基、湿陷性黄土地基对不同性质土处理范围的要求。

多桩型复合地基应设置垫层,对于刚性长短桩复合地基宜选择砂石垫层,垫层厚度取主桩直径的 1/2;对于刚性桩与其他材料增强体桩组合的复合地基宜选择砂石垫层,垫层厚度取刚性桩直径的 1/2;对未要求全部消除湿陷性的黄土,宜采用灰土垫层,垫层厚度一般为 300mm。

4. 多桩型复合地基变形计算

多桩型复合地基变形计算按复合地基变形计算的步骤进行(见 4.2.4 节),也是根据 $\Delta s'_n \leqslant 0.025 \sum_{i=1}^{n} \Delta s'_i$ 来确定 z_n,且 z_n 应大于复合地基土层的厚度;多桩型复合地基加固土层的压缩模量等于该层天然地基压缩模量的 ζ 倍。不同之处是多桩型复合地基加固土层压缩模量的提高系数 ζ 按以下方法确定。

(1) 有黏结强度增强体的长短桩复合加固区、仅长桩加固区土层压缩模量提高系数分别按下列公式计算:

$$\zeta_1 = \frac{f_{spk}}{f_{ak}} \tag{4.22}$$

$$\zeta_2 = \frac{f_{spk1}}{f_{ak}} \tag{4.23}$$

式中,ζ_1——长短桩复合地基加固土层压缩模量提高系数;

f_{spk}——长短桩复合地基承载力特征值(kPa),按式(4.20)计算;

ζ_2——仅由长桩处理形成复合地基加固土层压缩模量提高系数;

f_{spk1}——仅由长桩处理形成复合地基承载力特征值(kPa),按式(4.13)计算;

f_{ak}——基础底面下天然地基承载力特征值,由试验确定。无试验资料时,初步设计可取地质报告提供的各土层的承载力特征值。

(2) 有黏结强度的桩与散体材料桩组合形成的复合地基,其加固区土层压缩模量提高系数可按式(4.24)或式(4.25)计算:

$$\zeta_1 = \frac{f_{spk}}{f_{spk2}} [1 + m(n-1)]\alpha \tag{4.24}$$

$$\zeta_1 = \frac{f_{spk}}{f_{ak}} \tag{4.25}$$

式中,ζ_1——黏结强度的桩与散体材料桩复合地基加固土层压缩模量提高系数;

f_{spk}——多桩型复合地基承载力特征值,应采用多桩型复合地基静荷载试验确定;缺少试验资料,在初步设计阶段,可以采用式(4.21)估算;

f_{spk2}——仅由散体材料桩加固处理后复合地基承载力特征值,按式(4.12)计算;

m——散体材料桩的面积置换率;

n——仅由散体材料桩加固处理形成复合地基的桩土应力比;

f_{ak}——基础底面下天然地基承载力特征值,由试验确定;无试验资料时,初步设计可取地质报告提供的各土层的承载力特征值。

第 4 章 复合地基

有黏结强度的桩与散体材料桩组合形成的复合地基中若具有黏结强度的桩较长,则仅由长桩处理形成复合地基加固土层压缩模量提高系数 ζ_2 可按式(4.23)计算。

5. 多桩型复合地基承载力试验要求

多桩型复合地基的承载力试验应按以下要求进行:

(1) 多桩复合地基的荷载板尺寸原则上应与计算单元的几何尺寸相等(图 4.7)。当采用多桩复合地基试验有困难,而有地区经验时,也可采用增强体单桩试验与桩间土静荷载试验结果结合经验确定。

(2) 竣工验收时,多桩型复合地基承载力检验应采用多桩型复合地基静荷载试验和单桩静荷载试验,检验数量不得少于总桩数的 1%。

(3) 多桩复合地基荷载板静荷载试验的数量对每一单体工程不少于 3 点。

【例题 4.2】 某高层建筑采用筏板基础,基底平面尺寸为 $44m \times 74m$,基础厚度为 $1.0m$,基础埋深为 $1.7m$,基础底面处的基底平均压力设计值 $\overline{p}_k$ 为 $325kPa$,相应于作用的准永久组合时基底平均压力 $\overline{p}$ 为 $295kPa$;基础底面设置 $0.3m$ 厚的砂石垫层。建筑场地地下水主要为上层滞水,地下水位为地面以下 $2.0 \sim 3.5m$,自上而下土层分布为:

① 杂填土:平均厚度为 $1.7m$,重度为 $18.0kN/m^3$,松散,为建筑垃圾及填土;
② 粉质黏土:平均厚度为 $5.3m$,可塑-硬塑,$E_s=6.5MPa$,$f_{ak}=125kPa$;
③ 黏土:平均厚度为 $8m$,可塑,$E_s=8.5MPa$,$f_{ak}=195kPa$;
④ 泥岩:未钻穿,坚硬致密,$E_s=20.0MPa$,$f_{ak}=2000kPa$。

为了提高地基承载力和减小沉降,根据地区经验采用灰砂桩和 CFG 桩组合来进行地基处理,三角形间隔布桩,$s_1=s_2=1.2m$(图 4.7(b)),其中:灰砂桩桩长 $6m$,桩径 $\phi 400mm$,$f_{cu}=2.165MPa$;CFG 桩桩长 $14m$,桩径 $\phi 400mm$,$f_{cu}=7.95MPa$。求:

(1) 多桩型复合地基承载力特征值,并进行复合地基承载力验算。
(2) 筏板基础的最终沉降。

解:(1) 多桩型复合地基承载力特征值。

长桩(CFG 桩)承载力特征值:根据地区经验,粉质黏土层、黏土层、泥岩中 q_{si} 分别取 $30kPa$、$25kPa$、$70kPa$,泥岩中 q_p 取 $1000kPa$;α_p 取 0.8,λ 取 1.0。CFG 桩竖向承载力特征值 R_a 取下列两式计算结果的较小者:

$$R_a = u_p \sum_{i=1}^{n} q_{si} l_{pi} + \alpha_p q_p A_p = \pi \times 0.4(30 \times 5 + 25 \times 9) + 0.8 \times 1000 \times \frac{\pi \times 0.4^2}{4} = 571.77 kN$$

$$R_a = \frac{f_{cu} A_p}{4\lambda} = \frac{7.95 \times 10^3 \times \pi \times 0.4^2/4}{4 \times 1} = 250.0 kN, 因此,取 R_{a1}=250kN$$

短桩(灰砂桩)承载力特征值:根据地区经验,粉质黏土层、黏土层中 q_{si} 分别取 $20kPa$、$15kPa$,黏土层中 q_p 取 $200kPa$,α_p 取 0.6;λ 取 0.8。灰砂桩竖向承载力特征值 R_a 取下列两式计算结果的较小者:

$$R_a = u_p \sum_{i=1}^{n} q_{si} l_{pi} + \alpha_p q_p A_p = \pi \times 0.4(20 \times 5 + 15 \times 1) + 0.6 \times 200 \times \frac{\pi \times 0.4^2}{4} = 160.0 kN$$

$$R_a = \frac{f_{cu} A_p}{4\lambda} = \frac{2.165 \times 10^3 \times \pi \times 0.4^2/4}{4 \times 0.8} = 85.0 \text{kN}, 因此, 取 R_{a2} = 85 \text{kN}$$

CFG 桩和灰砂桩按三角形间隔布桩, 且 $s_1 = s_2 = 1.2 \text{m}$; CFG 桩、灰砂桩的面积置换率分别为:

$$m_1 = \frac{A_{p1}}{s_1^2} = \frac{0.12566}{1.2^2} = 0.08726, \quad m_2 = \frac{A_{p2}}{s_2^2} = \frac{0.12566}{1.2^2} = 0.08726$$

CFG 桩与灰砂桩组合形成的复合地基, 根据地区经验, $\lambda_1 = 1.0, \lambda_2 = 0.9, \beta = 0.85$, 桩间土承载力特征值的平均值取 $f_{sk} = 137.5 \text{kPa}$, 多桩型复合地基承载力特征值 f_{spk} 为:

$$f_{spk} = 0.08726 \frac{1.0 \times 250}{0.12566} + 0.08726 \frac{0.9 \times 85}{0.12566} + 0.85(1 - 0.08726 - 0.08726)$$
$$\times 137.5 = 323.20 \text{kPa}$$

基础埋深为 $d = 1.7 \text{m}, \gamma_m = 18.0 \text{kN/m}^3$, 复合地基承载力特征值的修正值 f_a 为:

$$f_a = f_{spk} + \eta_d \gamma_m (d - 0.5) = 323.2 + 1.0 \times 18(1.7 - 0.5) = 344.80 \text{kPa}$$

复合地基承载力检算如下:

$p_k = 325 \text{kPa} \leqslant f_a = 344.80 \text{kPa}$, 因此, 地基承载力满足要求。

(2) 复合地基的最终沉降。

筏板基础平面尺寸为 $b \times l = 44 \text{m} \times 74 \text{m}$, 变形计算深度 $z_n = b(2.5 - 0.4\ln b) = 43.39 \text{m}$, 取 43.3m, 因此, $\Delta z = 1.0 \text{m}$, 变形计算深度 z_n 范围内划分为 6 个薄层, 如图 4.8 所示。

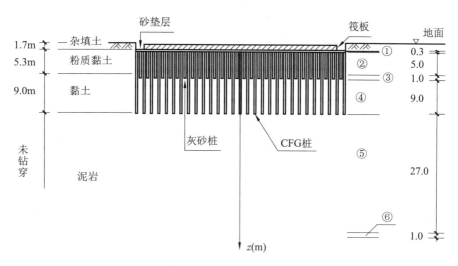

图 4.8 多桩复合地基地层剖面及沉降计算分层示意图

长短桩复合加固区②、③土层的压缩模量分别为:

$$\zeta_2 = \frac{f_{spk}}{f_{ak}} = \frac{323.20}{125} = 2.5856, \quad \zeta_3 = \frac{f_{spk}}{f_{ak}} = \frac{323.20}{195} = 1.6574,$$

$$E_{sp2} = 2.5856 \times 6.5 = 16.8 \text{MPa}, \quad E_{sp3} = 1.6574 \times 8.5 = 14.08 \text{MPa}$$

仅长桩(CFG 桩)加固区④土层的压缩模量为:

$$f_{spk1} = \lambda_1 m_1 \frac{R_{a1}}{A_{p1}} + \beta(1 - m_1) f_{sk} = 1.0 \times 0.08726 \frac{250}{0.12566}$$

第 4 章 复合地基

$$+0.85(1-0.08726) \times 195 = 324.89 \text{kPa}$$

$$\zeta_4 = \frac{f_{spk1}}{f_{ak}} = \frac{327.89}{195} = 1.666, E_{sp4} = 1.7436 \times 8.5 = 14.16 \text{MPa}$$

加固区以下的⑤、⑥土层为软岩,其压缩模量为:

$$E_{s5} = E_{s6} = 20.0 \text{MPa}$$

相应于作用的准永久组合时,基底附加应力为:

$$p_0 = \bar{p} - \gamma_m d = 295 - 18 \times 1.7 = 264.4 \text{kPa}$$

各薄层附加应力沿土层厚度的积分值 A_i 计算如下:

① 薄层:砂垫层,$z_1 = 0.3 \text{m}$,不计该土层的沉降,即 E_{s1} 很大

$$4\bar{\alpha}_1(\frac{0.3}{44/2}, \frac{74/2}{44/2}) = 4 \times 0.249986 = 0.99995,$$

$$A_1 = 4p_0 z_1 \bar{\alpha}_1 = 79.31 (\text{kPa} \cdot \text{m})$$

② 薄层:长短桩复合加固区土层,$z_2 = 5.3 \text{m}, E_{sp2} = 16.8 \text{MPa}$

$$4\bar{\alpha}_2(\frac{5.3}{44/2}, \frac{74/2}{44/2}) = 4 \times 0.24949 = 0.998,$$

$$A_2 = 4p_0(z_2\bar{\alpha}_2 - z_1\bar{\alpha}_1) = 1319.16 (\text{kPa} \cdot \text{m})$$

③ 薄层:长短桩复合加固区土层,$z_3 = 6.3 \text{m}, E_{sp3} = 14.08 \text{MPa}$

$$4\bar{\alpha}_3(\frac{6.3}{44/2}, \frac{74/2}{44/2}) = 4 \times 0.24915 = 0.9966,$$

$$A_3 = 4p_0(z_3\bar{\alpha}_3 - z_3\bar{\alpha}_3) = 261.60 (\text{kPa} \cdot \text{m})$$

④ 薄层:长桩复合加固区土层,$z_4 = 15.3 \text{m}, E_{sp4} = 14.16 \text{MPa}$

$$4\bar{\alpha}_4(\frac{15.3}{44/2}, \frac{74/2}{44/2}) = 4 \times 0.24362 = 0.9744,$$

$$A_4 = 4p_0(z_4\bar{\alpha}_4 - z_3\bar{\alpha}_3) = 2282.01 (\text{kPa} \cdot \text{m})$$

⑤ 薄层:复合土层以下的泥岩,$z_5 = 42.3 \text{m}, E_{s4} = 20.0 \text{MPa}$

$$4\bar{\alpha}_5(\frac{42.3}{44/2}, \frac{74/2}{44/2}) = 4 \times 0.20297 = 0.8118,$$

$$A_5 = 4p_0(z_5\bar{\alpha}_5 - z_4\bar{\alpha}_4) = 5138.05 (\text{kPa} \cdot \text{m})$$

⑥ 薄层:复合土层以下的泥岩,$z_6 = 43.3 \text{m}, E_{s4} = 20.0 \text{MPa}$

$$4\bar{\alpha}_6(\frac{43.3}{44/2}, \frac{74/2}{44/2}) = 4 \times 0.20126 = 0.80505,$$

$$A_6 = 4p_0(z_6\bar{\alpha}_6 - z_5\bar{\alpha}_5) = 136.51 (\text{kPa} \cdot \text{m})$$

由于 $0.025\sum_{i=1}^{6}\Delta s_i' = 0.025 \times [0 + \frac{1319.16}{16.8} + \frac{261.6}{14.08} + \frac{2282.01}{14.16} + \frac{5138.05}{20} + \frac{136.51}{20}]$
$= 13.05 \text{mm}$

$\Delta s_6' = \frac{136.51}{20} = 6.82 \text{mm}, \Delta s_n' \leqslant 0.025\sum_{i=1}^{n}\Delta s_i'$,因此,$z_n = 43.3 \text{m}$ 满足沉降计算深度要求。

压缩模量的当量值为:

$$\bar{E}_s = \frac{1319.16 + 262.60 + 2282.01 + 5138.05 + 136.51}{\frac{1319.16}{16.8} + \frac{262.60}{14.08} + \frac{2282.01}{14.16} + \frac{5138.05}{20} + \frac{136.51}{20}} = \frac{9000.811}{521.9872} = 17.2433 \text{MPa}$$

沉降计算经验系数为：
$$\psi_s = 0.4 + \frac{0.25 - 0.4}{20 - 15}(17.2433 - 15) = 0.3327$$

复合地基的最终沉降量为：
$$s = 0.3327 \times \left[\frac{1319.16}{16.8} + \frac{262.60}{14.08} + \frac{2282.01}{14.16} + \frac{5138.05}{20} + \frac{136.51}{20}\right]$$
$$= 0.3327 \times 524.9872 = 174.66 \text{mm}$$

4.3 碎(砂)石桩法

4.3.1 概述

碎石桩、砂桩和砂石桩总称为碎(砂)石桩，又称为粗颗粒桩，是采用振动、冲击或水冲等方式在软弱地基中成孔后，再将碎石、砂或砂石混合料挤入已成的孔中，形成碎(砂)石所构成的密实桩体。它与原桩间土组成碎(砂)石桩复合地基，但该复合地基中的增强体为散体材料，要依靠桩间土的约束力来传递垂直荷载，其受力机理和破坏机理不同于有黏结强度的增强体，故属于散体材料桩复合地基。

碎石桩成桩方法有很多，如振冲法、沉管法、干振法、振动气冲法、袋装碎石桩法及强夯置换法等。砂桩和砂石桩成桩方法有振动沉管法、锤击沉管法和冲击成孔法。工程上应用较多的是振冲碎石桩法和沉管砂石桩法。

利用振动和水冲加固土体的方法称为振冲法。振冲法最早是在1936年由德国工程师S.Steuerman提出的，1937年德国凯勒公司(Jahann Keller)研制出了第一台振冲器，并将其首次用于柏林一幢建筑物下7.5m深的松砂地基的处理，处理后承载力提高了一倍多，相对密度由40%提高到了80%，加固效果显著。早期的振冲法只用于挤密砂土地基，20世纪50年代末、60年代初，英国和德国等相继通过回填碎石、块石把这一方法应用于加固黏性土地基。由于使用的桩体材料为碎石，振冲法亦称为振冲碎石桩法。我国于1977年引进振冲法，80年代开始，沉管法、干振法等施工工艺相继产生，它们虽不同于振冲法，但同样可形成密实的碎石桩体，因而均沿用碎石桩的名称。

砂桩最早出现于1835年，由法国在Bayonne建造兵工厂车间时使用。此后，很长一段时间由于缺少实用的设计计算方法和先进的施工工艺及施工设备，砂桩的应用一直停滞不前。第二次世界大战以后，砂桩在苏联得到广泛应用并取得了较大成就。初期，砂桩采用冲孔捣实施工法，后来又采用射水振动施工法，20世纪50年代后期，随着振动打夯机的出现，又采用振动式打拔管施工法。随后日本又研究出振动式重复压拔管施工法和控制施工质量的方法。这些方法的应用使得砂桩施工质量和施工效率显著提高，砂桩地基处理技术发展到一个新的水平，处理深度也有较大幅度的增大。砂桩技术自20世纪50年代引进我国后，在工业、交通、水利等工程中得到广泛应用。

碎(砂)石桩制作简单、成本低，施工效率高，不需要大量的施工设备，因此在一些场地受限或施工条件比较复杂的工程中，碎(砂)石桩不失为一种比较理想的地基处理方法。但是，碎(砂)石桩在施工过程中，可能会产生挤土效应，也会存在振动、噪声及泥浆污染问题。此外,对于碎(砂)石桩复合地基,由于桩体自身是良好的竖向排水体,在荷载作用下桩间土将产生固结沉降,造成复合地基工后沉降量大,而且沉降历时较长,对沉降要求严格的工程难以满足允许的沉降要求。因此,用碎(砂)石桩处理饱和软黏土地基,应按工程的具体条件区别对待,宜通过现场试验后再确定其适用性。

规范规定,碎(砂)石桩适用于挤密处理松散砂土、粉土、粉质黏土、素填土、杂填土等地基,以及用于处理可液化地基。饱和黏性土地基,如对变形控制不严格的工程,可采用砂石桩置换处理。此外,对大型的、重要的或场地地层复杂的工程,以及不排水抗剪强度不小于 20kPa 的饱和黏性土和饱和黄土地基,应在施工前通过现场试验确定其适用性。对不加填料的振冲挤密法适用于处理黏粒含量不超过 10% 的中砂、粗砂地基。

4.3.2 加固机理

碎(砂)石桩的作用机理,与其施工工艺和土质有关。具体如下所示。

1. 对松散砂土和粉土的加固机理

碎(砂)石桩加固砂土和粉土地基的主要目的是通过挤密、振密桩间土,形成挤密碎(砂)石桩复合地基,从而提高地基承载力,减小沉降,增强地基抗液化性能。其加固机理主要有以下三个方面。

1) 挤密作用

砂土和粉土在松散状态下,颗粒排列位置是极不稳定的,在动力和静力作用下颗粒会移动,进行重新排列,逐渐趋于较稳定的状态,在此过程中,土中孔隙体积随之减小。

对于振冲法,在施工过程中先是水冲使松散砂土处于饱和状态,同时振冲器的强力高频振动使砂土产生液化并重新排列致密,而且在桩孔中填入的碎石被强大的水平振动力挤入周围土层,这种强制挤密使砂土的密实度进一步增加,处理后土的物理力学性能改善,地基承载力大幅度提高,一般可提高 2~5 倍。

对于沉管法或干振法,由于成桩过程中桩管或振孔器将桩孔填料挤向周围土层,对其周围产生了很大的横向挤压力,使桩周围的土层孔隙比减小,密实度增大,其承载力显著提高。研究表明,在松散砂土地基中,砂石桩有效挤密范围可达 3~4 倍的桩径。

2) 振密作用

碎(砂)石桩成桩时,桩周土层一方面受到挤压,另外振冲器或桩管的振动能量以振动波的形式向周围土层传播,引起土粒振动,使桩周一定范围内土体液化和结构破坏,此后孔隙水压力消散,砂土或粉土颗粒重新排列,密实度增加。研究表明,有效振密范围可达约 6 倍桩径,振密效应比挤密更显著。

3) 消除地基液化的作用

碎(砂)石桩可有效提高地基的抗液化性能,其原因主要有:①桩间可液化土层受到挤压和振动,土的孔隙比减小,密实度增加,提高了地基土本身的抗液化能力。②碎(砂)石桩的排水减压作用。碎(砂)石桩自身为透水性大的粗粒料,在地基中形成了良好的竖向排水减压通道,可加速消散超孔隙水压力,防止孔隙水压力的增高,从而消除地基液化。③砂土的液化不仅与相对密度和排水条件有关,还与砂土的振动应力历史有关。试验表明,预先经历过振动的砂土与未经历过振动的砂土相比,其抗液化能力有很大提高。因此振冲碎石桩和振动沉管砂石桩在成桩施工过程中的振动提高了地基土的抗液化能力。此外,由碎(砂)石桩组成的复合地基将原来的均质体变为非均质体,阻碍或减弱了振动波的传播,也在一定程度上提高了地基的抗液化能力。

2. 对黏性土的加固机理

1) 置换作用

对于黏性土中的碎(砂)石桩,密实的桩体在地基中取代了同体积的软弱黏性土,与桩周土构成复合地基共同承担荷载。由于碎(砂)石桩的强度和抗变形性能优于桩间土,形成的复合地基承载力比原天然地基的承载力大,沉降量也比天然地基小,从而提高了地基的整体稳定性和抗破坏能力。复合地基承载力增大率与沉降量减小率均与复合地基面积置换率成正比关系。

需要注意的是,碎(砂)石桩处理饱和软黏土地基时,由于软黏土含水量高、透水性差,成桩过程中土体内产生的超孔隙水压力不能迅速消散,故挤密效果较差。桩间土不能得到有效挤密,其承载力得不到提高,反而有时由于桩体设置过程中的施工扰动,桩间土承载力还可能降低,同时软黏土强度低,不能给桩体提供较大的约束力时,桩体自身单桩承载力也较低,因而复合地基承载力提高幅度并不大。工程实测的结果表明,当地基土的不排水抗剪强度 $c_u<20\text{kPa}$ 时,复合地基的承载力基本不提高,甚至有所降低;当地基土不排水抗剪强度 $c_u>20\text{kPa}$,复合地基的承载力就有显著的增大。因此一些国家,包括我国《建筑地基处理技术规范》(JGJ 79—2012)规定碎(砂)石桩适用于处理不排水抗剪强度不小于 20kPa 的饱和黏性土地基。

2) 排水固结作用

如果在选用碎(砂)石桩材料时考虑级配,则所制成的碎(砂)石桩是黏性土地基中的一个良好的排水通道,缩短了水平向排水距离,改善了软黏土的排水条件,加快了地基的排水固结,进而提高了软黏土的强度和抵抗变形的能力。

4.3.3 设计计算

碎(砂)石桩设计内容包括加固范围、桩位布置、桩径、桩距、桩长的确定,以及桩体材料的选择、垫层、复合地基承载力、沉降计算及稳定性验算等。

1. 加固范围

地基处理范围应根据建筑物的重要性和场地条件确定,宜在基础外缘扩大 1~3 排桩。对可液化地基,在基础外缘扩大宽度不应小于基底下可液化土层厚度的 1/2,且不应小于 5m。

2. 桩位布置

碎(砂)石桩的平面布置宜根据建筑物基础形状来确定。对大面积满堂基础和独立基础,可采用三角形、正方形、矩形布桩;对条形基础,可沿基础轴线采用单排布桩或对称轴线多排布桩;对于圆形或环形基础(如油罐基础)宜用放射形布置。此外,对于砂土地基,因为需要靠碎(砂)石桩的挤密来提高桩周土的密度,所以桩位布置采用等边三角形更有利,它使地基挤密更为均匀。

3. 桩径

由于碎(砂)石桩为散体材料桩,因此这里的桩径指的是桩的平均直径,可根据每根桩所用填料量计算。碎(砂)石桩的桩径主要根据地基处理的目的、土质情况、成桩方法和成桩设备的能力等因素综合考虑确定。

采用振冲法施工的碎石桩,直径通常为 0.8~1.2m,与振冲器的功率和地基土条件有关,一般振冲器功率大、地基土松散时,成桩直径大。

振动沉管法成桩直径取决于桩管的直径和地基土条件。目前使用的桩管直径一般为 300~800mm。小直径桩管挤密质量较均匀但施工效率低;大直径桩管工效高,但需要较大的机械能力,而且过大的桩径,对于挤密碎(砂)石桩,一根桩要承担的加固面积大,离桩周较远位置挤密效果差,不易使桩周土挤密均匀,同时桩孔自身要填入的砂石料多,成桩时间长给施工也会带来困难,因此需综合考虑。

此外,无论哪种施工工艺,对饱和黏性土地基,碎(砂)石桩均宜选用较大的直径,以减少对地基土的扰动。

4. 桩距

桩距应根据复合地基承载力和变形要求,以及对原地基土要达到的挤密要求通过现场试验确定。初步设计时,桩距可按工程具体要求采用以下方法估算。

1) 松散砂土和粉土地基

砂土和粉土地基,主要是从挤密的角度来考虑地基加固中的设计问题,可按下列公式计算:

等边三角形布置

$$s = 0.95\xi d \sqrt{\frac{1+e_0}{e_0-e_1}} \tag{4.26}$$

正方形布置

$$s = 0.89\xi d \sqrt{\frac{1+e_0}{e_0-e_1}} \tag{4.27}$$

式中,s——碎(砂)石桩间距(m);

d——碎(砂)石桩直径(m);

ξ——修正系数,当考虑振动下沉密实作用时,可取 1.1~1.2;不考虑振动下沉时,取 1.0;

e_0——地基处理前土的孔隙比,可按原状土样试验确定,也可根据动力或静力触探等对比试验确定;

e_1——地基挤密后要求达到的孔隙比。

地基挤密后要求达到的孔隙比 e_1 可由下面两种方法确定:

① 根据工程要求的地基承载力及与砂土密实度对应关系(可参照有关规范或工程经验),推算出加固后土的孔隙比。

② 根据工程对抗震的要求,确定碎(砂)石桩加固地基要求达到的相对密实度 D_{r1},按下式求得

$$e_1 = e_{\max} - D_{r1}(e_{\max} - e_{\min}) \tag{4.28}$$

式中,D_{r1}——地基挤密后要求砂土达到的相对密实度,可取 0.70~0.85;

$e_{\max}$、$e_{\min}$——砂土的最大、最小孔隙比。

2) 黏性土地基

碎(砂)石桩在黏性土地基中主要起置换作用,可按复合地基所需的面积置换率计算

确定：

等边三角形布置
$$s = 1.08\sqrt{A_e} \tag{4.29}$$

正方形布置
$$s = \sqrt{A_e} \tag{4.30}$$

$$A_e = \frac{A_p}{m} \tag{4.31}$$

式中，A_e——一根桩承担的处理面积（m²）；

A_p——碎（砂）石桩截面积（m²）；

m——面积置换率，可按复合地基承载力公式确定，通常为 0.10～0.40。

此外，桩的间距还应符合以下规定：①振冲碎石桩，30kW 振冲器布桩间距可采用 1.3～2.0m；55kW 振冲器布桩间距可采用 1.4～2.5m；75kW 振冲器布桩间距可采用 1.5～3.0m；不加填料振冲挤密孔距可为 2～3m。②沉管砂石桩的桩间距不宜大于砂石桩直径的 4.5 倍。

5. 桩长

碎（砂）石桩桩长主要取决于需加固的软土层厚度，可液化地基还需考虑抗液化要求，并应符合下列规定。

（1）当相对硬土层埋深较浅时，桩长宜穿过整个松软土层；当相对硬土层埋深较大时，应按建筑物地基变形允许值确定。

（2）对按稳定性控制的工程，桩长应不小于最危险滑动面以下 2.0m 的深度。

（3）对可液化的地基，桩长应按处理液化的深度要求确定。

（4）设计桩长应大于主要受荷深度，且不宜小于 4m。单桩荷载试验表明，碎（砂）石桩受荷后，距桩顶 $4d$（桩径）范围内桩体将发生侧向压胀变形，该深度即为主要受荷深度。考虑到碎（砂）石桩桩径一般小于 1m，故桩长不宜小于 4m。此外，室内试验和工程实践还表明，当桩长达到某一限值时，再增大桩长对提高复合地基承载力、减少变形的作用并不明显，即碎（砂）石桩存在着有效长度，一般为 $12d$。因此，设计时桩长超过有效桩长对提高复合地基承载力、减小地基变形的意义不大。

6. 桩体材料

振冲碎石桩桩体材料可采用含泥量不大于 5% 的碎石、卵石、矿渣或其他性能稳定的硬质材料，不宜使用风化易碎的石料。对 30kW 振冲器，填料粒径宜为 20～80mm；55kW 振冲器，填料粒径宜为 30～100mm；75kW 振冲器，填料粒径宜为 40～150mm。

沉管砂石桩桩体材料可采用含泥量不大于 5% 的碎石、卵石、角砾、圆砾、砾砂、粗砂、中砂或石屑等硬质材料，最大粒径不宜大于 50mm。上述材料可以单独使用，也可混合使用，如果经过合理的配合比设计，处理效果会更好。

7. 垫层

碎（砂）石桩顶部施工时，由于上覆压力小，桩间土对桩体约束力小，桩体的密实度难以保证，会影响复合地基性能的发挥。桩顶铺设垫层并压实有益于改善这一情况。此外垫层还可以起到水平排水的作用，加速土体的固结。垫层厚度宜为 300～500mm，材料宜选用中砂、粗砂、级配砂石和碎石等，最大粒径不宜大于 30mm。

垫层铺设后需压实,可分层进行,夯填度(夯实后的垫层厚度与虚铺厚度的比值)不应大于 0.9。

8. 复合地基承载力

碎(砂)石桩复合地基承载力特征值应通过复合地基静载荷试验确定,初步设计时,承载力可按下式计算:

$$f_{spk} = [1 + m(n-1)]f_{sk} \tag{4.32}$$

式中,f_{spk}——复合地基承载力特征值(kPa);

f_{sk}——处理后桩间土承载力特征值(kPa),可按地区经验确定,如无经验时,对于一般黏性土地基,可取原天然地基承载力特征值;松散砂土、粉土可取原天然地基承载力特征值的 1.2~1.5 倍,原土强度低时取大值,原土强度高时取小值;

m——面积置换率;

n——复合地基桩土应力比,宜采用实测值确定,如无实测资料时,对于黏性土可取 2.0~4.0,砂土、粉土可取 1.5~3.0。

9. 沉降计算

碎(砂)石桩复合地基沉降采用分层总和法按式(4.18)计算。需要注意公式中加固土层压缩模量的取值:由于碎(砂)石桩向深层传递荷载的能力有限,当桩长较大时,加固土层压缩模量不宜全桩长采用统一的放大系数。在桩长 12d 范围内,加固土压缩模量的提高可以按式(4.19)取值。在桩长超过 12d 这一范围内的加固土层,其压缩模量,对于砂土、粉土宜按挤密后桩间土的模量取值,对于黏性土则不宜考虑挤密效果,但有经验时也可按排水固结后经检验的桩间土的模量取值。

10. 稳定性验算

对处理堆载场地地基,应进行稳定性验算,验算方法按 4.2 节内容进行。

【例题 4.3】 已知振冲碎石桩桩径 0.9m,复合地基承载力特征值为 200kPa,桩间土承载力特征值为 150kPa,桩土应力比 $n=3$,若采用正方形布桩,试确定桩的间距。

解:根据复合地基承载力计算公式 $f_{spk}=[1+m(n-1)]f_{sk}$,得出 $m=0.167$

由 $m=\dfrac{d^2}{d_e^2}$,得 $d_e=\sqrt{\dfrac{0.9^2}{0.167}}=2.2\text{m}$

因为采用正方形布桩,$d_e=1.13s$,则:$s=1.95\text{m}$

即桩的间距取 1.95m。

【例题 4.4】 某场地为细砂地基,天然孔隙比 $e_0=0.96$,$e_{\max}=1.14$,$e_{\min}=0.60$,承载力特征值为 100kPa。由于不能满足上部结构荷载的要求,拟采用沉管砂桩加固地基。设计桩长 7.5m,直径 $d=500\text{mm}$,采用等边三角形布置,地基挤密后要求砂土的相对密实度达到 0.80。

(1) 试确定桩的间距。(不考虑振动下沉效应)

(2) 求面积置换率。

(3) 求复合地基承载力特征值。(桩土应力比 $n=3$)

解:(1) 计算加固后细砂的孔隙比。

$$e_1 = e_{\max} - D_r(e_{\max} - e_{\min}) = 1.14 - 0.8 \times (1.14 - 0.60) = 0.708$$

$$s = 0.95d\sqrt{\frac{1+e_0}{e_0-e_1}} = 0.95 \times 0.5 \times \sqrt{\frac{1+0.96}{0.96-0.708}} = 1.32\text{m}$$

故桩的间距取为 1.3m。

（2）由于采用等边三角形布桩方式,因而 $d_e = 1.05s = 1.05 \times 1.3 = 1.365$m

则面积置换率

$$m = \frac{d^2}{d_e^2} = \frac{0.5^2}{1.365^2} = 0.134$$

（3）复合地基承载力特征值

$$f_{spk} = [1+m(n-1)]f_{sk} = [1+0.134 \times (3-1)] \times 100 = 126.8\text{kPa}$$

4.3.4 施工及质量检验

1. 施工方法

碎（砂）石桩施工方法有很多，这里介绍两种最常用的施工方法：振冲法和沉管法。

1）振冲法

振冲法是碎石桩的主要施工方法之一。它是以起重机吊起振冲器，启动潜水电机后，带动偏心块，使振冲器产生高频振动，同时开动水泵，使高压水通过喷嘴喷射高压水流，在边振边冲联合作用下，将振冲器沉到土中设计深度。经过清孔后，从地面向孔中逐段填入碎石，振冲器继续振动，每段填料均在振动作用下被振挤密实，达到所要求的密实度后提升振冲器。如此重复填料和振密，直至地面，最终在地基中形成一根大直径的密实桩体（图 4.9）。

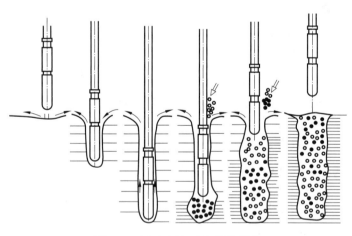

图 4.9 振冲法施工过程示意图

（1）施工机具与设备。

振冲法施工主要机具有振冲器、吊机和水泵。振冲器构造见图 4.10。

（2）施工步骤。

① 清理平整施工场地，布置桩位。

② 施工机具就位，将振冲器对准桩位。

③ 造孔：启动供水泵和振冲器，水压宜为 200～600kPa，水量宜为 200～400L/min，将振冲器徐徐沉入土中，造孔速度宜为 0.5～2.0m/min，直至达到设计深度；记录振冲器经各

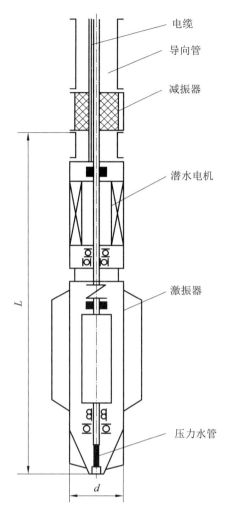

图 4.10 振冲器构造示意图

深度时的水压、电流和留振时间。

④ 清孔：造孔后边提升振冲器边冲水直至孔口，再将振冲器放至孔底，重复 2~3 次扩大孔径并使孔内泥浆变稀，开始填料制桩。

⑤ 制桩：大功率振冲器投料时可不提出孔口，小功率振冲器下料困难时可将振冲器提出孔口后填料，每次填料厚度不宜大于 500mm。将振冲器沉入填料中进行振密制桩，当电流达到规定的密实电流值和规定的留振时间后，将振冲器提升 300~500mm。

⑥ 成桩：重复以上步骤，自下向上逐段制作桩体直至孔口，记录各段深度的填料量、最终电流值和留振时间，并均应符合设计规定。

⑦ 关闭振冲器和水泵。

(3) 施工要点。

① 正式施工前必须进行现场试验，从而确定正式施工参数，如振冲孔间距、造孔制桩时间、密实电流、填料量、留振时间等。

② 为保证桩顶部的密实，振冲前开挖基坑时应在桩顶高程以上预留一定厚度的土层。

一般 30kW 振冲器应留 0.7～1.0m 厚度的土,75kW 振冲器应留 1.0～1.5m。当基槽不深时,可振冲后开挖。

③ 不加填料振冲加密宜采用大功率振冲器,造孔速度宜为 8～10m/min,到达设计深度后,宜将射水量减至最小,留振至密实电流达到规定值时,上提 0.5m,逐段振密直至孔口。每米振密时间约 1min。在粗砂中施工,如遇下沉困难,可在振冲器两侧增焊辅助水管,加大造孔水量,降低造孔水压。

④ 为保证振冲桩质量,施工中必须控制好密实电流、填料量和留振时间这三个指标。

首先,要控制加料振密过程中的密实电流。在成桩时,不能把振冲器刚接触填料一瞬间的电流值作为密实电流。制桩时振冲器瞬时电流值有时高达 100A 以上,但只要把振冲器停住不下降,电流值立即变小,可见瞬时电流并不真正反映填料的密实程度。只有让振冲器在某一深度处振动一段时间(称为留振时间)而电流稳定在某一数值,这一稳定电流才能代表填料的密实程度,才能称为密实电流。只有当密实电流超过规定值,该段桩体才算制作完成。

其次,要控制好填料量。加料时宜"少吃多餐",即勤加料,但每次投料不宜超过 0.5m。要注意的是制作最深处桩体时所需的填料量远比其他部分桩体多,这是因为刚开始向孔内加料时,一部分填料沿途粘在孔壁,只有少量料能落到孔底;另一个原因是造孔时,若控制不当,压力水有可能造成超深,从而导致填料量剧增;第三个原因是孔底遇到了事先未知的局部软弱土层,这也会使填料量超过正常用量。

⑤ 在较软的土层中施工时,宜采用"先护壁、后制桩"的施工工艺。即在开孔时,不要让振冲器一下子到达设计深度,可先到达第一层软弱层,然后加料进行初步挤振,将这些填料挤入孔壁,以此来加强该段孔壁防止塌孔,然后振冲器继续下沉至下一段软土中,用同样方法加料护壁。如此重复进行,直到设计深度。孔壁护好后,即可按常规步骤制桩。

⑥ 桩体施工完毕后应将顶部预留的松散桩体挖除,如无预留,应将松散桩头压实,随后铺设并压实垫层。

2)沉管法

沉管法主要包括振动沉管成桩法和锤击沉管成桩法两种。当用于消除粉细砂及粉土液化时,宜采用振动沉管成桩法。

砂石桩沉管机通常包括桩机架、桩管及桩尖、提升装置、挤密装置(振动锤或冲击锤)、上料设备及检测装置等部分。

(1)振动沉管成桩法。

振动沉管法施工时有一次拔管法、逐步拔管法和重复压拔管法三种,比较常用的是重复压拔管法。其成桩步骤如下:

① 移动桩机及导向架,将桩管及桩尖对准桩位;
② 启动振动锤,把桩管下到预定深度;
③ 用料斗向桩管内投入规定数量的砂石料;
④ 把桩管提升一定高度(下砂石顺利时提升高度不超过 1～2m),提升时桩尖自动打开,桩管内砂石料流入孔内;
⑤ 降落桩管,利用振动及桩尖的挤压作用使砂石密实;
⑥ 重复③、⑤两工序,直至桩管拔出地面。

振动沉管成桩法施工,应根据沉管和挤密情况,控制填料量,提升高度和速度、挤压次数和时间、电机的工作电流等。施工时,电机工作电流的变化反映挤密程度及效率。电流达到某一数值不变化后,继续挤压将不会产生挤密效果。一般情况下,桩管每提高100cm,下压30cm,然后留振10~20s。由于施工中不可能及时进行效果监测,因此按成桩过程的各项参数进行控制是重要环节,必须予以重视,有关记录是质量检验的重要资料。

(2) 锤击沉管成桩法。

锤击成桩法施工可采用单管法或双管法,但单管法挤密效果较差,故一般宜采用双管法,其成桩过程如下:

① 将内外管安放在预定桩位上,将用作桩塞的砂石投入外管底部;
② 以内管作锤冲击砂石塞,靠摩擦力将外管打入预定深度;
③ 固定外管并将砂石塞压入土中;
④ 提内管并向外管内投入砂石料;
⑤ 边提外管边用内管将管内砂石冲出挤压土层;
⑥ 重复④、⑤两工序,直至外管拔出地面,砂石桩制桩完毕。

锤击法挤密应根据锤击能量,控制分段填料量和成桩长度,用贯入度和填料量两项指标控制成桩的直径和密实度。对于以提高地基承载力为主要目的的非液化土层,以贯入度控制为主,填料量控制为辅;对于以消除砂土和粉土液化为主要目的的液化土层,以填料量控制为主,贯入度控制为辅。填料量和贯入度应通过试桩确定,估算时,填料量可按设计桩孔体积乘以充盈系数确定,充盈系数可取 1.2~1.4。

2. 施工顺序

碎(砂)石桩施工时,对砂土和粉土地基中以挤密为主的碎(砂)石桩,应间隔(跳打)进行,并宜由外侧向中间推进;对黏性土地基,碎(砂)石桩主要起置换作用,为保证置换率,宜从中间向外围或隔排施工;在既有建(构)筑物邻近施工时,为减少对该建(构)筑物的振动影响,应背离建(构)筑物方向进行。

3. 质量检验

(1) 施工记录检查。

在施工期及施工结束后,应检查各项施工记录,如有遗漏或不符合要求的桩,应补桩或采取其他有效补救措施。

(2) 间歇时间。

施工完毕后,应间隔一定时间方可进行质量检验。对饱和黏土地基不宜少于 $28d$,粉质黏土地基不宜少于 $21d$,粉土地基不宜少于 $14d$,砂土和杂填土地基不宜少于 $7d$。

(3) 质量检验项目及方法。

碎(砂)石桩施工质量的检验,对桩体可采用重型动力触探试验;对桩间土可采用标准贯入、静力触探、动力触探或其他原位测试等方法;对消除液化的地基应采用标准贯入试验。桩间土质量的检测位置应在等边三角形或正方形的中心。检验深度不应小于地基处理深度。检测数量不应小于桩孔总数的 2%。

碎(砂)石桩复合地基竣工验收时,地基承载力检验应采用复合地基静载荷试验,试验数量不应小于总桩数的 1%,且每个单体建筑不应小于 3 点。

4.3.5 典型工程案例

某四层商业建筑位于四川省成都市新都区，建筑面积 63.85m×16.02m，其场地地层分布由上至下分别为：①杂填土；②粉质黏土；③粉土；④细砂；⑤中砂；⑥松散卵石；⑦稍密卵石；⑧中密卵石；⑨密实卵石。其工程地质剖面图见图 4.11。

该工程场地抗震设防烈度为 7 度，设计基本地震加速度值为 $0.10g$，设计地震分组为第三组，Ⅱ类建筑场地，抗震设计特征周期值为 0.45s。由于地基土持力层范围内有不等厚的粉质黏土、粉土、细砂、松散卵石等软弱层分布，此软弱层不能满足上部荷载和变形要求。此外该场地地基土为填土厚、粉质黏土薄或缺失，粉土零星分布，液化细砂遍布，卵石埋藏较深，属明显的不均匀地基土。因此，拟建建筑物不能选天然地基作基础持力层。考虑到该建筑物荷载并不大，且场地有抗震要求，经分析比较，选用振冲碎石桩加固地基，要求处理后复合地基承载力特征值 $f_{spk} \geqslant 280\text{kPa}$，压缩模量 $E_{sp} > 15\text{MPa}$。

1. 加固方案

采用 75kW 振冲器，桩径 900mm，桩距 1.25m，等边三角形满堂布置。基础外缘布设 1~2 排保护桩，桩端进入稍密卵石层不小于 0.5m，并且保证桩端进入持力层厚度不小于 2.0m，平均成桩深度约为 4.0m。桩顶铺设 300mm 厚的垫层，垫层材料选用级配砂卵石，其中卵石含量约 70%，中砂含量约 30%，卵石最大粒径不宜大于 30mm，垫层铺设宽度为保护边桩外 300mm。

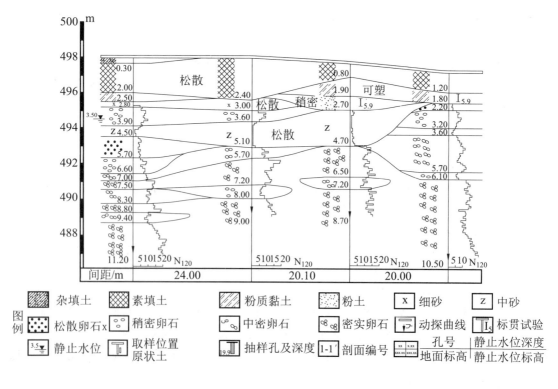

图 4.11 工程地质剖面图

2. 工艺流程及主要技术指标

基坑开挖至基础底标高上0.2m→布设桩位→挖预成孔→振冲器由吊车就位→打开加压水、启动振冲器→振冲成孔至设计深度→将振冲器提出孔口,往孔中填料→同时喷水振动直到密实电流铃声响5~10s后,提升振冲器至孔口→再进行下一级振冲,直至地基土内形成碎石桩体。

主要技术指标为:

① 填料为30~100mm卵石,含泥量不超过5%。
② 加压水0.2~0.6MPa,水量控制在200~400L/min。
③ 加固处理深度控制:进入中密卵石层50cm以上。
④ 振冲密实电流值按75~85A控制。
⑤ 造孔速度为0.5~2.0m/min,每次填料高度不宜大于50cm。
⑥ 地基表面处理:桩顶部铺设厚度为300mm砂卵石褥垫层,振冲桩施工完毕后,用14t振动式碾压机碾压密实。

3. 地基质量检测

工程施工结束后,采用动力触探对地基土质量进行检测,并对复合地基进行静载荷试验。桩间土用N或$N_{63.5}$检测,桩体部分选取总桩数的3%~5%在桩体中心进行动力触探检测,并根据动力触探试验结果,选择不少于总桩数的0.5%,且每个单体工程不少于3点,进行单桩复合地基载荷试验,并以此作为该工程竣工验收的依据。

根据检测结果分析:经处理后复合地基承载力特征值$f_{spk}=290.2$kPa>280kPa;压缩模量$E_{sp}=20.3$MPa>15MPa,均满足设计要求。

4.4 水泥土搅拌桩

4.4.1 概述

水泥土搅拌桩法是以水泥作为固化剂的主要材料,采用深层搅拌机将固化剂(浆液或粉体)与地基土就地强制搅拌,通过一系列物理化学反应,使地基土硬结成具有整体性、水稳定性和一定强度的水泥土桩体。在实际工程中,水泥土桩与桩间土可以形成复合地基,也可以将水泥土桩形成连续的壁墙和块体以承受荷载或者隔水。根据施工方法的不同,水泥土搅拌桩分为两种:当使用水泥浆和地基土搅拌时称为水泥浆搅拌桩,或者深层搅拌桩(deeping mixing,简称湿法);当使用水泥粉和地基土搅拌时,称为粉体喷射搅拌桩(dry jet mixing,简称干法)。根据搅拌轴的数量,深层搅拌机可以分为单轴、双轴和多轴(轴数大于或等于3)。国内常见的深层搅拌机及水泥搅拌桩如图4.12所示。

水泥土搅拌桩技术的发展历程如下。20世纪50年代,美国Intrusion Prepakt公司开发出一种就地搅拌桩技术处理深部软土,称为Mixing-in-Place-Pile Technique(简称MIP法),即从旋转的中空轴的端部向周围已经被搅松的土体内喷射出水泥浆,经翼片搅拌后形成水泥土桩,桩径为0.3~0.4m,桩长10~12m。日本于1953年引进此法,并逐渐开发出多轴、多类型的陆地和海域搅拌机械,目前其最大成孔直径为1000~2000mm,陆地最大钻探深度达40m,海域最大钻孔深度为70m,搅拌轴最多为8根。1972年,日本的Seiko Kogyo

(a) 三轴搅拌机

(b) 搅拌桩

图 4.12 水泥浆深层搅拌机及搅拌桩

公司提出了 SMW 法(soil mixed wall)的概念,该技术于 1977 年首次在日本投入商用。我国于 1978 年制造出国内第一台 SJB-1 型双轴搅拌机,1980 年初成功应用于上海宝山钢铁厂的软基处理。后来陆续开发了多种型号的深层搅拌机。目前国内水泥浆搅拌机成桩直径一般为 650~850mm,钻孔深度已达 35m,搅拌轴最多为 4 轴。

粉体喷射搅拌桩法最早于 1967 年由瑞典人 Kjeld Paus 提出,于 1971 年现场制成第一根石灰粉和软土搅拌成的桩,直径 500mm,桩长 15m。我国于 1983 年制成国内第一台石灰粉体喷射搅拌机,1984 年在广东省云浮硫酸铁矿铁路专用线盖板箱涵软土地基加固工程中应用。当前国内粉喷搅拌机械的成桩直径一般为 500~700mm,深度为 14~20m,多数采用喷射水泥粉,喷射生石灰较少。

近年来,搅拌桩施工技术得到了进一步发展。在装备方面,如有双轮铣削搅拌技术(CSM 工法)(法国地基建筑公司,1973)、整体搅拌技术(Jelisic,2003)、混合搅拌壁式地下连续墙(TRD 工法)(日本神钢集团,1993)、双向搅拌技术(刘松玉,2014)等。在质量监控方面,利用传感器技术和智能化技术,对成桩过程中的施工参数进行实时监控和反馈控制,发展了智能搅拌桩施工平台,有效地改善了搅拌桩的施工质量,拓展了搅拌技术的应用领域和范围。

过去,水泥土搅拌桩法主要适用于处理淤泥、淤泥质土、粉土、黏性土等软弱地层。随着深层搅拌机械的改进,穿透能力和效率得到提高,目前在中密粉细砂、中密粉土、稍密中细砂等地层中均可应用。由于搅拌桩是通过搅拌叶片就地拌和的,地基土的抗剪强度越高,搅拌所需的功率越大。对于含大孤石或者障碍物较多且不易清除的杂填土、硬塑及坚硬的黏性土、密实的砂类土,由于成桩困难,不宜采用搅拌桩复合地基。当地基土的天然含水量小于 30%(黄土含水量小于 25%),不能保证水泥充分水化,故不宜采用粉体喷射法。当黏土的塑性指数 I_p 大于 25 时,容易在搅拌头叶片上形成泥团,影响水泥土的拌和。此外,当水泥土搅拌桩法用于处理泥炭土、有机质土、地下水具有腐蚀性,以及无工程经验的地区时,需要采用针对性措施,选用合适的外掺剂,并通过现场试验确定其适用性。

在过去几十年中,水泥土搅拌桩广泛应用于软土地基加固,如:多层建(构)筑物地基加固、基坑支护挡土结构和被动区加固、基坑止水帷幕、路基软基加固、堆料场地加固、人工岛海底地基加固等。主要原因是水泥土搅拌技术具有以下优点：将固化剂和原地基软土就地搅拌混合，最大限度地利用了原土；搅拌时无振动、无噪声、无污染，对周围原有建(构)筑物和地下设施的影响很小；按照不同地基土的性质及工程设计要求，可针对性选择固化剂及其配方，设计比较灵活；土体加固后重度基本不变，对软弱下卧层不致产生附加沉降；根据上部结构的需要，可灵活地采用柱状、壁状、格栅状和块状等加固形式，如图4.13所示。

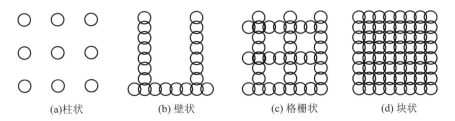

图 4.13　水泥土搅拌桩加固形式

4.4.2　加固机理与水泥土基本性质

1. 水泥土的固化机理

水泥土是将水泥与土进行拌和后固化形成的加固土。由于土质不同，其固化机理也有差别。用于砂性土时，水泥土的固化原理类似于建筑上常用的水泥砂浆，强度高，固化时间相对较短。用于黏性土时，由于水泥掺量很小（一般仅占被加固土重的 7%～20%），水泥的水解和水化反应是在具有一定活性的比表面积大的黏土颗粒周围进行的。因此，水泥土的强度受土质条件影响较大，其强度增长过程需要较长的时间。下面简要介绍水泥与黏性土形成水泥土的主要固化原理。

当水泥与软黏土拌和后，水泥颗粒与土中的水发生水解和水化反应，在黏土颗粒间生成各种水化物。这些水化物一部分继续硬化形成水泥石骨架，一部分则与其周围具有一定活性的黏土颗粒继续发生反应。水化物与黏土颗粒进行离子交换，使较小的土颗粒形成较大的土团粒；此外，水泥水化生成的凝胶粒子有强烈的吸附活性，能使较大的土团粒进一步结合起来，形成水泥土的团粒结构；水化物与黏土矿物成分通过硬凝反应，逐渐生成不溶于水的稳定结晶化合物，从而使土的强度提高。水泥水化物中游离的氢氧化钙能吸收水中和空气中的二氧化碳，发生碳酸化反应，生成不溶于水的碳酸钙。这种反应也能使水泥土的强度增加，但增长的速度较慢，幅度也较小。

可见，水泥土的强度主要来自水泥水化物的胶结作用。在实际工程中，由于搅拌机的切削搅拌作用，不可避免地会留下一些未被粉碎的大小土团，拌入的水泥主要分布在土团外部，而在土团内部水泥很少。因此，在水泥土中不可避免地会产生强度较大的水泥结石区和强度较低的土块区。两者在空间上相互交替，从而形成一种独特的水泥土结构。如果搅拌越充分，土块被粉碎得越小，水泥分布到土中越均匀，则水泥土结构强度的离散性越小，其宏观的总体强度也越高。

2. 水泥土的基本特性

通过大量试验研究，可以得到水泥土的主要物理、力学特性如下。

1) 物理性质

水泥土在固化过程中,由于水泥水化等反应,使部分自由水以结晶水的形式固定下来,故水泥土的含水量略低于原土样的含水量,一般减少 0.5%～7.0%。水泥土的重度与天然软土的重度相差不大,仅增加 0.5%～3.0%,相对密度比天然软土的相对密度增加了 0.7%～2.5%。

2) 力学性质

水泥土的强度指标,通常由水泥土试样的无侧限压缩试验来检验,其无侧限抗压强度 q_u 一般为 0.3～4.0MPa,比天然软土大几十倍至数百倍。水泥土的抗拉强度一般为 $(0.1～0.4)q_u$,抗剪强度一般为 $(0.33～0.5)q_u$。水泥土的变形模量 E_{50}(峰值应力的 50%所对应的割线模量)一般为 40～600MPa,即 $E_{50}=(120～150)q_u$。水泥土的压缩系数为 $(2.0～3.5)\times10^{-5}\text{kPa}^{-1}$,对应的压缩模量 $E_p=50～100$MPa。

水泥土的渗透系数小于原状土,掺入量越大,渗透系数越小,一些资料提出水泥土的渗透系数在 $10^{-10}～10^{-7}$ cm/s 之间。工程实践也表明,水泥土具有较好的隔水性能。

水泥土的强度主要受水泥掺入比 α_w(水泥质量与被拌和的土体质量之比)、养护龄期、水泥强度等级及类型、土体含水量、土体有机质含量、外掺剂及土体性质等因素影响,具体如下。

水泥掺入比 α_w:相同条件下,水泥土的强度随着 α_w 的增加而增大。当 $\alpha_w<5\%$ 时,由于水泥与土的反应过弱,水泥土固化程度低,强度离散性也较大。故在实际施工中,选用的 α_w 必须大于 5%,一般采用 12%～20%。

养护龄期:水泥土的强度随着龄期的增长而提高,在龄期超过 28d 后仍有明显增长,当龄期超过 90d 后,水泥土的强度增长才减缓。因此,无特别要求,搅拌桩的水泥土试块一般取 90d 为标准龄期。在相同条件下,不同龄期的水泥土抗压强度关系为:$f_{cu7}=(0.47～0.68)f_{cu28}$,$f_{cu90}=(2.37～3.73)f_{cu7}$,$f_{cu90}=(1.43～1.80)f_{cu28}$,上述 f_{cu7}、f_{cu28}、f_{cu90} 分别为 7d、28d、90d 龄期的水泥土立方体试块无侧限抗压强度。

水泥强度等级:水泥土强度随水泥强度等级的提高而增加。水泥强度每提高 10MPa,水泥土抗压强度增大 20%～30%。如要求达到相同强度,水泥强度提高 10MPa,可降低水泥掺入比 2%～3%。当水泥土桩体强度要求大于 1.0MPa 时,宜选择强度等级在 42.5 以上的水泥;桩体强度小于 1.0MPa 时,可选择强度等级为 32.5 的水泥。

水泥类型:对于砂性土,水泥类型对强度影响不大;对于黏性土,情况比较复杂,水泥类型需要通过试验确定,通常选用普通硅酸盐水泥和高炉矿渣水泥。

土体含水量:对于浆喷工艺,水泥土的强度随土体天然含水量的降低而增大。试验表明,当土体的含水量在 50%～85% 时,土体含水量每降低 10%,水泥土抗压强度可增加 30%。对于粉喷工艺,土体含水量的影响不同于浆喷工艺,当含水量过低时,水泥水化不充分,水泥土强度反而降低。

有机质含量:有机质含量高会阻碍水泥水化反应,影响水泥土的强度增长。有机质含量越高,水泥土强度降低越多。有机质成分不同,影响程度也不同。有研究表明,影响水泥土无侧限抗压强度的有机质主要成分为富里酸。

外掺剂:不同外掺剂对水泥土强度有着不同的影响,选择合适的外加剂可以提高水泥土强度或者节省水泥用量。常用水泥外加剂种类及掺量见表 4.4。另外,掺入一定的粉煤灰、高炉矿渣、废石膏等工业废料还可以节约水泥用量。当掺入与水泥等量的粉煤灰后,水泥土抗压强度可提高10%。值得注意的是,大量掺入工业废料时,需要满足场地地下水和土壤环境评价要求。

表 4.4 水泥外加剂种类及掺量汇总表

名 称	试 剂	掺量占水泥重(%)	说 明
速凝剂	氯化钙	1~2	促凝,早强
	硅酸钠	0.5~3	促凝
	铝酸钠	0.5~3	促凝
	三乙醇胺	0.03~0.05	促凝,早强
缓凝剂	木质磺酸钙	0.2~0.5	亦增加流动性
	酒石酸	0.1~0.5	
	糖	0.1~0.5	
流动剂	木质磺酸钙	0.2~0.3	—
	去垢剂	0.05	产生空气
引气剂	松香树脂	0.1~0.2	产生10%的空气
膨胀剂	铝粉	0.005~0.02	约膨胀15%
	饱和盐水	30~60	约膨胀1%
防析水剂	纤维素	0.2~0.3	—
	硫酸铝	约20	产生空气

土质条件:一般砂性土的水泥土强度高于黏性土的水泥土强度。不同成因软土的水泥土强度也不同。试验结果表明,滨海相沉积要高于河川沉积和湖沼沉积。从矿物成分来看,水泥固化剂对含有高岭石、蒙脱石等黏土矿物的软土加固效果较好,对含有伊利石黏土矿物的软土加固效果较差。

施工工艺:对比湿法和干法两种施工方法,湿法施工的水泥土均匀性更好;但对于高含水量的淤泥,干法施工可以充分吸收土中水分,早期加固效果更为明显。在同一种土中,采用相同的固化剂掺入量,进行复搅可以明显提高桩体强度。当搅拌深度超过15~18m后,在黏性较大的淤泥或其他黏性土中,由于固化剂喷入困难,会影响桩体强度。通过加大喷射压力,可以明显改善桩体质量。因此,现行设计规范要求建筑工程中水泥搅拌桩施工设备配备的泥浆泵工作压力不应小于5.0MPa,喷粉压力不小于0.5MPa。

3. 现场与室内水泥土无侧限抗压强度的关系

室内制样试验测定的无侧限抗压强度 q_{ul} 与现场桩体取样试验得到的无侧限抗压强度 q_{uf} 往往差异较大,主要原因是两者水灰比与拌和养护条件不一样。现场桩体强度受施工工艺影响很大,如果固化试剂掺入量较少,有没有充分搅拌,现场强度会出现很大的离散性。日本曾进行对比实验,结果表明,q_{uf}/q_{ul} 的平均值大多在0.25~1.0。

日本 CDM 工法设计与施工手册中提出,设计标准强度最好是取现场实际加固体的无侧限抗压强度 q_{uf}。考虑 q_{uf} 随取样位置的不同而有偏差,建议设计标准强度 $q_{uc,k}$ 与现场强度的平均值 $\bar{q}_{uf}$ 的关系为 $q_{uc,k} = \gamma_1 \bar{q}_{uf}$,其中:$\gamma_1$ 为强度折减系数,海域工程取 2/3,陆地工程取 1/2。

该手册还建议设计标准强度 $q_{uc,k}$ 与室内试验强度 q_{ul} 的平均值之间的关系为:

$$q_{uc,k} = (\frac{1}{3} \sim \frac{2}{3})\bar{q}_{ul}（海域工程）, \quad q_{uc,k} = \frac{1}{4}\bar{q}_{ul}（陆域工程）$$

我国现行设计规范规定,水泥土强度设计值与室内制样试验强度之间的比值,浆液搅拌工艺为 0.25～0.33,粉体搅拌工艺为 0.20～0.30,与日本规定相近。

4.4.3 水泥土搅拌桩复合地基设计

水泥土搅拌桩作为复合地基中的竖向增强体时,在软土中主要起桩体的作用。水泥土搅拌桩按其强度和刚度介于刚性桩和柔性桩之间,但其承载性能又与刚性桩相近。在进行水泥土搅拌桩复合地基设计计算时,可以采用刚性桩复合地基的相关公式。尽管水泥浆液可以向桩间土渗透,而且粉喷时水泥粉吸水对桩间土性质也会起到一定改善作用,但上述作用非常有限。因此,在水泥土搅拌桩复合地基设计计算时,桩间土一般采用天然地基的力学指标。

水泥土搅拌桩复合地基的设计步骤如下。

(1) 确定复合地基承载力特征值的要求值。

首先要根据上部结构荷载和基础平面尺寸,计算基底压力,确定复合地基承载力特征值的要求值 f_{spk}。

(2) 初步选定搅拌桩的桩身参数。

根据天然地基工程地质条件、荷载情况和现场工程经验,初步确定搅拌桩的施工桩长 l、桩径 d、水泥掺入比 a_w 及有关施工参数(水泥类型、水灰比、施工工艺等),并由此确定单桩的竖向抗压承载力特征值。

选择搅拌桩的施工桩长时需综合考虑上部结构对地基承载力、变形的要求,以及机械施工能力,一般应穿透软弱土层到达地基承载力相对较高的土层。目前,我国干法的加固深度不宜大于 15m,湿法不宜大于 20m,搅拌桩直径不小于 500mm。

固化剂通常选择强度等级为 42.5 级及以上的水泥,水泥掺入比 a_w 根据土质条件通常选择为 15%～20%。选定水泥掺入比 a_w 后可通过试验确定水泥土强度;也可以先确定水泥土强度,再根据试验确定水泥掺入比和外加剂。浆喷搅拌法的水泥浆水灰比一般为 0.45～0.60,应根据施工时的可喷性和不同的施工机械选用。

(3) 确定单桩竖向抗压承载力。

根据桩长 l、桩径 d、水泥土强度及土质条件,初步设计时,搅拌桩的单桩竖向抗压承载力特征值 R_a 可分别按式(4.14)和式(4.17)计算,取其中较小值。通常情况下,搅拌桩的单桩承载力主要受桩身强度限制,不一定随桩长增加而增大。

(4) 计算复合地基面积置换率和桩数。

根据单桩竖向承载力特征值 R_a 和复合地基承载力特征值 f_{spk},按照有黏结强度增强体复合地基承载力公式(4.13),计算搅拌桩的置换率 m 和总桩数 n:

$$m = \frac{f_{spk} - \beta f_{sk}}{\lambda \dfrac{R_a}{A_p} - \beta f_{sk}} \tag{4.33}$$

$$n = \frac{mA}{A_p} \tag{4.34}$$

式中，f_{spk}——复合地基承载力特征值(kPa)；

　　　m——复合地基面积置换率；

　　　R_a——单桩竖向承载力特征值(kN)；

　　　A_p——桩的横截面积(m²)；

　　　λ——单桩承载力发挥系数，按地区经验取值，可取 1.0；

　　　β——桩间土承载力折减系数，按地区经验取值，对于淤泥、淤泥质土和流塑状软土等处理地层，可取 0.1～0.4，对其他地层可取 0.4～0.8；

　　　f_{sk}——处理后桩间土承载力特征值(kPa)，取天然地基承载力特征值；

　　　A——地基加固的面积(m²)。

(5) 桩位平面布置。

在设计搅拌桩时，可仅在上部结构基础范围内布桩。因此，搅拌桩总桩数 n 确定后，可按基础形状进行搅拌桩的平面布置，确定设计实际用桩数。

水泥土搅拌桩的布桩形式非常灵活，可以根据上部结构要求及地质条件采用柱状、壁状、格栅状及块状加固形式。如上部结构刚度较大，土质又比较均匀，可以采用柱状加固形式，即按上部结构荷载分布，均匀地布桩；建筑物长高比大，刚度较小，场地土质又不均匀，可以采用壁状加固形式，使长方向轴线上的搅拌桩连接成壁，以增加地基抵抗不均匀变形的刚度；当场地土质不均匀，且表面土质很差，建筑物刚度又很小，对沉降要求很高，则可以采用格栅状加固形式，即将纵横主要轴线上的桩连接成封闭的整体，这样不仅能增加地基刚度，同时可限制格栅中软土的侧向挤出，减少总沉降量。

(6) 验算加固区下卧软弱土层的地基强度。

当加固范围以下存在软弱下卧层时，应按式(4.11)进行加固区下卧土层的地基强度验算，也可将搅拌桩和桩间土视为一个假想实体基础，按下式进行验算：

$$\sigma_z = \frac{f_{spk}A + G - F\bar{q}_s - f_{sk}(A - F_1)}{F_1} \leqslant f_{az} \tag{4.35}$$

式中，σ_z——假想实体基础底面处的平均压力(kPa)；

　　　G——假想实体基础的自重(kN)；

　　　F——假想实体基础的侧表面积(m²)；

　　　$\bar{q}_s$——桩周土的平均摩阻力(kPa)；

　　　F_1——假想实体基础的底面积(m²)；

　　　f_{az}——假想实体基础的底面处深度修正后的地基承载力特征值(kPa)；

　　　其余符号同前。

当加固区下卧层地基强度验算不满足要求时，需重新设计，可采取增加桩长或者扩大基础底面积等措施。

(7) 沉降计算。

竖向荷载作用下，水泥土搅拌桩复合地基的沉降 s 包括复合地基加固区的压缩变形 s_1

和加固区下卧土层的压缩变形 s_2 两部分之和,可按式(4.18)~式(4.19)计算。

当沉降验算不满足要求时,则需修改参数再重新设计。大量计算表明,s_1 值随上部荷载、桩长、置换率和桩身压缩模量等因素变化,对多层住宅,一般为 1~3cm。对于深厚软黏土地基,复合地基沉降主要来自加固区以下土层的压缩量 s_2。因此,当软弱土层较厚时,为了控制沉降,桩长通常应穿过软弱土层进入相对较硬土层。

(8) 垫层设计。

水泥土搅拌桩复合地基在基础和复合地基之间通常需要设置垫层,垫层厚度可取 150~300mm。垫层材料可选用中砂、粗砂、级配砂石等,最大粒径不宜大于 20mm。在填土路堤和柔性面层堆场下,垫层中间可以设置水平加筋体,以提高垫层的刚度。

水泥土搅拌桩复合地基初步设计完成后,尚须通过现场试验检验复合地基承载力或水泥土搅拌桩单桩承载力。若现场试验检测达不到承载力要求值,应修改设计。

4.4.4 施工质量控制与检验

水泥土搅拌桩的施工流程,主要包括机械就位、搅拌下沉、搅拌提升、复搅、成桩等几个步骤,以水泥浆搅拌桩为例,其施工过程示意图如图 4.14 所示。

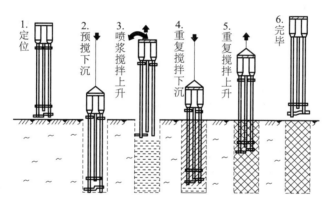

图 4.14 水泥浆搅拌桩的施工过程示意图

水泥土搅拌桩的质量控制应贯穿施工的全过程,并应坚持全程的施工监理。在大面积施工前,应进行工艺性试验,根据设计要求确定适用该场地的各种施工技术参数。在施工过程中必须随时检查施工记录和计量记录,并对照规定的施工工艺对每根桩进行质量评定。在全部施工完成后,还需要对搅拌桩施工质量进行检验。

在施工过程中,水泥土搅拌桩的施工质量控制要求主要包括:

(1) 控制桩身垂直度:应注意搅拌机的平整度和导向架的垂直度,应控制机械垂直度偏斜不超过 1%。

(2) 保证桩位准确度:成桩桩位偏差一般不宜超过 5cm。

(3) 水泥应符合要求:喷浆搅拌工艺的水泥浆应严格按设计配合比,水泥浆不得出现离析现象。对粉喷搅拌所使用的水泥粉要严禁受潮结块,不同水泥不得混用。

(4) 搅拌施工的均匀性:严格按设计参数控制水泥浆(粉)的喷出量、搅拌提升速度、转速和复搅次数,保证每一点的搅拌次数不少于 20 次。另外,喷浆(粉)压力和搅拌叶片形状对成桩均匀性的影响也较大。

(5) 施工记录的完整性:包括施工深度、时间、喷浆(粉)量、停浆处理方法等,均应如实记录,便于汇总分析。

水泥土搅拌桩质量检验的主要方法有:

(1) 成桩 7d 后,浅部开挖桩头,目测搅拌均匀程度,测量成桩直径、桩位偏差。

(2) 成桩 28d 后,采用双管单动取样器钻取芯样,可直观地检验桩体强度和搅拌的均匀性。在钻芯取样的同时,可在不同深度进行桩体标准贯入检验,判定桩身质量及搅拌均匀性。

(3) 成桩 28d 后,进行单桩竖向抗压载荷试验。

对水泥土搅拌桩复合地基工程进行验收时,须进行复合地基竖向抗压载荷试验。试验标高应与基础底面设计标高相同。载荷板的大小应根据设计置换率来确定,即载荷板面积应为一根桩所承担的处理面积。检验点数每个场地不得少于 3 个点;若试验值不符合设计要求,应增加检验孔的数量。

4.4.5　工程案例(根据武汉大学设计研究总院(2009)改编)

某新建化肥厂车间,柱基采用桩基础,车间地坪需要堆放散装化肥。场区工程地质条件如表 4.5 所示,地下水位低于地面 1.5m。车间地坪采用 300mm 厚钢筋混凝土板,堆载区域长度和宽度分别为 351m 和 44m,最大设计堆载为 100kPa,堆载如图 4.15 所示。拟对地坪堆载区域采用水泥土搅拌桩处理,要求复合地基承载力不小于 100kPa,最大沉降量不大于 100mm。

表 4.5　场区土的物理力学指标

层序	土名	平均厚度(m)	重度 r (kN/m³)	压缩模量 E_s (MPa)	桩端土地基承载力特征值(kPa)	桩侧摩阻力特征值(kPa)	地基土承载力特征值 f_{ak} (kPa)
1	吹填土层	3.1	18.0	5.0		30	80
2	淤泥质黏土	14.2	15.5	3.5		5	40~60
3	黏土	10.0	18.8	17.5	200	40	150~250
4	砂质黏土	20.0	19.0	30.0~50.0	300	50	200~350

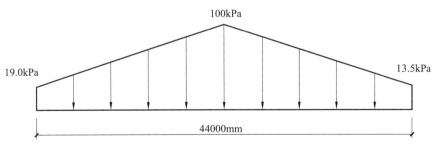

图 4.15　地坪设计堆载分布

地基处理的初步设计参数:复合地基承载力特征值为 100kPa,水泥土搅拌桩采用浆喷工艺,桩径取 0.6m;桩端穿过第 2 层淤泥质土进入第 3 层黏土层 0.3m,桩长取 17.6m。设计前,经过现场取淤泥质土样进行水泥土试配,采用 42.5 普通硅酸盐水泥,掺入比为 15%,水泥土 70.7mm 立方体试块 90d 无侧限抗压强度为 1800kPa。

根据上述设计参数、天然地基以及荷载情况,复合地基设计计算过程如下:

(1) 确定单桩承载力。

根据土的支撑能力确定单桩承载力,取 $a=0.4$,由式(4.14),则:

$$R_a = u_p \sum_{i=1}^{n} q_{si} l_i + \alpha q_p A_p$$

$$= 0.6 \times 3.14 \times (30 \times 3.1 + 5 \times 14.2 + 40 \times 0.3) + 0.4 \times 200 \times 0.283 = 354 \text{kN}$$

根据桩身强度确定单桩承载力。水泥土试块抗压强度为 1800kPa,折减系数取 0.3,即桩体水泥土设计强度为 600kPa,由式(4.17),则:

$$R_a = \eta f_{cu} A_p = 0.3 \times 1800 \times 0.283 = 153 \text{kN}$$

综合两种计算结果,取单桩竖向抗压承载力特征值为 153kN。

(2) 确定复合地基置换率。

加固土层主要为淤泥质土,桩间土按淤泥质土取承载力为 50kPa,桩端进入较好土层,取 $\beta=0.3$,$\lambda=1.0$,由式(4.30),复合地基置换率 m 为:

$$m = \frac{f_{spk} - \beta f_{sk}}{\lambda \dfrac{R_a}{A_p} - \beta f_{sk}} = \frac{100 - 0.3 \times 50}{1.0 \times 153/0.283 - 0.3 \times 50} = 0.162$$

(3) 布桩设计。

按正方形布桩,则桩间距 s 为:

$$s = \sqrt{\frac{A_p}{m}} = \sqrt{\frac{0.283}{0.162}} = 1.32 \text{m}$$

初取桩间距 $s=1.3$m,实际置换率为 $0.167 > 0.162$,如图 4.16 所示,满足复合地基顶面承载力要求。

(4) 验算加固区下卧土层强度。

上部荷载按均布 100kPa 考虑,加固地基的基础底面积 A 为 $44\text{m} \times 351\text{m} = 15444\text{m}^2$,按实体深基础验算,下卧层由于基础底面积较大,加固体的底面积 F_1 与基础底面积 A 可认为近似相等,加固区土体的平均浮重度为 6.85kN/m^3,桩侧摩阻力取淤泥质土的摩阻力值 5kPa。

加固区底面位于第 3 层黏土,取 $f_{ak}=200$kPa,经深度修正后的地基承载力特征值为:

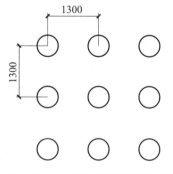

图 4.16 水泥土搅拌桩平面布置

$$f_a = 200 + 1.0 \times 6.85 \times (17.6 - 1.5) = 310 \text{kPa}$$

按实体基础扣除侧壁阻力,由公式(4.32),加固区底面处的平均压力为:

$$\sigma_z = \frac{100 \times 15444 + 6.85 \times 15444 \times 17.6 - (44 + 351) \times 2 \times 17.6 \times 5.0}{15444} = 216.1 \text{kPa}$$

可见,$f_a > \sigma_z$,下卧层承载力满足要求。

(5) 沉降计算。

地坪堆载作用宽度为 44m,远大于加固区和下卧土层的厚度,故地坪中心沉降可简化为一维压缩情况来计算。设计最大堆载为100kPa,为安全考虑,取附加应力 $\Delta p=100$kPa。由桩体水泥土设计强度600kPa,且桩长较长,根据经验取 $E_p=100$MPa。由式(4.7),根据置换率计算各层土的复合压缩模量分别为:$E_{sp1}=20.9$MPa,$E_{sp2}=19.6$MPa,$E_{sp3}=31.3$MPa。下卧土层仅计算第3层黏土的压缩量,根据 $E_{s3}=17.5$MPa,取沉降修正系数为0.3。则:

$$s_1 = \frac{100}{20900} \times 3.1 + \frac{100}{19600} \times 14.2 + \frac{100}{31300} \times 0.3 = 0.088\text{m}$$

$$s_2 = \psi_{s2} \sum_{i=1}^{n} \frac{\Delta p_i}{E_{si}} l_i = 0.3 \times \frac{100}{17500} \times 9.7 = 0.017\text{m}$$

总沉降 $s=s_1+s_2=0.115$m>0.1m,不满足沉降要求。由于加固软土层的厚度较大,沉降主要产生于加固区,可以通过提高置换率,进而增大加固区的复合压缩模量来减少沉降。

取桩间距 $s=1.2$m,相应的置换率 $m=0.197$。调整后,各土层的复合压缩模量分别为:$E_{sp1}=23.7$MPa,$E_{sp2}=22.5$MPa,$E_{sp3}=33.8$MPa。则:

$$s_1 = \frac{100}{23700} \times 3.1 + \frac{100}{22500} \times 14.2 + \frac{100}{33800} \times 0.3 = 0.077\text{m}$$

总沉降 $s=s_1+s_2=0.094$m <0.1m,满足沉降要求。

(6) 垫层设计。

根据复合地基要求,在钢筋混凝土板与搅拌桩桩顶之间设置300mm厚中粗砂垫层。

小结:本案例中软土层较厚,地基承载力要求不高,但地基沉降要求较严格,地基处理的任务主要是解决沉降问题。因此,设计采用的措施包括两方面:一是搅拌桩穿过软土层进入较硬土层,减少下卧土层的压缩量;二是通过提高置换率来减少加固区的压缩量。

4.5 高压喷射注浆法

4.5.1 概述

高压喷射注浆法(high pressure jet grouting)是将带有特殊喷嘴的注浆管置于土层预定深度,以高压喷射流切割地基土体,使固化浆液与土体混合,并置换部分土体,固化浆液与土体产生一系列物理化学作用,水泥土凝固硬化,达到加固地基的一种地基处理方法。

该方法在20世纪70年代由日本首先提出。根据喷射流移动方向不同,高压喷射注浆法分为旋转喷射(简称旋喷)、定向喷射(简称定喷)和摆动喷射(简称摆喷)三种形式(图4.17)。旋喷法施工时,喷嘴一边喷射一边旋转并提升,固结体呈桩柱状,称为旋喷桩,主要用于加固地基,提高地基土的抗剪强度,改善地基土的变形性质。由旋喷桩和原地基土组成共同承担荷载的人工地基称为旋喷桩复合地基。定喷法施工时,喷嘴一边喷射一边提升,喷射的方向固定不变,固结体形如板状或壁状。摆喷法施工时喷嘴一边喷射一边提升,喷射的方向呈较小角度来回摆动,固结体形如较厚墙状。定喷及摆喷两种方法通常用于防渗、改善地基土的水流性质和稳定边坡等工程。

根据喷射方法不同,高压喷射注浆法可分为单管法、二重管法、三重管法。单管法是通过单层喷射管,以不小于20MPa的压力,把水泥浆液从喷嘴中喷射出去冲击切割土体,同时借助注浆管的旋转与提升运动,使浆液与土体混合,形成水泥土固结体。二重管法是使用双通道的注浆管同时喷射出20MPa左右的高压浆液和0.7MPa的压缩空气,在高压浆液和它

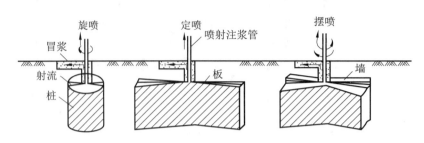

图 4.17 高压喷射注浆法的三种形式

外圈环绕气流的共同作用下,土体被切割,水泥浆液与土混合后形成水泥土固结体。二重管法切割土体的能量比单管法大。三重管法是使用分别输送水、气、浆三种介质的三重注浆管进行喷射。一般高压水的压力不小于 20MPa,空气压力为 0.7MPa 左右,水泥浆压力为 0.5~3MPa。当高压水喷射流和气流同轴喷射冲切土体,在地基中形成较大的空隙,再由泥浆泵压入水泥浆液填充。三重管法切割土体的能力比双重管法更强。上述几种方法由于喷射流的结构和喷射介质不同,有效处理范围也不同。相同土质条件下,以三重管法处理半径最大,双重管法次之,单管法最小。

实践表明,高压喷射注浆法对淤泥、淤泥质土、黏性土、粉性土、砂土、素填土和碎石土等地基都有良好的处理效果。对于坚硬黏性土层,含有较多大直径块石、大量植物根茎和高含量有机质的土体,以及地下水流速过大的工程,应根据现场试验结果确定其适用性。

高压喷射注浆法具有施工占地少、振动小、噪声低的优点,在工程中有较多应用,如既有建筑和新建建筑地基加固、深基坑、地铁等工程的土层加固或防水处理等。除了垂直钻孔喷射外,还可以水平钻孔喷射,多用于隧道工程(徐至钧,2004)。需注意的是,高压喷射注浆法在施工过程中冒浆量较大,一般在 20% 左右,对环境有一定污染,水泥用量也比水泥搅拌桩要大得多,造价较高,因此需根据场地条件合理使用。

近年来,喷射注浆技术得到了很大的发展,在传统高压喷射注浆工艺的基础上提出了全方位高压喷射工法(metro jet system,简称 MJS)、超高压喷射工法(rodin jet pile,简称 RJP)、潜孔冲击高压旋喷桩(DJP)等新工法。其中,MJS 工法通过孔内强制排浆和地内压力控制,可进行"全方位"高压喷射注浆施工,大幅度减少施工对环境的影响,减少泥浆污染,提高成桩质量,成桩直径可达 2~2.8m。RJP 工法对土体进行两次切削破坏,第一次是利用上段超高压水(20MPa)与压缩空气复合喷射流体;第二次是利用下段超高压浆液(40MPa)与压缩空气复合喷射流体,形成大直径的桩体。目前,RJP 成桩直径为 2~3m,最大达 3.5m,最大处理深度达 60m,同时还可倾斜施工。

4.5.2 加固机理与固结体性状

1. 加固机理

高压喷射注浆法加固土体的机理与高压喷射流的性质和作用密切相关。高压喷射流是通过高压发生设备,从一定形状的喷嘴以很高的速度连续喷射出来的能量高度集中的一股液流。喷射注浆所用的喷射流包括单液高压喷射流(简称单射流)和水(浆)气同轴喷射流两种类型,其中,单管采用的是水泥浆单射流,双重管和三重管则采用的是水(浆)气同轴喷射流。

两种喷射流的射流构造有差异。水泥浆单射流的射流构造可由三个区域组成,即保持出口压力的初期区域 A、紊流发达的主要区域 B 和喷射水变成不连续喷流的终期区域 C,如图 4.18 所示。其中,初期区域长度和主要区域长度之和为喷射加固的有效喷射长度。在水(浆)气同轴喷射流中,由于空气的存在,使得水射流的初期区域长度显著增大。例如,初期速度为 20m/s 的高压水喷射流,单独喷射的初期长度为 0.015m,在水汽同轴情况下初期长度为 0.1m,增加了近 7 倍。

两种喷射流对土体的破坏作用也不相同。对于水泥浆单射流,其破坏土体的最主要因素是喷射动压。压力越高,平均流速越大,对土体的破坏力也越强。一般要求高压脉冲泵的工作压力在 20MPa 以上,这样就使射流像刚体一样,冲击破坏土体,使土与浆液搅拌混合,凝固成圆柱状的固结体。喷射流在终期区域,能量衰减很大,不能直接冲击土体使土颗粒剥落,但能对有效射程的边界土产生挤压力,对四周土有压密作用,并使部分浆液进入土粒之间的孔隙里,使固结体与四周土紧密相依,不产生脱离现象。单射流虽然具有大的能量,但由于压力在土中急剧衰减,因此破坏土的有效射程较短,致使旋喷固结体的直径较小。对于水(浆)气同轴喷射流,空气流能使高压喷射流的喷射破坏条件得到改善,阻力大大减少,能量消耗降低,因而增大了高压喷射流的破坏能力,形成的旋喷固结体的直径较大。

旋喷完成后,最终形成的固结体状况如图 4.19 所示。对于黏性土,固结体主要由硬化剂主体部分、混合搅拌部分和压缩部分组成。对砂性土,在压缩区之外,还存在水泥浆的渗透区。

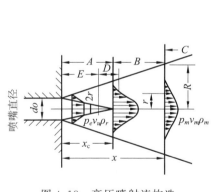

图 4.18 高压喷射流构造

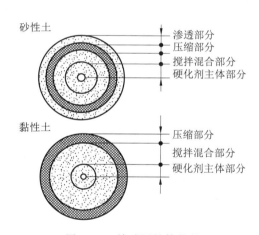

图 4.19 旋喷固结体状况

可见,高压喷射注浆法加固土体的加固机理可归纳为五个方面:第一是高压喷射流对土体的破坏切割作用;第二是喷射流对土体的拌和作用,使水泥浆与土体通过物理化学反应就地硬结形成水泥土;第三是水泥浆对土体有部分置换作用,在喷射施工过程中一部分被切割的土体被泥浆带出,所留空隙由水泥浆补充;第四是水泥浆的渗透固结作用,高压水泥浆快速填充土体内的空隙,还可渗入砂层形成一定厚度固结体;第五是高压喷射流对加固区边缘土层有压密作用,使旋喷桩边缘部分的抗压强度高于中心部分。

2. 旋喷固结体的基本特性

1) 直径

旋喷固结体或旋喷桩的直径大小与很多因素有关,包括喷射压力、提升速度、被加固土的抗剪强度、喷嘴直径和浆液稠度等。其中,旋喷桩直径与喷射压力和喷嘴直径成正比,与提升速度、土的抗剪强度和浆液稠度成反比。对黏性土地基加固,单管旋喷桩直径一般为 0.3~0.8m;三重管旋喷桩直径可达 0.7~1.8m;二重管旋喷桩直径介于以上二者之间。初步设计时,旋喷桩的设计直径可参考表 4.6。

表 4.6 旋喷桩的设计直径(m)

土质		高压喷射注浆法		
土类别	标准贯入击数	单管法	双重管	三重管
黏性土	0<N<5	0.5~0.8	0.8~1.2	1.2~1.8
	6<N<10	0.4~0.7	0.7~1.1	1.0~1.6
	10<N<20	0.3~0.6	0.6~0.9	0.7~1.2
砂性土	0<N<10	0.6~1.0	1.0~1.4	1.5~2.0
	10<N<20	0.5~0.9	0.9~1.3	1.2~1.8
	21<N<30	0.4~0.8	0.8~1.2	0.9~1.5

2) 重度

固结体内部土粒少并含有一定数量的气泡,因此,固结体的重量较轻,轻于或接近于原状土的密度。黏性土固结体比原状土轻约 10%,但砂类土固结体也可能比原状土重 10%。

3) 渗透系数

固结体内虽有一定的孔隙,但这些孔隙并不贯通,而且固结体有一层较致密的硬壳,其渗透系数达 10^{-6}cm/s 或更小,故具有一定的防渗性能。

4) 固结体强度

土体经过高压喷射作用后,土粒重新排列,水泥等浆液的含量大且分布不均匀,水泥用量可达到 $300kg/m^3$。一般外侧土颗粒粒径大、数量多,浆液成分也多,因此在加固体横断面上中心强度低,外侧强度高,与土交接的边缘处有一圈坚硬的外壳。

固结体强度主要取决于下列因素:土质条件;喷射材料及水灰比;注浆管的类型和提升速度;单位时间的注浆量。旋喷固结体强度设计规定一般按 28d 强度计算。试验证明,在黏性土中,由于水泥水化物与黏土矿物继续发生作用,故 28d 后的强度将会继续增长,这种强度的增长作为安全储备。当注浆材料为水泥时,固结体抗压强度的初步设定可参考表 4.7。对于大型的或重要的工程,应通过现场喷射试验后采样测试来确定固结体的力学性质。

表 4.7 旋喷固结体抗压强度

土质	固结体抗压强度(MPa)		
	单管法	二重管法	三重管法
砂质土	3~7	4~10	5~15
黏质土	1.5~5	1.5~5	1~5

4.5.3 旋喷桩复合地基设计计算

旋喷桩复合地基的设计计算步骤包括以下几方面：

(1) 根据工程需要、地质条件和类似工程经验决定采用的施工方法：单管法、双重管法和三重管法。

(2) 通过室内配方与现场喷射试验确定施工工艺、施工参数（浆液配方、旋喷压力、流量、提速等）、旋喷桩设计直径和固结体的力学性质指标，初步设计也可参考表 4.7 和表 4.8 选用有关参数。需要注意的是，旋喷浆液配方对旋喷质量影响较大，浆液特性应满足喷射工艺的要求，如，可灌性、稳定性、固结体力学性能、环保性等。目前，国内采用的浆液基本以水泥浆为主剂，掺入少量外加剂，如早强剂、悬浮剂。水泥的强度等级一般为 42.5 级，水灰比采用 0.8~1.2，单管法和双重管法水灰比取高值，三重管法取低值。注浆材料还可采用化学浆液，因造价昂贵，只有少数工程应用。

(3) 旋喷桩复合地基用于提高地基承载力、减小沉降时，其工作性状接近刚性桩复合地基，设计计算方法同上一节水泥土搅拌桩复合地基。与水泥土搅拌桩相比，旋喷桩的单桩承载力更高，复合地基承载力提高幅度更大。

4.5.4 施工质量控制及检测

1. 施工质量控制

高压旋喷注浆法的施工过程包括钻机就位、钻孔、插管、喷射作业、冲洗机具、移机等。其施工质量控制主要包括如下几方面：

(1) 钻机或旋喷机就位时机座要平稳，立轴或转盘要与孔位对正，倾角与设计误差一般不得大于 0.5°。

(2) 喷射注浆前要检查高压设备和管路系统。设备的压力和排量必须满足设计要求。管路系统的密封圈必须良好，各通道和喷嘴内不得有杂物。

(3) 喷射注浆作业后，由于浆液析水作用，一般均有不同程度收缩，使固结体顶部出现凹穴，因此应及时用水灰比为 0.6 的水泥浆进行补灌。并要预防其他钻孔排出的泥土或杂物进入。

(4) 为了加大固结体尺寸，或为了对深层硬土避免固结体尺寸减小，可以采用提高喷射压力、泵量或降低回转与提升速度等措施，也可以采用复喷工艺。第一次喷射（初喷）时，不注水泥浆液；初喷完毕后，将注浆管边送水边下降至初喷开始的孔深，再抽送水泥浆，自下而上进行第二次喷射（复喷）。

(5) 在喷射注浆过程中，应观察冒浆的情况，及时了解土层情况、喷射注浆的大致效果和喷射参数是否合理。采用单管或二重管喷射注浆时，冒浆量小于注浆量 20% 为正常现象；超过 20% 或完全不冒浆时，应查明原因并采取相应的措施。若系地层中有较大空隙引起的不冒浆，可在浆液中掺加适量速凝剂或增大注浆量；如冒浆过大，可减少注浆量或加快提升和回转速度，也可缩小喷嘴直径，提高喷射压力。采用三重管喷射注浆时，冒浆量则应大于高压水的喷射量，但其超过量应小于注浆量的 20%。

(6) 对冒浆应妥善处理，及时清除沉淀的泥渣。在砂层中用单管或二重管注浆旋喷时，可以利用冒浆进行补灌已施工过的桩孔。但在黏土层、淤泥层中旋喷或用三重管注浆旋喷时，因冒浆中掺入黏土或清水，故不宜利用冒浆回灌。

(7) 在软弱地层旋喷时,固结体强度低。可以在旋喷后用砂浆泵注入 M15 砂浆来提高固结体的强度。

(8) 在湿陷性地层进行高压喷射注浆成孔时,如用清水或普通泥浆作冲洗液,会加剧沉降,此时宜用空气洗孔。

(9) 在砂层尤其是干砂层中旋喷时,喷头的外径不宜大于注浆管,否则易夹钻。

2. 施工检测

旋喷桩质量可采用开挖检查桩头、钻孔取芯(常规取芯或取软芯)、标准贯入试验、现场载荷试验等方法检验,并结合工程测试、观测资料及实际效果综合评价加固效果。

检验点应布置在下列部位:有代表性的桩位;施工中出现异常情况的部位;地基情况复杂,可能对高压喷射注浆质量产生影响的部位。检验点的数量为施工孔数的1%,并不应少于3点。质量检验宜在高压喷射注浆结束28d后进行。

竖向承载旋喷桩地基竣工验收时,承载力检验应采用复合地基载荷试验和单桩载荷试验。载荷试验必须在桩身强度满足试验条件时,并宜在成桩28d后进行。检验数量为桩总数的0.5%~1%,且每项单体工程不应少于3点。

4.5.5 工程案例(根据武汉大学设计研究总院(2007)改编)

1. 工程概况

厦门市集美大桥高崎侧接线一、二期工程为厦门高崎机场三期扩建的前期工程和飞行区基础工程,总填海面积为90.92万平方米,如图4.20所示。本期工程设计交工面平均高程为+5.5m,后续机场三期工程将填筑至+9.5~+11.5m高程后铺设道面。其中,规划飞行区与集美大桥高崎侧隧道衔接区的填筑面积为18.27万平方米,如图4.21中的阴影部分。该区域内,规划的主跑道(宽度45m)和两条滑行道(宽度23m)横穿隧道;隧道结构宽41.2m,顶部高程为+5.5m左右,采用钻孔灌注桩基础;填筑区内原海底标高约-4.50m,海底面以下分布有近3m厚淤泥。本期填筑方案为:隧道两侧先分层回填海砂至+4.0m,再填筑1.5m厚黏性土;隧道顶部回填黏性土至+7.0m高程。

工程的设计指标:场区交工面地基承载力≥140kPa;飞行区的场地沉降要求:场道区(跑道、滑行道)的工后沉降小于10cm,差异沉降小于1.5‰(或者50m沉降盆差异沉降控制在7.5cm内);土面区的工后沉降小于15cm,差异沉降小于2‰(或者50m沉降盆差异沉降控制在10cm内)。

该工程的主要特点是规划飞行区横跨隧道,填筑体总高度近10m且下伏一定厚度的淤泥。由于隧道区域的沉降很小,隧道两侧填筑体的沉降量较大,不满足飞行区(特别是场道区)的沉降要求,需要进行地基处理来控制场地的总沉降和差异沉降。

2. 地基处理方案

由于场地沉降主要由下部淤泥和上部松散回填砂土产生,采取的地基处理思路:首先,填筑海砂至+4.0m高程,对填砂和软土地基大面积采用振冲砂桩加固。砂桩可以对上部回填砂土起到挤密作用,同时对下部淤泥也可起到加速固结作用。然后,待填筑体固结沉降完成后,对主跑道和滑行道部位增设旋喷桩加固。旋喷桩可以提高复合地基刚度,减小沉降,进一步协调跑道、滑行道下的衔接段与隧道之间的变形,并严格控制其不均匀沉降。最后,分层碾压黏性土至交工面+5.5m高程。地基处理典型设计方案如图4.21所示。

第 4 章 复合地基

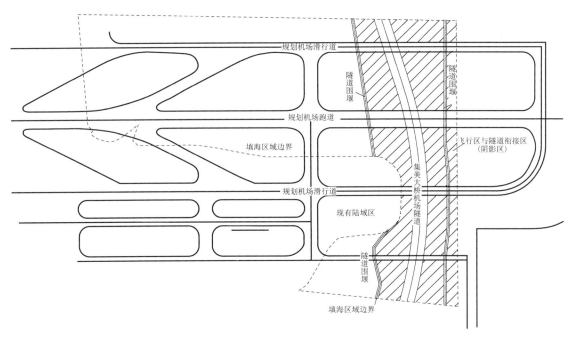

图 4.20 厦门市集美大桥高崎侧接线一、二期工程平面布置图

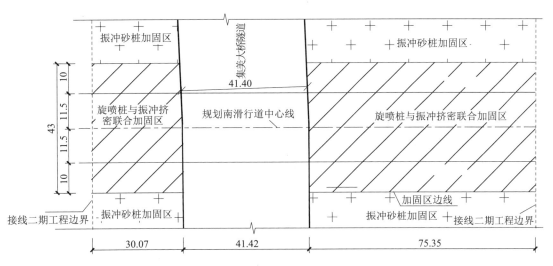

(a) 滑行道与隧道衔接段地基处理平面图

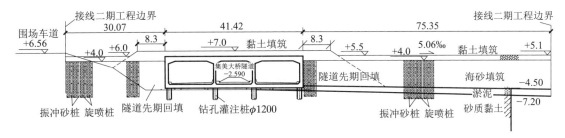

(b) 滑行道与隧道衔接段地基处理典型剖面图

图 4.21 地基处理典型设计方案

3. 振冲砂桩设计

平面布置：振冲孔平面布置采用等边三角形，振冲桩间距为 2m。

砂桩长度：砂桩顶面高程为 +4.0m，砂桩穿过淤泥层进入下伏砂质黏性土 0.5m，桩长为 9.5～15.5m。

砂桩填料：淤泥段用砂石混合料（中粗砂、碎石各占 50%）做填料，砂石含泥量不大于 5%，粒径为 20～50mm。堆填中粗砂段，不加填料，就地振密。

振冲桩直径：淤泥段直径按每根桩所用砂石量计算，不小于 40cm。

施工工艺参数：紧邻隧道的两排振冲桩采用 30kW 的振冲器，其他部位采用 55kW 或 75kW 的振冲器，造孔速度 8～10m/min，每米振密时间为 1min。施工前应在现场进行试验，以确定振冲水压、振密电流、留振时间、上拔间距等施工参数。

质量要求：振冲加固后，要求砂土地基的相对密度大于 0.75，地基承载力大于 140kPa。

质量检测：选择有代表性或土质较差地段，采用标准贯入、动力触探、载荷板试验进行振密砂土地基的承载力检验。

4. 旋喷桩复合地基设计

(1) 设计参数。

加固范围：主跑道加固长度为 160m，宽度为 85m（两边分别外扩 20m）；北滑行道加固长度为 193m，处理宽度为 43m（两边分别外扩 10m）；南滑行道加固长度为 100.5m，处理宽度为 43m（两边分别外扩 10m）。

桩间距：等边三角形布置，桩中心距为 2m，与振冲砂桩插花相间布置，最内排桩与隧道侧壁距离为 1 个桩位。

桩长：旋喷桩桩顶面高程为 +4.0m，穿过淤泥层进入下伏砂质黏性土 1.0m，桩长为 9.5～15.5m。

桩径：采用三重管施工工艺，有效桩径 1.0m。

施工工艺参数：高压水压力 30～40MPa，高压水流量 80～100L/min；高压空气压力 0.7MPa，流量 $1.5m^3/min$；浆液压力 20MPa，压浆流量 80～100L/min；注浆管提升速度 5～10cm/min，旋转速度 8～10r/min。

材料及配比：采用 42.5 普通硅酸盐水泥，水灰比 0.8，浆液密度 $1.6g/cm^3$，加入占水泥质量 0.05% 的三乙醇胺和 1% 的氯化钙；旋喷桩桩体材料设计抗压强度：3.5MPa。

(2) 旋喷桩复合地基承载力与沉降验算。

振冲处理后地基承载力已满足要求，旋喷桩复合地基不需验算承载力，只需要验算地基沉降。由于隧道区域的沉降可以忽略，因此计算的隧道两侧填筑体沉降可视为差异沉降。

振冲处理后回填砂层的压缩模量为 20MPa，旋喷体压缩模量取 300MPa，按式(4.7)，则旋喷桩复合地基刚度为：$E_{sp} = mE_p + (1-m)E_s = 83.56$MPa。

填筑体本期工程交工面高程为 +5.5m，后续机场工期最终需填筑至 +9.5～+11.5m 高程后铺设道面，后续填筑的自重荷载按 120kPa 计算，后续填筑体本身沉降在填筑期间基本完成。则道面铺设后产生的沉降为：

旋喷桩处理前：

$$s = \frac{\Delta p}{E_s} h = \frac{120 \times 15}{20 \times 1000} = 0.09 \text{m}$$

不满足场道区沉降要求(<7.5cm),但满足土面区沉降要求(<10cm)。

旋喷桩处理后：

$$s = \frac{\Delta p}{E_{sp}}h = \frac{120 \times 15}{83.56 \times 1000} = 0.0215\text{m} \approx 2.2\text{cm} < 7.5\text{cm}$$

满足场道区沉降要求。

（3）旋喷桩施工及质量检测要求。

施工顺序：隧道衔接段内分层碾压填筑至+4.0m后,先进行振冲砂桩施工后进行高压旋喷桩的施工。

施工完成后,选择有代表性的桩位或施工中出现异常情况的部位,采用取芯、标准贯入和载荷板静载荷试验进行检验。

4.6 水泥粉煤灰碎石桩

4.6.1 概述

水泥粉煤灰碎石桩简称CFG桩,是由水泥、粉煤灰、碎石、石屑或砂加水拌和形成的高黏结强度桩。桩、桩间土和褥垫层一起构成刚性桩复合地基。这种复合地基具有承载力提高幅度大、地基变形小的特点,使用范围大。就基础形式而言,适用于条形基础、独立基础,也可适用于筏基、箱基,在工业厂房、民用建筑中均大量应用。就土性而言,适用于处理黏性土、粉土、砂土和正常固结的素填土等地基。对淤泥质土应通过现场试验确定其适用性。水泥粉煤灰碎石桩不仅用于承载力较低的地基,对于承载力较高(如承载力f_{ak}大于200kPa)但变形不能满足要求的地基也可以采用。

水泥粉煤灰碎石桩最早在我国于1988年提出并应用于工程实践。早期选用的振动沉管方法属于挤土成桩施工工艺,适用于松散的粉土、粉细砂地基加固。该施工工艺具有施工操作简便、施工费用较低、对桩间土的挤密效应显著等优点,但也有一些缺点,如：难以穿透硬土层、振动及噪声污染严重、对邻近建筑物有不良影响、在饱和软黏土中容易断桩。为了避免这些缺点,后来开发并使用了一些非挤土成桩施工工艺,如长螺旋钻孔灌注成桩工艺、长螺旋钻管内泵压成桩工艺、泥浆护壁钻孔灌注成桩工艺。水泥粉煤灰碎石桩的施工工艺,需要根据场地土质、地下水位、施工现场周边环境,以及当地施工设备等具体情况综合分析确定。常用的长螺旋钻孔设备及施工桩头情况如图4.22所示。

水泥粉煤灰碎石桩早期是在碎石桩基础上加进一些石屑、粉煤灰和少量水泥,再加水拌和。近年来,随着在高层建筑地基处理中的广泛应用,桩体材料组成和早期相比有变化,主要由水泥、碎石、砂、粉煤灰和水组成,其中,粉煤灰采用Ⅱ～Ⅲ级细灰,主要提高桩体混

图4.22 长螺旋钻孔设备及CFG桩桩头

合料的可泵性。桩身材料强度与素混凝土已较为接近。

4.6.2 加固机理

水泥粉煤灰碎石桩的桩体强度较高时,桩和桩间土一起通过褥垫层形成刚性桩复合地基。其中,褥垫层是由级配砂石、粗砂、碎石等散体材料组成。在竖向荷载作用下,水泥粉煤灰碎石桩复合地基加固软弱地基主要有三种作用机理。

(1) 桩体作用。水泥粉煤灰碎石桩不同于碎石桩,是具有一定黏结强度的混合料,在荷载作用下水泥粉煤灰碎石桩的压缩性明显比其周围软土小。因此,基础传给复合地基的附加应力随地基的变形逐渐集中到桩体上,出现应力集中现象,复合地基的水泥粉煤灰碎石桩起到了桩体作用。试验结果表明,在无褥垫层情况下,水泥粉煤灰碎石桩单桩复合地基的桩土应力比 $n=24.3\sim29.4$,四桩复合地基桩土应力比 $n=31.4\sim35.2$;而碎石桩复合地基的桩土应力比 $n=2.2\sim2.4$。可见水泥粉煤灰碎石桩复合地基的桩土应力比明显大于碎石桩复合地基的桩土应力比,亦即其桩体作用显著。

(2) 挤密作用。水泥粉煤灰碎石桩采用振动沉管法施工时,由于振动和挤压作用使桩间土得到挤密。例如,南京造纸厂地基采用 CFG 桩加固,加固前、后取土进行物理力学指标试验发现,经加固后地基土的含水量、孔隙比、压缩系数均有所减小,重度、压缩模量均有所增加,说明经加固后桩间土已挤密。

(3) 褥垫层作用。其一,在复合地基受荷时,可以提供 CFG 桩上刺入条件,以保证桩、土共同承担荷载;其二,通过调整褥垫层厚度,可调整桩土应力比,垫层厚度越大,桩土应力比越低,进而减小基础底面的应力集中;其三,褥垫层的设置,可以使桩间土承载力充分发挥,增加桩周的应力水平,有利于提高单桩承载力。

4.6.3 设计计算

水泥粉煤灰碎石桩复合地基可按刚性桩复合地基进行设计计算。与前述水泥土搅拌桩和高压旋喷桩相比,水泥粉煤灰碎石桩承担的荷载更多,地基承载力提高幅度更大,其复合地基设计计算步骤也类似,具体如下所示:

(1) 根据土质条件、地下水位、场地周边环境和设备等选择施工工艺。常见的几种成桩工艺的适用条件比较如表 4.8 所示。

表 4.8 CFG 桩常见施工工艺适用条件

施工工艺	长螺旋钻孔灌注成桩	长螺旋钻中心压灌成桩	振动沉管灌注成桩	泥浆护壁成孔灌注成桩
适用地层	适用于地下水位以上的黏性土、粉土、素填土、中等密实以上的砂土地基	适用于黏性土、粉土、砂土和素填土地基,穿过卵石夹层时应通过试验确定适用性	适用于粉土、黏性土及素填土地基;挤土造成地面隆起较大时,应采用较大桩距施工	适用于地下水位以下的黏性土、粉土、砂土、填土、碎石土及风化岩等地基。特别是桩长范围和桩端有承压水的情况
环境影响	无泥浆污染,对环境影响小	无泥浆污染,噪声小,对环境影响小	对环境挤土和振动影响大	存在泥浆污染

(2) 根据施工工艺、地层条件选择桩径、桩长。对于长螺旋钻中心压灌、干成孔和振动沉管法等施工工艺，其桩径一般为350～600mm；采用泥浆护壁钻孔成桩施工工艺时，桩径选为600～800mm。根据地层条件，应选择承载力和压缩模量相对较高的土层作为桩端持力层，以发挥桩端阻力，减少沉降。

(3) 确定单桩竖向承载力。根据桩径、桩长、土质条件，初步设计时按式(4.14)计算单桩竖向承载力特征值R_a，并按式(4.15)～式(4.17)对桩身强度进行验算。确定桩身材料强度(28天抗压强度)后，需通过室内试验进一步确定混合料配合比。

(4) 初步确定桩距，验算复合地基承载力和沉降是否满足设计要求。

桩距的选择既要满足承载力和变形的要求，还要考虑土性、施工工艺的影响。对非挤土、部分挤土成桩工艺(如泥浆护壁钻孔灌注桩、长螺旋钻灌注桩)，桩距宜取3～5倍桩径；对于挤土成桩工艺施工(如振动沉管灌注成桩工艺)，宜取3～6倍桩径。对单、双排布桩的条形基础和面积不大的独立基础等，桩距可取小值；反之，满堂布桩的筏形基础、箱形基础以及多排布桩的条形基础、设备基础等，桩距应适当放大。桩长范围内有饱和粉土、粉细砂、淤泥和淤泥质土层时，为减少施工过程中的相互影响，桩距也应适当放大。

复合地基承载力初步设计时可采用式(4.13)计算。沉降量计算可采用式(4.18)、式(4.19)计算。若不满足设计要求，则可调整桩径、桩长、桩距等设计参数，直至符合要求。

(5) 褥垫层设计。桩顶和基础之间的褥垫层是CFG桩和桩间土形成复合地基的必要条件，其厚度一般取桩径的40%～60%。褥垫层材料可用中砂、粗砂、级配砂石和碎石，最大粒径不大于30mm。

4.6.4 施工与质量检测

1. 施工质量控制

长螺旋钻中心压灌成桩和振动沉管灌注成桩是目前应用最多的两种CFG桩施工工艺。长螺旋钻管内泵压CFG桩施工设备包括长螺旋钻机、混凝土泵和强制式混凝土搅拌机。其施工工序：钻机就位、混合料搅拌、钻进成孔、灌注及拔管、移机。振动沉管灌注成桩法采用的设备为振动沉管机。其施工工序：设备组装、桩基就位、沉管到预定标高、停机后管内投料、留振、拔管和封顶。

在施工过程中除应执行国家现行有关规定外，尚应符合下列要求：

(1) 施工前应按设计要求由试验室进行配合比试验，施工时按配合比配制混合料。长螺旋钻中心压灌成桩施工的混合料坍落度宜为160～200mm；每方混合料中粉煤灰掺量宜为70～90kg；振动沉管灌注成桩施工的坍落度宜为30～50mm。

(2) 长螺旋钻中心压灌成桩施工在钻至设计深度后，应准确掌握提拔钻杆时间，混合料泵送量应与拔管速度相配合，遇到饱和砂土或饱和粉土层，不得停泵待料；沉管灌注成桩施工拔管速度应按匀速控制，拔管速度应控制在1.2～1.5m/min，如遇淤泥或泥质土，拔管速度应适当放慢。

(3) 施工桩顶标高宜高出设计桩顶标高不少于0.5m。

(4) 成桩过程中，抽样做混合料试块，每台机械一天应做一组(3块)试块(边长为150mm的立方体)，标准养护，测定其立方体28天抗压强度。

(5) 桩身施工垂直度偏差不应大于1%；对满堂布桩基础，桩位偏差不应大于0.4倍桩径;对条形基础,桩位偏差不应大于0.25倍桩径,对单排布桩桩位偏差不应大于60mm。

(6)褥垫层铺设宜采用静力压实法,当基础底面下桩间土的含水量较小时,也可采用动力夯实法,夯填度(夯实后的褥垫层厚度与虚铺厚度的比值)不得大于0.9。

2.质量检测

水泥粉煤灰碎石桩地基检验应在桩身强度满足试验荷载条件时,并宜在施工结束28d后进行。检测内容如下所示:

(1)桩间土检验:可用标准贯入、静力触探和钻孔取样等试验对桩间土进行处理前、后的对比试验,对砂性土地基可采用标准贯入或动力触探等方法检测挤密程度。

(2)桩的检验:可采用单桩载荷试验得到单桩承载力,试验数量宜为总桩数的0.5%～1%,且每个单体工程的试验数量不应少于3点;抽取不少于总桩数10%的桩进行低应变动力试验,检测桩身完整性。

(3)复合地基检验:采用单桩或多桩复合地基载荷试验进行处理效果检验。

4.6.5 工程案例(根据闫明礼,张东刚(2006)改编)

1.工程概况

北京市望京高校小区1～4号楼每栋楼底板面积$850m^2$,地上25层,地下2层,结构型式为剪力墙结构,基础采用筏板基础,埋深5.20～6.90m。据勘察报告,场地为第四纪沉积层,基础位于第④层粉质黏土、重粉质黏土,地基承载力特征值$f_{ak}=160kPa$,基底以下各层土的物理指标见表4.9。

表4.9 场区土的物理力学指标(平均值)

土层编号	含水量 $w(\%)$	天然重度 r (kN/m^3)	压缩模量 $E_s(MPa)$	液性指数 I_L	标贯击数 N	地基土承载力特征值 $f_{ak}(kPa)$
④ 粉质黏土	25.4	20.0	6.6	0.51		160
④-1 黏质粉土	21.6	20.3	15.6	0.36		200
⑤ 粉质黏土	23.2	20.3	7.2	0.44		180
⑤-1 黏质粉土	21.8	20.5	15.0	0.25		200
⑥ 砂质粉土	23.2	20.2	25.2	0.42		230
⑥-1 黏质粉土	20.8	20.6	12.1	0.27		180
⑦ 细、粉砂			32.5		48	350
⑧-1 粉质黏土	32.7	18.9	12.9	0.63	23	180
⑧ 黏质粉土	20.6	20.4	23.2	0.19	35	230
⑨ 细、中砂			52.5		101	400
⑩ 卵石			90.0			500

2.方案选择

设计要求地基处理后地基承载力特征值达到400kPa以上,沉降控制在100mm以内。

经计算,天然地基变形为 175mm,承载力和变形均不满足要求,需作地基处理。

对三种刚性桩复合地基处理方案进行对比分析:第一种方案是采用 25cm×25cm 预制方桩,桩端位于⑦细、粉砂层,桩长 8～9m,单桩承载力特征值为 400kN。第二种方案是采用直径 400mm 的预应力管桩,桩端落在⑨细、中砂层或⑩卵石层,桩长 21～22.8m,单桩承载力特征值 1300kN。第三种方案为长螺旋钻孔中心压灌 CFG 桩,桩径 400mm,桩长 15～16m,位于⑧黏质粉土层。前面两种方案存在以下不足:费用较高、工效较低、振动和噪声扰民、沉桩穿砂层困难、质量不宜控制等。而长螺旋钻孔中心压灌 CFG 桩施工工艺,具有施工质量容易控制、施工周期短、没有泥浆和噪声污染、造价低廉等突出优点,因此最后选择方案三。

3. CFG 桩复合地基设计

CFG 桩复合地基设计主要需要确定 5 个参数:桩长 l、桩径 d、桩间距 s、桩体强度等级和褥垫层厚度。

(1) 桩长 l:虽然⑦细、粉砂层为较好持力层,但下卧⑧-1 层压缩性较大。为了减少下卧层变形,将桩端穿过⑧-1 层,落于⑧层,桩长 15～16m。

(2) 桩径 d:桩径取决于所选施工设备。根据所选用的长螺旋钻孔中心压灌施工工艺,螺旋叶片直径分为 400mm 和 600mm,且以 400mm 居多,故选用桩径 400mm。

(3) 桩间距 s:以 1#楼为例,取 $l=16m,d=0.4m$,按式(4.14)计算单桩承载力特征值 $R_a=750kN$,天然地基承载力为 $f_{ak}=160kPa$,取 $\lambda=1.0,\beta=0.9$,按式(4.13)计算出不同桩间距(取 3～5 倍 d)对应的复合地基承载力。综合考虑设计要求和施工过程中的不确定因素,确定桩间距为 1.5m。根据式(4.18)和式(4.19)计算复合地基沉降量为 65mm,满足设计要求。

(4) 桩体强度:桩顶应力为 $\sigma_p=R_a/A_p$,桩体强度 $f_{cu}\geqslant 3\sigma_p=17.0MPa$,取 CFG 桩体强度等级为 C20。施工时的配合比为水泥:砂:石:粉煤灰:外加剂=300:711:1161:50:13.5(kg/m³)。材料采用 PO32.5 普通硅酸盐水泥、细砂、粒径 5～10mm 的碎石、Ⅱ级粉煤灰和泵送剂,混合料坍落度为 160～200mm。

(5) 褥垫层厚度:厚度取 150mm,材料采用 5～10mm 的碎石。

4. 布桩

1～4 号楼理论布桩数 $n=A/s^2=850/(1.5\times 1.5)=378$ 根,实际布桩数为 397～402 根,比理论布桩数多 6% 左右。

5. 质量检测及建筑物沉降观测

每天每台设备成桩 30 根,每栋楼施工工期约为 13d。CFG 桩施工完毕后,每栋选取了两根桩进行静载荷试验。结果表明,检测桩在最大加载 1000kN 时均未达到极限,在使用荷载作用下,单桩沉降量在 4.5mm 以内。

在结构施工中,对四栋楼分别进行了沉降观测。1 号楼封顶时最大沉降量为 21.4mm,2 号楼为 21.7mm,3～4 号楼结构封顶时的沉降量均小于 20mm。根据当地工程经验,结构封顶时建筑物的沉降量约为最终沉降量的 60%～70%,故最终沉降量将在 50mm 以内。

思考题与习题

1. 简述复合地基的定义和分类。

2. 简述复合地基与桩基础在荷载传递路线方面的差别,并说明复合地基的本质。

3. 复合地基承载力特征值的确定方法有哪些?

4. 简述复合地基沉降计算方法。

5. 简述复合地基中桩土应力分布特点及桩土荷载分担的影响因素。

6. 多桩型复合地基的设置原则是什么?

7. 多桩型复合地基承载力特征值和地基沉降分别是如何计算的? 与一般复合地基的异同点如何?

8. 竖向增强体按等边三角形布桩时(图4.4),试求桩体的置换面积(提示:选取4根桩的单元面积,面积置换率为4根桩的截面积除以单元面积)。(答案:桩体置换面积为 $A_e = \frac{1}{4} \times \sum A_e = \frac{1}{4} \times 2\sqrt{3} \times s^2 = \frac{\sqrt{3}}{2} s^2$。)

9. 长短桩复合地基按三角形间隔布桩时(图4.7(b)),若 $s_1 \neq s_2$,求桩1和桩2的面积置换率。(答案:桩1和桩2面积置换率分别为 $m_1 = \frac{\pi d_{p1}^2}{2 \times s_1 s_2}$, $m_2 = \frac{\pi d_{p2}^2}{2 \times s_1 s_2}$。)

10. 试论述水泥土搅拌桩的特点及适用条件。

11. 试述水泥土的固化机理有哪些?

12. 试述水泥土强度有哪些主要影响因素?

13. 在水泥土搅拌桩中可掺入哪些外加剂,这些外加剂的作用是什么?

14. 阐述水泥粉煤灰碎石桩与碎石桩的区别。

15. 阐述褥垫层在水泥粉煤灰碎石桩复合地基中的主要作用。

16. 阐述水泥粉煤灰碎石桩的施工方法及其适用地质条件。

17. 某高层建筑采用筏板基础,基础埋深为1.5m,地下水位于地面以下1.5m,地层分布自上而下分别为:

① 杂填土,平均厚度为1.5m,松散,重度为18.0kN/m³,主要为建筑垃圾和填土;

② 淤泥质土:平均厚度为3m,流塑,地基承载力特征值为45kPa;

③ 粉质黏土:平均厚度为5m,可塑-软弱,地基承载力为120kPa;

④ 细砂:平均厚度为3m,中等密实,地基承载力为150kPa;

⑤ 砾石层:未钻穿,密实,地基承载力为280kPa。

相应于荷载作用的标准组合时基底平均压力 $\bar{p}_k$ 为300kPa,试选择多桩型复合地基,并进行承载力验算。(答案:灰砂桩桩长6m,桩径ϕ400mm,CFG桩桩长12.5m,桩径ϕ400mm,三角形间隔布桩,$s_1 = s_2 = 1.2$m。杂填土、淤泥质土、粉质黏土、细砂、砾石层中CFG桩 q_{si} 分别取0kPa、10kPa、30kPa、45kPa、100kPa,砾石层中 q_p 取1200kPa;CFG桩中 α_p 取0.8,λ 取1.0;杂填土、淤泥质土、粉质黏土、细砂、砾石层中灰砂桩 q_{si} 分别取0kPa、5kPa、30kPa、40kPa、80kPa,黏土层中 q_p 取200kPa,灰砂桩中 α_p 取0.6,λ 取0.8。$p_k = 300$kPa$\leq f_a = 302.61$kPa,地基承载力满足要求。)

18. 某软土地基拟建一幢六层住宅楼,框架结构,采用筏板基础,$bl=12\text{m}\times32\text{m}$,板厚0.5m,基础埋深2m,基底平均压力为120kPa,土层参数如下图所示。地基采用深层搅拌桩复合地基,桩径550mm,桩长12m,桩端承载力折减系数为0.6,水泥土立方体试块抗压强度$f_{cu}=1800$kPa,桩身强度折减系数为0.3,置换率为0.20;桩间土承载力折减系数β取0.6,

单桩承载力发挥系数取 1.0。问：(1) 验算复合地基承载力是否满足要求；(答案：$f_{\text{spa}}=184.8\text{kPa}>120\text{kPa}$，满足要求。)(2) 验算复合地基软弱下卧层承载力；(答案：$f_{\text{az}}=189.3\text{kPa}>185.4\text{kPa}$，满足要求。)(3) 计算复合地基的沉降。(答案：按《建筑地基处理技术规范》，$E_{\text{sp}}=\zeta E_{\text{s}}$，$s=352.4\text{mm}$；按《复合地基技术规范》，$E_{\text{spi}}=mE_{\text{pi}}+(1-m)E_{\text{si}}$，$s=220.6\text{mm}$。)

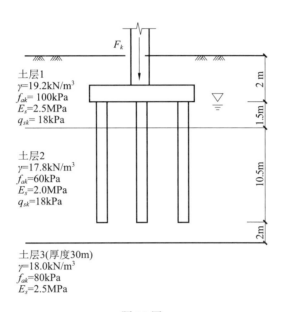

题 18 图

19. 某住宅楼采用条形基础，埋深 1.5m，设计要求地基承载力特征为 180kPa（不作深度修正）。场地土由 6 层土组成：第 1 层填土，厚度为 1.0m，侧摩阻力特征值为 16kPa；第 2 层淤泥质黏土，厚度为 3.0m，侧摩阻力特征值为 6kPa，承载力特征值为 60kPa；第 3 层黏土，厚度为 1.0m，侧摩阻力特征值为 13kPa；第 4 层淤泥质黏土，厚度为 8.0m，侧摩阻力特征值为 6kPa；第 5 层淤泥质黏土夹粉土，厚度为 5.0m，侧摩阻力特征值为 8kPa；第 6 层黏土，未穿透，侧摩阻力特征值为 33kPa，端承力特征值为 1000kPa。拟采用 CFG 桩复合地基，选用非挤土工艺的长螺旋钻孔管内泵压 CFG 桩施工工艺，桩径为 400mm。试完成该地基处理方案设计（包括桩长、桩间距、桩身强度、褥垫层）。(答案：桩长 18m，置换率 $m=0.0447$，桩间距 $s=1.6$m，桩身强度 C15，褥垫层 200mm 厚碎石。)

20. 碎（砂）石桩在黏性土和砂性土中的加固机理有何不同？其设计长度主要取决于哪些因素？

21. 碎石桩在处理饱和黏性土地基时可能会出现哪些问题？为什么对于不排水抗剪强度小于 20kPa 的饱和黏性土地基不宜采用该法处理？

22. 简述振冲法施工质量控制的"三要素"。其施工顺序应遵循什么原则？

23. 天然地基土体不排水抗剪强度 c_u 为 23kPa，地基极限承载力为 120kPa（$\approx 5.14c_u$）。拟采用碎石桩复合地基加固，要求加固后复合地基承载力特征值达到 125kPa。碎石桩采用等边三角形布桩，桩径为 0.9m，桩距为 1.4m。已知设置碎石桩后桩间土不排水抗剪强度为

29kPa,桩土应力比 $n=3$,安全系数 $K_s=2$,试问该方案能否满足地基承载力要求。(答案:满足要求。$f_{spk}=130.4$kPa。)

24. 某建筑物建在细砂土地基上,细砂的天然干密度 $\rho_d=1.45$g/cm³,土粒比重 $G_s=2.65$,最大干密度为 1.74g/cm³,最小干密度为 1.3g/cm³,拟采用振动沉管砂桩加固地基,砂桩直径 $d=600$mm,采用正三角形布置,为消除地基土液化,要求加固后细砂的相对密实度 $D_r \geqslant 70\%$。问:

(1) 松砂地基挤密后比较合适的孔隙比 e_1 应为多少?

(2) 若要求松砂地基挤密后的孔隙比 $e_1=0.6$,若不考虑振动下沉效应,则砂桩的中心距为多少?(答案:(1) $e_1=0.678$;(2)中心距 $s=1.6$m。)

第 5 章 加筋法

5.1 概述

5.1.1 概念

土的加筋(reinforced soil)是指在地基土体中设置强度高、模量大的筋体,使土体与筋体组成加筋复合体,从而提高地基承载力,减少沉降和增加地基稳定性。加筋是一个比较笼统的概念,筋材(也称筋体)可以是土工合成材料,如土工织物、土工格栅等;也可以是地基中设置的土钉和树根桩,如图 5.1 所示。

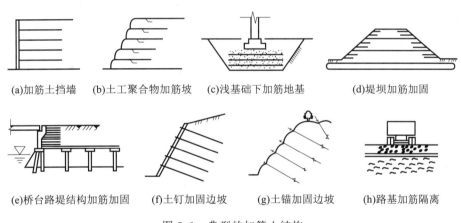

(a)加筋土挡墙　(b)土工聚合物加筋坡　(c)浅基础下加筋地基　(d)堤坝加筋加固

(e)桥台路堤结构加筋加固　(f)土钉加固边坡　(g)土锚加固边坡　(h)路基加筋隔离

图 5.1　典型的加筋土结构

现代土的加筋技术始于 20 世纪 60 年代初,法国工程师 Henri Vidal 首先在试验中发现,当土体中掺有纤维材料时,其强度可提高到原有强度的好几倍,由此提出了加筋土概念和设计理论,加筋土法语称为"TerreArmée"。

筋体从材料的性质上分为金属材料和合成材料;从形式上分为棒状、条状、网状、格栅状等;从材料允许的变形分为刚性材料和柔性材料,刚性材料主要是金属和一些弹性模量较大的合成材料,柔性材料主要是土工织物、土工格栅等。本章对于加筋材料,主要介绍土工合成材料的类别和特性,对于加筋技术,仅介绍其中的加筋土垫层、加筋土挡墙和土钉支护。

5.1.2 加固机理

加筋法加固地基的机理比较复杂。采用的加筋方法不同,或虽然加筋方法相同但所用筋材不同,加固机理也可能不同。这里介绍加筋土的约束增强和摩擦加筋机理。

1. 约束增强机理

约束增强作用理论源自 Henri Vidal 加筋砂土试样的三轴试验研究成果。该理论认为土体与不能产生侧向膨胀(与土相比)筋材界面之间存在摩擦(剪切力),从而对土的侧向变形产生一种约束作用,犹如在接触面上对土单元施加了一个侧向作用力,相当于增加了一个侧向约束。相比于无筋土,加筋土试样受到的围压由原来的 σ_3 增大到 σ_{3m},即增加了 $\Delta\sigma_3$ ($\Delta\sigma_3 = \sigma_{3m} - \sigma_3$),若要使加筋土体破坏,则需要施加更大的 σ_1。如图 5.2 所示,可以用 Mohr-Coulomb 强度理论来进一步说明约束增强理论所阐述的加筋土加筋机理。

假设砂土试样单元体受到 σ_1 和 σ_3 的作用发生剪切变形,该试样处于破坏时的临界状态,可用应力圆表示单元体的应力状态,如图 5.2 所示,此时应力圆(σ_1, σ_3)与强度包络线相切。为了防止砂土试样发生剪切破坏,在试样中铺设一层或多层加筋材料,由于加筋材料与砂土之间的摩擦和咬合作用,砂土的侧向变形受到约束和限制,相当于给单元体一个约束应力 $\Delta\sigma_3$,使得其最小主应力增大到 σ_{3m},则此时加筋试样的应力圆为(σ_1, σ_{3m}),该应力圆远离强度包络线,说明试样远没有达到破坏临界状态。假定加筋材料具有足够的抗拉强度,加筋材料不会被拉断,也不出现筋土之间的滑动,并假定 σ_{3m} 保持不变。为了使加筋试样达到破坏临界状态,则需增加大主应力,使 σ_1 增大到 σ_{1m},得到应力圆为(σ_{1m}, σ_{3m})。可见,由于加筋材料的约束作用,加筋试样破坏时的大主应力较无加筋试样得到了显著提高,即极大地提高了加筋土的抗剪强度和承载能力。

在三轴试验中,加筋土单元与未加筋土体的应力-应变关系如图 5.3 所示。当应变较小时,拉筋对土的应力应变关系几乎无影响。当应变达到某一界限时,拉筋对土的应力-应变的影响显著,强度随土的应变增大而增大。说明只有在应变达到一定程度后,拉筋才起作用,抗剪强度才得以发挥。

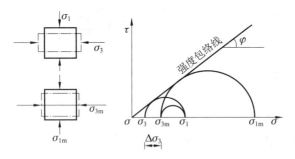

图 5.2 约束增强理论示意图

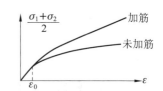

图 5.3 土体的应力应变关系

2. 摩擦加筋机理

加筋土地基,加筋材料被埋置于土体中,当土体受到外荷载作用发生剪切位移时,填土与筋材界面之间的摩擦力可阻止两者的相对位移,约束土的剪切位移,提高加筋土体的稳定性。因此只要材料有足够的强度,并与土产生足够的摩阻力,则加筋土体就能保持稳定。

筋材与填土之间的摩擦力是如何发挥作用的呢?现从加筋体中取一微分段 dl 进行分析,如图 5.4 所示,设由土的水平推力在该微分段拉筋中所引起的拉力 $dT = T_1 - T_2$(假定拉力沿拉筋长度呈非均匀分布),垂直作用的土重和外荷载为法向力 N,接触面摩擦力的大小可以根据作用的法应力 N 和接触面的摩擦系数 f 求得,则在拉筋宽度为 b 的情况下,拉筋与土之间的摩阻力为 $2fNbdl$,如果 $2fNbdl>dT$,则拉筋与土之间就不会产生相互滑动。这时,拉筋与土之间好像直接相连似的发挥着作用。如果每一层加筋均能满足上式的要求,则整个加筋土结构的内部抗拔稳定性就得到了保证。

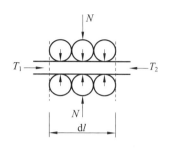

图 5.4　摩擦加筋机理

这种摩擦加筋作用仅限于接触面,虽然简单,但不全面,已有的研究成果表明,该加固机理只考虑筋土之间的摩擦作用,低估了加筋对整个土体的约束作用,忽略了加筋对接触面以外土体的限制作用,忽略了筋带在力作用下的变形,也未考虑土是非连续介质、具有各向异性的特点。

5.2　土工合成材料特性及类别

土工合成材料(geosynthetics)是应用于岩土工程和土木工程建设的、以合成材料为原材料制成的各种产品的统称。因为它们主要用于岩土工程,故冠以"土工"(geo-)两字,称为"土工合成材料",以区别于天然材料置于土体内部、表面或各层土体之间,发挥加强或保护土体的作用。早期产品主要是透水的土工织物(俗称土工布)、基本不透水的土工膜以及组合产品,因此称为:土工织物、土工膜和相关产品。随着工程建设需要和制造技术发展,产品种类不断扩展,1994 年在新加坡召开的第 5 届国际土工合成材料学术讨论会议上正式确定为土工合成材料。

土工合成材料作为土木工程材料,是加筋法中非常重要的筋材。

5.2.1　土工合成材料的分类

土工合成材料一般可按产品结构和形式工艺分类,也可从应用的角度,按功能分类,对于其具体分类国内外尚未统一规定,按照《土工合成材料应用技术规范》(GB/T 50290—2014),土工合成材料分为四大类:土工织物、土工膜、土工复合材料、土工特种材料,具体又细分为如下多种产品,如图 5.5 所示,下面介绍这些产品的特点。

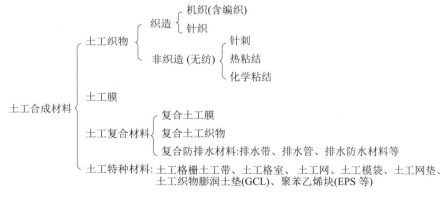

图 5.5　土工合成材料产品分类

1. 土工织物(geotextile,GT)

土工织物是具有透水性的土工合成材料。按制造方法不同可分为有纺土工织物和无纺土工织物。土工织物的优点是质量轻、整体连续性好(可以做得更大)、施工方便、抗拉强度高、耐腐蚀、耐微生物。缺点是没有特殊处理、抗紫外线性能低。如果暴露,它很容易通过直接紫外线辐射老化,但如果不直接暴露,抗老化和耐久性仍是较高的。

(1) 有纺土工织物(woven geotextile)。

有纺土工织物是由纤维纱或长丝按一定方向排列机织而成的土工织物。由单丝或多股丝织成,或由薄膜切成的扁丝编织而成。经纬向具有较高的强度和刚度,拉断延伸率低,过滤、排水特性较差。有纺土工织物主要做成各种土工合成材料,如编织袋、防汛袋、土工模袋等。

(2) 无纺土工织物(nonwoven geotextile)。

无纺土工织物是由短纤维或长丝随机或定向排列制成的薄絮垫,经机械结合(针刺)、热黏合或化学黏合而成的土工织物。具有低到中等的强度和高断裂延伸率,过滤、排水性能较好。主要用作排水反滤层。

2. 土工膜(geomembrane)

土工膜是由聚合物(含沥青)制成的相对不透水膜,具有极低的渗透性,几乎不透水,是理想的防渗材料,弹性和适应变形能力很强,能承受不同施工条件和工作应力,具有良好的耐老化的能力。

3. 复合土工膜(geomembrane composite)

复合土工膜是土工膜和土工织物(有纺或无纺)或其他高分子材料(两种或两种以上的材料)的复合制品。与土工织物复合时,可生产出一布膜、二布一膜(二层织物间夹一层膜)、三布二膜等规格。

4. 土工格栅(geogrid)

土工格栅是由抗拉条带单元结合形成的有规则网格型式的加筋土工合成材料,其开孔可容填筑料嵌入。分为塑料土工格栅、玻纤格栅、聚酯经编格栅和由多条复合加筋带粘接或焊接成的钢塑土工格栅等。土工格栅的应用领域广泛,特别是在作为加筋材料方面,它们的作用可以说是独到的。

5. 土工带(geobelt)

土工带是经挤压拉伸或再加筋制成的带状抗拉材料。一般外面裹以塑料套,套的表面具有防滑花纹以增大与土的摩擦力,土工带多用于加筋土挡墙。

6. 土工格室(geocell)

土工格室是由土工格栅、土工织物或具有一定厚度的土工膜形成的条带通过结合相互连接后构成的蜂窝状或网格状三维结构材料。铺设厚度为50～200mm,中间空格尺寸为80～400mm。格中填土、砂、碎石或红黏土,起控制侵蚀作用,亦可用于加筋地基、加筋土挡墙。

7. 土工网(geonet)

土工网是二维的,由条带部件在结点连接形成的有规则的网状土工合成材料,可用于隔离、包裹、排液、排气。

8. 土工模袋(geofabriform)

土工模袋是由双层的有纺土工织物缝制的带有格状空腔的袋状结构材料。充填混凝土或水泥砂浆等凝结后形成防护板块体。通常用于斜坡保护或其他地面处理工程。

9. 土工网垫(geomat)

土工网垫是由热塑性树脂制成的三维结构,亦称三维植被网。其底部为基础层,上覆泡状膨松网包,包内填沃土和草籽,供植物生长。土工网垫对控制坡面水土流失有独特效果,同时满足全球环保要求,是公认的绿色土工合成材料。

10. 土工复合材料(geocomposite)

土工复合材料是由两种或两种以上材料复合成的土工合成材料。如土工织物-土工网型复合材料、土工织物-土工膜型复合材料、土工织物-土工格栅型复合材料、土工膜-土工格栅型复合材料等。

11. 软式排水管(soft drain pipe)

软式排水管是以高强圈状弹簧钢丝作支撑体,外包土工织物及强力合成纤维外覆层制成的管状透水材料。

12. 土工管(geopipe)

土工管又称埋塑管,管上有许多开孔,用于土中排水时,需外包无纺织物反滤层使用。

13. 土工织物膨润土垫(geosynthetic clay liner)

土工织物膨润土垫简称GCL,是由土工织物或土工膜间包有膨润土或其他低透水性材料,以针刺、缝接或化学剂黏结而成的防水材料,用于防渗、堵漏、加固工程。

14. 聚苯乙烯泡沫塑料(expanded polystyrene sheet,EPS)

聚苯乙烯泡沫塑料是一种超轻土工合成材料,是由聚苯乙烯加入发泡剂膨胀,经模型或挤压制成的轻型板块。EPS具有质量轻、耐热性好、耐压性好、吸水率低、自立性好等优点,通常用作路基的填料。

5.2.2 土工合成材料的特性

下面介绍土工合成材料的物理特性、力学特性、水理特性、耐久性和环境与系统性能。

1. 物理特性

1) 厚度

厚度指压力在2kPa时,其底面到顶面的垂直距离,由厚度测定仪测定。土工合成材料的厚度用毫米(mm)表示。厚度的变化对织物的孔隙率、透水性和过滤性等水力特性有很大的影响。常用的各种土工合成材料的厚度是:土工膜0.25~0.75mm,最厚的可达2~4mm;复合型材料有时采用较薄的土工膜,最薄可达0.1mm;土工格栅的厚度随部位的不同而异,其厚度一般由0.5mm至几十毫米。

2) 单位面积质量

单位面积质量为单位面积土工合成材料具有的质量。它反映材料多方面的性能,如抗拉强度、顶破强度等力学性能,以及孔隙率、渗透性等水力学性能,通常以g/m^2表示,是土工合成材料的重要物理性能之一。土工织物和土工膜单位面积的质量受原料密度的影响,同时受厚度、外加剂和含水量的影响。常用的土工织物单位面积质量一般为50~1200g/m^2。

3) 相对密度

相对密度指原材料的相对密度(未掺入其他材料)。丙烯为 0.91,聚乙烯为 0.92~0.95,聚酯为 1.22~1.38,聚乙烯醇为 1.26~1.32,尼龙为 1.05~1.14。

4) 孔隙率

孔隙率指土工合成材料中的孔隙体积与织物的总体积之比,以百分数表示。孔隙率 n 根据织物的单位面积质量 m、厚度 t 和材料相对密度 G_s,由下式计算:

$$n = 1 - \frac{m}{G_s \cdot \rho_w \cdot t} \tag{5.1}$$

式中,ρ_w——水的密度。

土工织物的孔隙率与孔径有关,直接影响到织物的透水性、导水性、压缩性和土粒随水流流失的能力。

【例题 5.1】 某涤纶无纺织物的单位面积质量为 300g/m^2,测得在法向压力为 2kPa 的厚度为 2.45mm,求无纺织物的孔隙率。

解:涤纶密度为 1.38g/cm^3,

$$n = \left(1 - \frac{300}{1.38 \times 10^6 \times 2.45 \times 10^{-3}}\right) \times 100\% = 91.1\%$$

5) 等效孔径(equivalent opening size, EOS)

土工织物有不同大小的开孔,孔径尺寸以"O"表示。无纺型土工织物为 0.05~0.5mm;编织型为 0.1~1.0mm;土工垫为 5~10mm;土工格栅及土工网为 5~100mm。等效孔径 O_e 表示织物的最大表观孔径(apparent opening size, AOS),即它容许通过土粒的最大粒径。各国采用的 O_e 标准不同,我国采用 $O_e = O_{95}$,即用干砂法做试验时,留在筛上粒组的质量为总投砂量的 95% 时的颗粒尺寸。等效孔径 EOS 和表观孔径 AOS 含义相同,差别在于前者是以毫米表示孔径,而后者是用等效孔径最接近的美国标准筛的筛号表示。等效孔径是用土工织物作滤层时选料的重要指标。

2. 力学特性

1) 压缩性

材料的厚度随法向应力变化的性质。

2) 抗拉强度

抗拉强度(tensile strength):在土工合成材料的工程应用中,加筋、隔离和减荷作用都直接利用了材料的抗拉能力,相应的工程设计中需要用到材料的抗拉强度。其他如滤层和护岸的应用也要求土工合成材料具有一定的抗拉强度,因此抗拉强度是土工合成材料最基本也是最重要的力学特性指标之一。

土工合成材料在受力过程中,厚度是变化的,不易精确测定,故土工合成材料的抗拉强度采用试样在拉力机上拉伸至断裂的过程中单位宽度所承受的最大拉力,单位为千牛/米(kN/m)。土工合成材料的伸长率是指试样长度的增加值与试样初始长度的比值,用百分数(%)表示。由于土工合成材料的断裂是一个逐渐发展的过程,故断裂时的伸长不易确定,一般用达到最大拉力时的伸长率表示。根据拉伸试样的宽度,试验可分为窄条拉伸试验(宽度 50mm、长度 100mm)和宽条拉伸试验(宽度 200mm、长度 100mm),拉伸速率对窄条为 (10+2)mm/min,对宽条为 (50+5)mm/min。由拉伸实验所得的拉应力-伸长率曲线,可求得材料的三种拉伸模量(初始模量、偏移模量和割线模量)。目前我国常用的有纺扁丝织物(原材料为 PP 和 PE)的抗拉强度为 15~50kN/m,单位面积质量为 400g/m² 的无纺针刺织物(原材料多为聚酯)抗拉强度为 10~20kN/m,单向土工格栅(原材料为 HDPE)的抗拉强度为 25~110kN/m,双向土工格栅(原材料为 PP)的抗拉强度为 20~40kN/m。

3) 握持强度

土工织物承受集中力的现象普遍存在,握持强度是反映其分散集中力的能力。握持强度试验是握持试样两端 1/3 宽度进行的一种快速拉伸试验。它的强度由两部分组成,一部分为试样被握持宽度的抗拉强度,一部分为相邻纤维提供的附加抗拉强度。由于试验的难度较大,采用的试样和夹具的尺寸也不尽相同。因此,测得的结果也相差很多。一般不易作为设计依据,只可用作不同土工织物的抗拉强度比较。土工织物的握持力一般为 0.3~6.0kN。

土工织物对集中荷载的扩散范围越大,则握持强度越高。

4) 撕裂强度

土工织物和土工膜在铺设和使用过程中常常会有不同程度的破损。撕裂强度反映了试样抵抗裂口扩大的能力。撕裂强度可评价不同土工织物和土工膜被扩大破损程度的难易,是土工合成材料应用中的重要力学指标。

5) 蠕变特性

材料蠕变是指材料在受力大小不变条件下,其变形随时间增长而逐渐增大的现象。蠕变是土工合成材料的重要特性之一,是材料能否长期使用的关键。高分子聚合物一般都有明显的蠕变性,蠕变性的大小影响着材料的强度取值。

6) 顶破强度

顶破强度用于模拟凹凸不平地基的作用和上部块石压入的影响,反映土工合成材料抵抗垂直于其平面的法向压力的能力。与刺破试验相比,顶破试验的压力作用面积相对较大。顶破时土工合成材料呈双向拉伸破坏,目前有三种测定顶破强度的方法:液压顶破试验、圆球顶破试验、CBR 顶破试验。

7) 刺破强度

刺破强度是指土工合成材料在小面积上受到法向集中荷载,直到刺破所能承受的最大力,反映了土工合成材料抵抗带有棱角的块石或树干刺破的能力。试验方法与圆球顶破试验相似,只是以金属杆代替圆球。

8) 穿透强度

穿透强度反映具有尖角的石块或其他锐利物掉落在土工合成材料上时,土工合成材料抵御掉落物穿透作用的能力,即抗冲击刺破的能力。采用落锤穿透试验进行测定。

9) 摩擦系数

该指标是验算加筋土体稳定性的重要数据,它反映了土工合成材料与土接触界面上的摩擦强度。可采用直接剪切摩擦试验或抗拔摩擦试验进行测定。

3. 水理特性

1) 垂直渗透系数(K_v)

土工合成材料起渗滤作用时,水流的方向垂直于材料平面,应要求土工合成材料不仅能阻止土颗粒随水流的损失,而且具有一定的透水性。这时的透水性主要用垂直渗透系数来表示。

垂直渗透系数指垂直于织物平面方向上的透水系数(以"m/s"表示)。测定方法类似于土工试验土的渗透系数测定方法。

由于透过织物的水流流态常是紊流,故设计中常改用透水率(ψ)表示：

$$\psi = \frac{K_v}{t} = \frac{q}{\Delta h \cdot A} \tag{5.2}$$

即在单位水头 Δh 作用下,流过单位面积的渗流量 q,透水率与织物厚度 t 相乘即得渗透系数 K_v,无纺型土工织物在不受垂直压力的条件下,渗透系数在 $10^{-1} \sim 10^{-3}$ cm/s。

2) 水平渗透系数

土工合成材料用作排水材料时,水在聚合物内部沿平面方向流动,在土工合成材料内部孔隙中,输导水流的性能可用土工合成材料平面的水平渗透系数或导水率(为土工合成材料水平渗透系数与聚合物厚度的乘积)来表示,通过改变加载和水力梯度可测出承受不同压力及水力条件下土工合成材料平面的导流特性。

设计中常改用导水率指标 θ 来表示：

$$\theta = k_h t = \frac{q \cdot l}{\Delta h \cdot b} \tag{5.3}$$

式中,θ——导水率(cm²/s);

k_h——土工合成材料平面的水平渗透系数;

l——沿水流方向的试样长度(cm);

b——试样宽度(cm)。

通常土工织物的水平渗透系数为 $8 \times 10^{-1} \sim 5 \times 10^{-1}$ cm/s;无纺型土工织物的水平渗透系数为 $4 \times 10^{-3} \sim 5 \times 10^{-1}$ cm/s;土工膜的水平渗透系数为 $1 \times 10^{-11} \sim 1 \times 10^{-10}$ cm/s。

大部分编织与热粘型无纺土工织物导水率甚小;针刺无纺型土工织物为 $10^{-6} \sim 10^{-5}$ cm²/s;土工网为 $10^{-4} \sim 10^{-2}$ cm²/s;土工塑料排水带为 $10^{-4} \sim 10^{-1}$ cm²/s。

4. 耐久性和环境影响

土工合成材料的耐久性是其物理和化学性能的稳定性,是其能否应用于永久工程的关键。耐久性指标应反映材料在长期应用和不同环境条件中工作的性状变化。

1) 老化问题

老化是高分子材料在加工、贮存和使用过程中,由于受内外因素的影响,使其性能逐渐变坏的现象,老化是不可逆的化学变化。主要表现在：①外观手感的变化,发黏、变硬、变脆等;②物理化学性能变化,相对密度、导热性、熔点、耐热性和耐寒性等性能变化;③力学性能的变化,抗拉强度、剪切强度、弯曲强度、伸长率以及弹性等变化;④电性能变化,绝缘电阻、介电常数的变化。产生老化的外界因素可分为物理、化学和生物因素,主要有太阳光、氧气、热、水分、工业有害气体、机械应力和高能辐射的影响,以及微生物的破坏等,而其中最重要的是太阳光中紫外线辐射的影响。阳光中的紫外线具有很大的能量,能够切断许多聚合物的分子链,或者引发光氧化反应。为研究材料的抗紫外线性能,采用自然和人工氧化试验得到的老化系数 K(或称强度保持率)来评价。

$$K = \frac{f}{f_0} \times 100\% \tag{5.4}$$

式中,f——老化前的性能指标(如抗拉强度和伸长率等);

f_0——老化后的性能指标。

试验表明,埋在土中的土工合成材料,其老化度比晒在大气下的老化速度慢得多。高分子聚合材料中,聚丙烯、聚酰胺老化最快;聚乙烯、聚氯乙烯次之;聚丙烯腈最慢。浅色材料较深色的老化得快,薄的较厚的老化得快。

为了考虑老化对土工合成材料强度的影响,引入老化强度折减系数 RF_D 对抗拉强度进行折减。

2) 磨损问题

所谓磨损是指土工合成材料与其他材料接触摩擦时,部分纤维被剥离,有强度下降的现象。土工合成材料在装卸、铺设过程中会发生磨损;施工机械碾压、运行中荷载作用都会产生磨损。不同的聚合物材料抗磨损能力不同,例如聚酰胺优于聚酯和聚丙烯,单丝厚型有纺织物具有较强的抗磨损能力,扁丝薄型有纺织物抗磨损能力很低,厚的针刺无纺织物,表层容易被磨损,但内层一般不会被磨损。土工合成材料的抗磨损的室内试验主要有摆动滚筒均匀摩擦和旋转式平台双摩擦头法两种。磨损对土工合成材料强度的影响一般用铺设磨损强度折减系数 RF_{ID} 来对抗拉强度进行折减。

5.2.3 土工合成材料的主要功能

1. 加筋功能

加筋是土工合成材料在地基处理中的最主要功能。在土中加拉筋材料可以改变土中的应力分布状况,约束土体的侧向变形,从而提高土体结构的稳定性。用于加筋的土工合成材料要求具有较高的抗拉强度和刚度,并且与填土之间的咬合力强,对于永久性结构还要求蠕变小、耐久性好。土工合成材料用作土体加筋时,其主要应用范围为加固挡墙、边坡、堤坝、建筑地基,如图 5.6 所示。

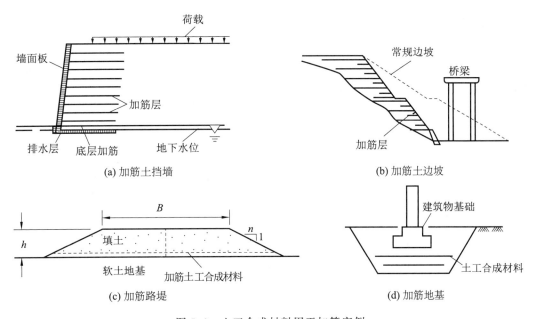

图 5.6 土工合成材料用于加筋实例

2. 过滤和排水功能

很多土工合成材料具有良好的过滤性、透水性和导水性。因而，在土体中需要设置过滤或排水的地方都可以采用土工合成材料，如图5.7所示。

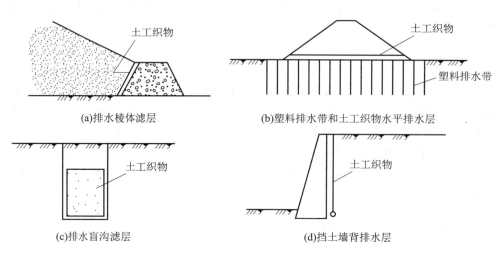

图 5.7 土工合成材料用于过滤和排水的典型实例

图5.7(a)将土工织物铺在下游坡脚与排水棱体之间，起反滤层的作用，可有效防止水流冲刷时细颗粒被带走。图5.7(b)用土工合成材料与其他排水材料(塑料排水带)共同构成排水系统，可加速填筑土体的排水固结过程。图5.7(c)土工织物用于建设无集水管的排水盲沟，既利于排水，又防止细颗粒进入盲沟。图5.7(d)在挡土墙填土之前，埋设土工织物，既可以排水，又不会把土颗粒带走。

3. 隔离功能

利用土工合成材料把不同粒径的土、砂子、石料或把土、砂子、石料和其他结构隔离开来，以免相互混杂，造成土料污染、流失，或造成其他不良后果。当放置在构筑物和软弱地基之间时，既发挥隔离功能，同时又起到加筋作用；放置于路面结构中，作为垫层或接触面将起到减轻或推迟面层开裂的作用，如图5.8所示。

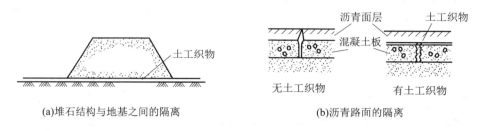

图 5.8 土工合成材料用于隔离示意图

4. 防渗功能

土工合成材料如土工膜和复合土工膜，可以制成不透水的或极不透水的土工膜，以及各种复合不透水的土工合成材料。这些土工合成材料可以用在各种需要防水、防气，以及防有害物质的地方,如图5.9所示。

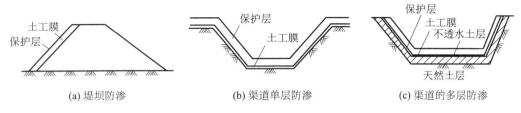

(a) 堤坝防渗　　(b) 渠道单层防渗　　(c) 渠道的多层防渗

图5.9　土工合成材料用于防渗示意图

5. 防护功能

土工合成材料在防护方面的应用非常广泛,如防冲、防沙、防震、保温、植生绿化、环境保护等。如图5.10所示,采用土工织物垫进行河岸防护,防止河流的冲刷。土工合成材料的防沙固沙性能较优越,可用于沙漠地区公路路基整体稳定、边坡稳定与防护、线外固沙。

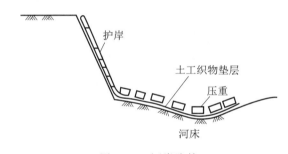

图5.10　河岸防护

土工合成材料的功能经常是多方面的,但在具体的一项工程中,土工合成材料的功能还是分主次作用的。如公路工程中的碎石基层与地基之间若铺放土工织物,一般说"隔离"是主要的,"过滤"和"加筋"是次要的,"排水"是更次要的。其次土工合成材料的选择也要综合考虑,如选用光滑的土工膜来隔离,则可能引起路基中孔隙水压力升高,造成路基失稳。但如果在软弱地基上修路,"加筋"则可能起控制作用。

5.3　加筋土垫层法

5.3.1　加筋土垫层的概念及加固机理

加筋土垫层(replacement layer of tensile reinforcement)就是在垫层中水平铺设一层或数层土工合成材料形成的复合垫层。土工合成材料在垫层中主要起加筋作用。如图5.6(c)、图5.6(d)所示。加筋垫层加固地基的原理是通过垫层中土工加筋带的作用,增强垫层的整体性和刚度,可调整不均匀沉降;垫层刚度增大导致复合垫层的应力扩散,扩大了荷载的分布范围,调整应力分布使应力更趋均匀;通过加筋带与垫层材料间的摩擦力,增加了复合垫层的侧限能力,可减小软弱地基土的侧向挤出和隆起,从而减小沉降变形,同时由于软土水平位移减小,软土内剪应力和剪应变减小,竖向承载力提高。

5.3.2 加筋土垫层设计

加筋土垫层在实践中主要用于以下两个方面:

一是建筑地基的加固,如油罐或筏板基础下的加筋土地基,特别是条形基础下的加筋土地基。

二是路堤的地基加固,例如公路、堤防工程或铁路路堤下的加筋地基。

这两方面加筋设计的侧重点不同,下面分别介绍加筋土垫层在建筑地基加固和路堤加固方面的设计。

1. 加筋土垫层在地基加固中的应用

主要做法是在软土地基内挖除部分软土,分层平铺一层或多层筋材,各筋材间铺设粗颗粒填料构成加筋土垫层。加筋材料应选择抗拉强度较高、受力时伸长率不大于 $4\%\sim5\%$、耐久性好、抗腐蚀性的土工格栅、土工格室、土工垫或土工织物等土工合成材料。垫层填料宜用碎石、角砾、砾砂、粗砂、中砂或粉质黏土等材料,且不宜含氯化钙、碳酸钠、硫化物等化学物质。当工程要求垫层具有排水功能时,垫层材料应具有良好的透水性能。

加筋土垫层对建筑地基的加固设计的主要内容是按照设计荷载的要求,合理地确定加筋垫层的尺寸和选用符合要求的加筋材料,包括确定加筋材料布设的长度、层数、厚度,以及加筋材料的抗拉强度,验算加筋垫层的地基承载力和变形能否满足规范要求。具体计算步骤如下:

① 初选加筋材料,如土工格栅或土工织物,拟定其布置参数,层数、各层距基底的距离,确定填土垫层中填土的内摩擦角、重度,以及筋材的允许抗拉强度;

② 计算筋材提供的承载力和加筋地基提高的承载力;

③ 进行地基承载力的验算,校核加筋土地基承载力,验算要求与第 2 章换填法要求相同;

④ 计算拉筋材料的最大长度,按构造要求进行布置;

⑤ 在地基承载力满足设计要求的前提下,对于需要进行变形验算的加筋土地基进行变形计算。

1) 加筋材料长度的确定和布置

确定加筋材料长度常用的分析方法有两种:荷载比法和扩散应力法,这里介绍扩散应力法。

如图 5.11 所示,条形浅基础下面加筋土地基,作用在垫层软弱地基上的附加压力按照压力扩散角的理论进行计算,基底附加应力按压力扩散角 θ 扩散至软弱地基顶面。当地基整体剪切破坏时,根据 Prandtl-Reissner 理论,可以求得过渡区对数螺旋线区域滑动面的最大深度 D_u(王钊等,2000)。当拉筋的布设满足最上层筋材与基底距离 $z_1<2/3b$(b 为基础宽度)、最下层筋材距基底 $z_n\leqslant 2b$,筋材层数 3~6,且 L 长度足够时,加筋地基破坏时表现为筋材的断裂,其断裂点在基础下方,接近筋材与压力扩散线的交点,这时按基础两侧压力扩散线外侧筋材的抗拔极限状态确定筋材长度,要求筋材允许拉力≤压力扩散线外侧筋材的抗拔力,并且在计算筋材锚固段长度时,忽略基底压力在筋材上附加应力引起的摩擦力,只计算上覆土重引起的正应力,从图 5.11 中可得到第 i 层筋材的水平总长度 L_i 为

$$L_i = b + 2z_i\tan\theta + \frac{T_a F_s}{f\gamma(d+z_i)} \tag{5.5}$$

式中, d——基础埋深(m);

f——土与筋材的界面摩擦系数,由试验确定。无试验资料时,土工织物可取 $0.67\tan\varphi$,土工格栅可取 $0.8\tan\varphi$,φ 为加筋砂垫层中砂的内摩擦角;

θ——压力扩散角(°),可以在《建筑地基处理技术规范》(JGJ 79—2012)或《建筑地基基础设计规范》(GB 50007—2011)查得,详情见第 2 章换填法;

F_s——筋材抗拔出安全系数,可取 2.5;

γ——加筋砂垫层中砂的重度(kN/m³);

T_a——土工合成材料在允许延伸率下的抗拉强度(kN/m)。

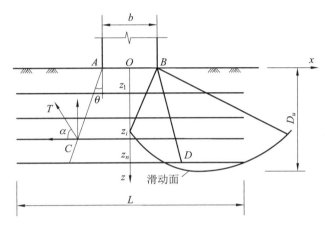

图 5.11 加筋地基的破坏分析

计算得到各层筋材长度后,可取最大值,按等层等长布置,一般长度不超过 $2.5b$。加筋层数为 3~6,以 3 为宜。

加筋体间距和密度要求应符合行业规定或者如下建筑地基处理技术规范中的有关规定:

① 一层加筋时,可设置在垫层的中部;

② 多层加筋时,首层筋材距垫层顶面的距离宜取 30%垫层厚度,筋材层间距宜取 30%~50%的垫层厚度,且不应小于 200mm;

③ 加筋线密度宜为 0.15~0.35。无经验时,单层加筋宜取高值,多层加筋宜取低值。垫层的边缘应有足够的锚固长度。

2) 加筋土地基承载力的计算

加筋土地基应进行地基承载力的验算,即符合下式要求:

$$p_z + p_{cz} \leqslant f_{az} \tag{5.6}$$

式中, p_z——相应于荷载作用的标准组合时,垫层底面处的附加压力值(kPa);

p_{cz}——垫层底面处土的自重压力值(kPa);

f_{az}——垫层底面处经深度修正后的地基承载力特征值(kPa)。

式(5.6)中 p_z、p_{cz} 计算方法与第 2 章换填法相同,只是这里的地基承载力 f_{az} 应采用地基加筋后的修正承载力特征值。

地基加筋后的承载力特征值的计算可以先求地基塑性流动时的极限承载力,再除以安全系数得到地基的承载力特征值。

将具有一定刚度和抗拉力的土工合成材料铺设于软土地基表面上,再在其上填筑粗颗粒,在基础荷载作用下,基础下方产生沉降,其周边地基产生侧向变形和部分隆起,如图 5.12 所示,土工合成材料受拉,作用在土工合成材料与地基土间的摩擦力能相对地约束地基的位移,同时作用在土工合成材料上的拉力,也能起到支承荷载的作用。地基加筋后,地基塑性流动时(图 5.12)的地基极限承载力公式如下:

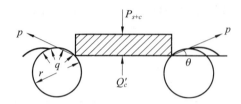

图 5.12 加筋土地基承载力计算假设简图

$$P_{s+c} = Q'_c = \alpha c N_c + \frac{2p}{b}\sin\theta + \beta \frac{p}{r} N_q \tag{5.7}$$

式中,α、β——基础的形状系数,一般取 $\alpha=1.0$,$\beta=0.5$;

c——土的黏聚力(kPa);

N_c,N_q——与土的内摩擦角有关的承载力系数,一般取 $N_c=5.3$,$N_q=1.4$;

p——土工合成材料的抗拉强度(N/m);

b——基础宽度(m);

θ——基础边缘土工合成材料的倾斜角,一般为 10°~17°;

r——假想圆的半径(m),一般取 3m,或取软土层厚度的一半,但不能大于 5m。

式(5.7)右边第一项是没有土工合成材料时,原天然地基的极限承载力;第二项是在荷载作用下,由于地基的沉降使土工合成材料发生变形而承受拉力的效果;第三项是土工合成材料阻止隆起而产生的平衡镇压作用的效果(是以假设近似半径为 r 的圆求得,图 5.12 中的 q 是塑性流动时地基的反力)。实际上,第二项和第三项均为由于铺设土工合成材料而提高的地基承载力。

王钊等(2000)考虑到筋材的作用仅限于基础外侧假想圆的一半,并未作用于整个滑动面范围,针对图 5.11 所示破坏模式,认为筋材拉力对地基承载力的贡献包括以下两方面:一是拉力向上分力的张力膜作用;二是拉力水平分力的反作用力所引起的侧限作用。由此提出了筋材提高的地基承载力 Δf 的计算公式(5.8)如下:

$$\Delta f = \frac{NT_a}{F_s}\left[\frac{2\sin\left(45°+\frac{\varphi}{2}\right)}{b+2z_n\tan\theta} + \frac{\cos\left(45°+\frac{\varphi}{2}\right)}{D_u}\tan^2\left(45°+\frac{\varphi}{2}\right)\right] \tag{5.8}$$

式中,F_s——地基承载力安全系数,一般取 2.5~3;

T_a——土工合成材料在允许延伸率下的抗拉强度(kN/m);

N——加筋层数;

z_n——最低一层筋材距基底的深度(m);

D_u——滑动面最大深度(m)。

$$D_u = \frac{b\cos\varphi}{2\cos\left(\frac{\pi}{4}+\frac{\varphi}{2}\right)} e^{\left(\frac{\pi}{4}+\frac{\varphi}{2}\right)\tan\varphi} \tag{5.9}$$

考虑埋深修正而提高的承载力和垫层压力扩散提高的承载力,则加筋地基增加的地基承载力特征值为

$$\Delta f_R = \eta_d \gamma(d + z_n - 0.5) + p_k \frac{2z_n \tan\theta}{b + 2z_n \tan\theta} + \Delta f \tag{5.10}$$

式中,η_d——基础埋深的地基承载力修正系数,可以在《建筑地基基础设计规范》（GB 50007—2011）查表获得；

γ——原地基土的重度(kN/m^3)；

p_k——相应于荷载效应标准组合时,基础底面处的平均压力值(kPa)。

加筋土垫层地基承载力验算公式为

$$p_k - f_a \leqslant \Delta f_R \tag{5.11}$$

式中,f_a——垫层下软土地基承载力特征值(kPa)。

3) 地基变形验算

在加筋土地基承载力满足设计要求的前提下,应对需要进行变形验算的加筋土地基进行变形计算。

加筋土地基变形由两部分组成,一是加筋土体的变形,该变形可忽略不计；二是其下软土层的变形。变形的计算方法可采用《建筑地基基础设计规范》(GB 50007—2011)中最终沉降量的计算公式,沉降计算压力为扩散于 z_n 处的压力。实践表明多层筋材加筋地基可显著减小沉降量,因此筋材的布置以多层为宜。

4) 拉筋材料强度验算

根据建筑地基处理设计规范,加筋土垫层所选用的土工合成材料尚需进行材料强度的验算。

$$T_p \leqslant T_a \tag{5.12}$$

式中,T_a——土工合成材料在允许延伸率下的抗拉强度(kN/m)；

T_p——相应于荷载作用的标准组合时,单位宽度的土工合成材料的最大拉力(kN/m)。

【**例题 5.2**】 湖北省黄石市某泄洪闸,闸基坐落在 10～18m 厚的淤泥质土层上,基底宽 $b=5m$,基底压力标准值 $p_k=280kPa$,埋深 $d=3.37m$,淤泥质土的承载力特征值 $f_a=104kPa$,$\gamma=18.4kN/m^3$,$c=40kPa$,$\varphi=16°$。其下为粉土。由于地基未作处理,加之闸室结构严重老化,发生裂缝变形,成为黄石市长江干堤上的重大隐患。根据《黄石市城市防洪规划》和初步设计,决定重建该闸(二级建筑物),初步设计拟在闸室下采用 93 根外径 50cm、长 14m 的桩处理地基,施工图设计阶段后改为土工格栅加筋砂垫层,压力扩散角 $\theta=25°$,试完成该垫层设计计算(王钊,2005)。

解：拟设计选用三层土工格栅构成加筋土地基,其布置见图 5.13。第一层到基底面距离 $z_1=0.6m$,第三层到基底面距离 $z_n=1.6m$,等间距布置,间距 $\Delta H=(z_n-z_1)/(3-1)=0.5m$,试验测得砂垫层的内摩擦角 $\varphi_s=34°$。

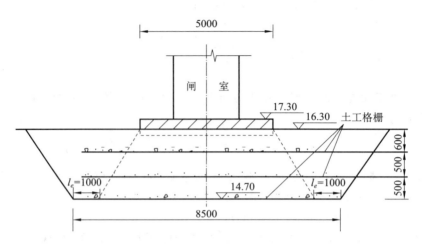

图 5.13 泄洪闸闸基底部三层土工格栅加筋布置图

由式(5.11)可得

$$\Delta f_R \geqslant p_k - f_a = 280 - 104 = 176 \text{kPa}$$

根据《建筑地基基础设计规范》(GB 50007—2011),查得 $\eta_d = 1.0$,将 Δf_R 代入式(5.10)得

$$\Delta f = \Delta f_R - \eta_d \gamma (d + z_n - 0.5) - p_k \frac{2z_n \tan\theta}{b + 2z_n \tan\theta}$$

$$\geqslant 176 - 1.1 \times 18.4 \times (3.37 + 1.6 - 0.5) - 280 \times \frac{2 \times 1.6 \times \tan 25°}{5 + 2 \times 1.6 \times \tan 25°}$$

$$\geqslant 176 - 82.25 - 64.36 = 29.39 \text{kPa}$$

从上面计算中可见因埋深修正增加的承载力达 82.25kPa,因压力扩散增加的承载力达 64.36kPa,而要求筋材提供的承载力增量 Δf 仅需要超过 29.39kPa。

将淤泥质土的内摩擦角 $\varphi = 16°$ 代入式(5.9),得 $D_u = 5.2$m;将 $N = 3, \varphi_s = 34°, F_s = 2.5$ 代入式(5.8)得

$$\Delta f = \frac{3T_a}{2.5}\left[\frac{2\sin\left(45° + \frac{34°}{2}\right)}{5 + 2\tan 25°} + \frac{\cos\left(45° + \frac{34°}{2}\right)}{5.2}\tan^2\left(45° + \frac{34°}{2}\right)\right] \geqslant 29.39$$

求得土工格栅允许抗拉强度 $T_a \geqslant 39.72$kPa。

将 $F_s = 2.5, \varphi_s = 34°, f = 0.8\tan\varphi$ 代入式(5.5),得到筋材的长度

$$L = 5 + 2 \times 1.6\tan 25° + \frac{39.72 \times 2.5}{18.4 \times (3.37 + 1.6) \times 0.8\tan 34°}$$

$$= 5 + 1.49 + 2.0 = 8.49 \text{m}$$

取三层筋材长度为 8.50m。实际选用抗拉强度 $T = 110$kN/m 的土工格栅(综合强度折减系数 RF = 110/39.72 = 2.77)。

闸基沉降量计算按照《建筑地基基础设计规范》推荐的公式:$s = \frac{4P_z \times z \times \bar{\alpha}}{E_s}$ 计算沉降量,P_z 可取垫层底面的附加压力,沉降计算深度 z 为垫层以下深度,$z = b(2.5 - \ln 0.6) = 3.7$m($b$ 可取基底压力扩散至垫层底面的宽度),即取加筋砂垫层底面以下 3.7m,$\bar{\alpha}$ 为平均

附加应力系数,经过验算的沉降量 s 为 0.052m。

2. 加筋土垫层在路堤加固上的应用

当路堤的稳定性不足时,可采用土工合成材料加筋以提高路堤的稳定性,这类路堤称为加筋路堤。加筋垫层路堤是软土地基上路堤工程常见的结构形式,将土工格栅、土工织物或者土工格室等设置在路堤底部的软土地基表面,形成加筋垫层,以提高路堤的稳定性,也称为底筋法。其主要的加筋形式如图 5.14 所示,加筋材料可以是一层或多层,各层筋材间通常铺设一定厚度的砂砾

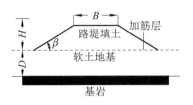

图 5.14 加筋垫层路堤结构示意图

材料构成加筋垫层。铺设加筋材料前,宜在原地表设置 30～50cm 砂垫层或其他透水性较好的均匀填料后,再铺设加筋材料,加筋后可以增大软土地基路堤的填筑高度。

1) 加筋垫层路堤的破坏模式

软土地基上的加筋垫层路堤可能产生的破坏模式如图 5.15 所示。图 5.15(a)是当路堤填土与筋材之间的摩擦力不足以抵抗所承受的剪应力时,可能发生路堤边坡沿筋材表面侧向滑动破坏;图 5.15(b)是当筋材下地基土的强度过低,软土层厚度不大时,地基软土可能相对于筋材和路堤发生侧向挤出破坏,图 5.15(c)是由于筋材受到的拉力超过了筋材与土接触界面的抗剪强度,筋材发生拔出或拉断,使得滑动面上的抗滑力矩和下滑力矩之比小于临界安全系数,导致路堤连同加筋地基发生整体滑动破坏;除了上述破坏模式外,还可能由于加筋路堤变形过大(图 5.15(d)),不满足其使用要求。

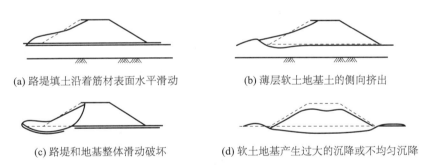

(a) 路堤填土沿着筋材表面水平滑动　　(b) 薄层软土地基土的侧向挤出

(c) 路堤和地基整体滑动破坏　　(d) 软土地基产生过大的沉降或不均匀沉降

图 5.15 加筋堤的破坏模式

在进行软土地基上的加筋垫层路堤设计时,需要根据具体的地质条件、荷载大小和施工方式等,针对可能出现的破坏模式进行预防设计。

2) 加筋垫层路堤的设计

根据《土工合成材料应用技术规范》(GB/T 50290—2014),利用底筋法加固软基的设计应采用土力学极限平衡总应力分析法,且应包括下列内容:

① 按常规方法对典型的堤坝断面进行圆弧滑动稳定分析,得到未设置底筋时堤坝的最小安全系数为 F_{su}。而要求的安全系数为 F_{sr}。当 $F_{su} < F_{sr}$ 时,应铺设底筋。

② 软土地基的承载力验算。

③ 底筋地基的深层抗滑稳定性验算。

④ 底筋地基的浅层抗滑稳定性验算。

⑤ 地基的沉降计算。

(1) 圆弧滑动分析

先试算未设置底筋时堤坝的最小安全系数为 F_{su}，地基与堤身的整体稳定性、堤身的稳定性计算可采用瑞典圆弧法中的有效固结应力法，有条件也可用简化毕肖普法，如图 5.16 所示，由下式计算：

$$F_s = \frac{\sum [c_i b_i + (W_i + Q_i)\tan\varphi_i]/m_{ai}}{\sum (W_i + Q_i)\sin\alpha_i} \tag{5.13}$$

式中，F_s——路堤稳定安全系数，按行业规范取值，一般要求 $F_s \geqslant 1.3$；

b_i——第 i 条土条宽度(m)；

α_i——第 i 个土条底滑面的倾角(°)；

c_i、φ_i——第 i 个土条滑弧所在土层的黏聚力和内摩擦角，依滑弧所在位置，取对应土层的黏聚力(kPa)和内摩擦角(°)；

m_{ai}——系数，按式(5.14)计算，式中各符号的意义同前；

$$m_{ai} = \cos\alpha_i + \frac{\sin\alpha_i \tan\varphi_i}{F_s} \tag{5.14}$$

式中，W_i——第 i 个土条重力(kN)；

Q_i——第 i 个土条垂直方向外力(kN)。

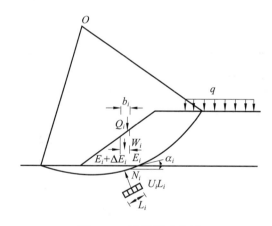

图 5.16 圆弧滑动分析

求得的最小安全系数 F_{su} 与设计要求的安全系数 F_{sr} 比较，当 $F_{su} < F_{sr}$ 时，应铺设底筋。

(2) 软土地基的承载力验算

地基承载力验算应符合下列要求：

① 当地基软土层厚度远大于堤底宽度时，地基极限承载力 q_{ult} 应按下式计算：

$$q_{ult} = c_u N_c \tag{5.15}$$

式中，c_u——地基土的不排水抗剪强度(kPa)；

N_c——软基上条形基础下地基承载力因数，N_c 取 5.14。

② 当地基软土层厚度有限时，应进行坡脚处的抗挤出分析。软土层厚度 $D_s < L$(图 5.17)时，抗挤出的安全系数应按下式计算：

$$F_s = \frac{2c_u}{\gamma D_s \tan\theta} + \frac{4.14c_u}{\gamma H} \quad (5.16)$$

式中，γ——填土重度（kN/m^3）。

要求 $F_s \geq 1.5$。

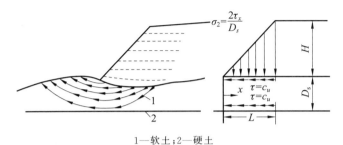

1—软土；2—硬土

图 5.17 坡趾承载力校核

(3) 地基深层抗滑稳定性验算

① 针对未加底筋的深层软土地基及其上土堤进行深层圆弧滑动稳定分析。如果算得的安全系数大于（及等于）F_s，则无须铺设底筋。但尚应再复核土堤抗浅层平面滑动的能力。

② 如果安全系数低于 F_s，则底筋的抗拉强度 T_g（图 5.18）应按下式计算：

$$T_g = \frac{F_{sr}(M_D) - M_R}{R\cos(\theta - \beta)} \quad (5.17)$$

式中，M_D、M_R——未加筋地基圆弧滑动分析时对应于最危险滑动圆的滑动力矩和抗滑力矩（$kN \cdot m$）；

R——滑动圆半径（m）；

θ——筋材与滑弧相交点处切线的仰角（°）；

β——原来水平铺放的筋材在圆弧滑动时其方位的改变角度（°）。地基软土或泥炭等可采用 $\beta = \theta$。$\beta = 0°$ 为最保守情况。

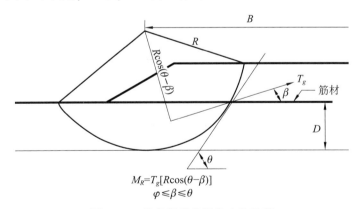

图 5.18 地基深层抗滑稳定性验算

(4) 浅层平面抗滑稳定性验算

① 针对未加底筋的浅层软土地基及其上土堤进行浅层抗滑稳定分析（图 5.19）。分析应按下式计算：

$$F_s = \frac{L\tan\varphi_f}{HK_aH} \tag{5.18}$$

式中，φ_f——堤底与地基土间的摩擦角(°)；

K_a——堤身土的主动土压力系数。

如果算得的安全系数大于（及等于）F_{sr}，则无须铺设底筋。

② 如果安全系数低于 F_{sr}，则需铺设底筋。要求的底筋抗拉强度 T_{ls}（图 5.19(b)）应按下式计算：

$$F_{sr} = \frac{2(Lc_a + T_{ls})}{K_a\gamma H^2} \tag{5.19}$$

式中，c_a——地基土与底筋间的黏着力(kPa)，由不排水试验测定。对极软地基土和低堤，可设 $c_a = 0$。

③ 土堤沿底筋顶面的抗滑稳定分析仍按公式(5.18)和图 5.19(a)进行，但公式中的 φ_f 应改用 φ_{sg}（堤底与底筋面间的摩擦角）。

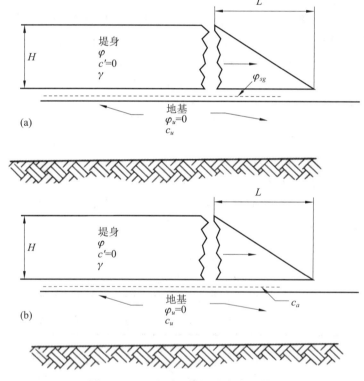

图 5.19 地基平面抗滑稳定性验算

取深层和浅层滑动验算结果中的最大值作为筋材需要提供的拉力值。考虑强度折减后得到要求的底筋抗拉强度 T。确定筋材，另外，选择筋材尚应计及筋材的变形限制，即要考虑筋材的拉伸模量。

(5) 变形验算

加筋堤的地基沉降量与沉降速率可按未加底筋时的常规方法估算，即按照《建筑地基基础设计规范》(GB 50007—2011)的规定进行。

3) 底筋地基施工

(1) 场地应平整,并保留透水根系垫层。

(2) 筋材应宽,不应沿纵向接缝;卷材纵向应垂直于堤轴线;人工拉紧使其无褶皱;铺筋后,应在48h内填土。

(3) 填土前应检查筋材有无损坏,当有损坏时应及时处理。

(4) 极软地基和一般地基应按相应工序和要求施工。

工程实践中,当路堤地基采用桩体复合地基加固时,在路堤和复合地基之间铺设加筋土垫层,既可有效地提高地基承载力,又可有效降低路堤的沉降。

5.4 加筋土挡墙法

加筋土挡墙(reinfored retaining wall)是利用土的加筋技术修建的一种支挡结构物。一般是指由填土、在填土中布置一定量的带状拉筋以及直立的墙面板三部分组成的一个整体的复合结构,如图5.20所示,国外一般称Mechanically Stabilized Earth(MSE) Retaining Wall(机械稳定土挡墙)。面板根据工程实际也可以不设置。1965年法国在普拉涅尔斯成功修建了世界上第一座加筋土挡墙,此后各国开始相继修建加筋土挡墙。我国从20世纪70年代开始修建加筋土挡墙,1978年在云南田坝储煤场修建了我国第一座试验性加筋土挡墙,1991出台了《公路加筋土工程设计规范》。如今加筋土挡墙已广泛应用于路基、桥梁、驳岸、码头、储煤仓、槽道、堆料场等。

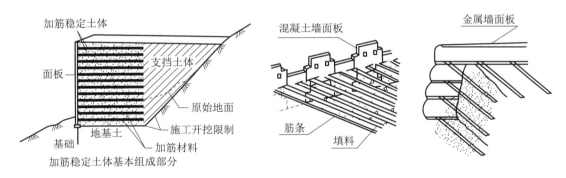

图 5.20 加筋土挡墙结构示意图

与传统的普通重力式挡墙相比,加筋土挡墙具有以下优点:

(1) 充分利用材料性能,以及土和拉筋的共同作用,因而使支挡结构轻型化,其混凝土体积相当于重力式挡墙(3%～5%)。构件可以全部预制和工业化生产,不仅保证了质量,而且降低了原材料的消耗。

(2) 面板、筋带可以在工厂中定形制造、加工,外观整齐漂亮,在现场可以机械分层施工。而且由于构件较轻,施工方便,除需配备压实机械,不需配备其他机械,施工易于掌握。

(3) 墙面垂直,节省占地面积,减少土方量,施工迅速,质量易于控制,施工无噪声。

(4) 工程造价低。加筋土挡墙面板薄、基础尺寸小,当挡墙高度超过5m时,与重力式挡墙相比可降低造价(20%～60%),且墙越高,经济效益越好。

（5）加筋土是柔性结构物，既能够适应地基较大的变形，又具有良好的抗震性能。

5.4.1 加筋土挡墙的类型和破坏机理

根据《公路路基设计规范》(JTG D 30—2015)和《公路土工合成材料应用技术规范》(JTG/T D 32—2012)的有关规定，加筋土挡墙可分为有面板加筋土挡墙和无面板土工格栅加筋土挡墙。有面板加筋土挡墙可用于一般地区的路肩式挡土墙、路堤式挡土墙，无面板土工格栅加筋土挡墙可用于一般地区的路堤式挡土墙，但均不应修建在滑坡、水流冲刷、崩塌等不良地质地段，而以土工合成材料作为加筋材料的加筋土挡墙根据筋材布置方式，一般可分为两种形式：满铺包裹式加筋土挡墙和筋带式加筋土挡墙（图5.21）。

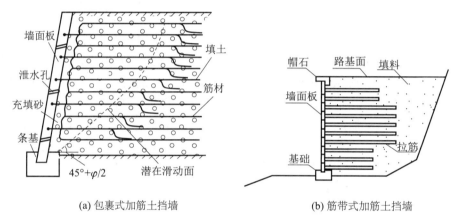

图 5.21 土工合成材料加筋土挡墙类型

加筋土挡墙的整体稳定性取决于加筋土挡墙的内部和外部稳定性，可能产生的破坏形式如图 5.22 和图 5.23 所示。

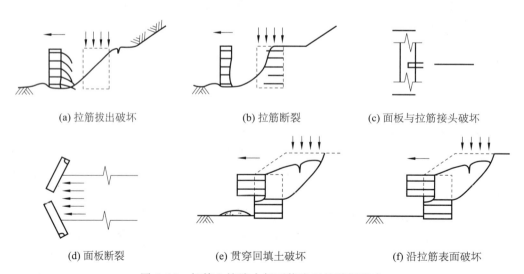

图 5.22 加筋土挡墙内部可能出现的破坏形式

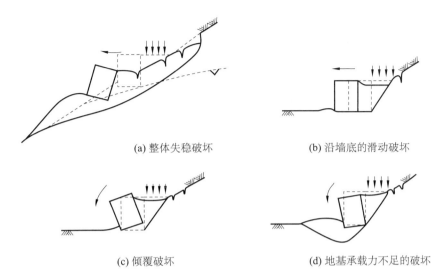

(a) 整体失稳破坏　　(b) 沿墙底的滑动破坏

(c) 倾覆破坏　　(d) 地基承载力不足的破坏

图 5.23　加筋土挡墙外部可能出现的破坏形式

对加筋土挡墙进行内部结构分析可以发现，由于土压力的作用，土体中产生破裂面，墙后的滑动楔体处于极限状态。在土中埋设拉筋后，趋于滑动的楔体，通过面板和土与拉筋间的摩擦作用具有将拉筋拔出的倾向。因此，这部分的水平分力的方向指向墙外。滑动楔体后面的土体则由于拉筋和土体间的摩擦作用把拉筋锚固在土中，从而阻止拉筋被拔出，这一部分的水平分力是指向土体的。两个水平方向分力的交点就是拉筋的最大应力点。将每根拉筋的最大应力点连接成一曲线，该曲线把加筋土挡墙分成两个区域，将各拉筋最大

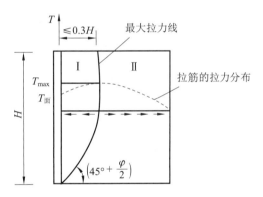

图 5.24　加筋土挡墙内部结构受力分析

应力点连线以左的土体称为主动区（或活动区），以右的土体称为被动区（或锚固区、稳定区），如图 5.24 所示。显然筋材抗拔力与破裂面的形状有关。根据理论与实测的结果，破裂面的形状与挡土墙的高度以及采用的筋材的刚度有关。根据《土工合成材料应用技术规范》（GB/T 50290—2014），对于采用抗拉模量高、延伸率低的土工带等筋材（刚性筋材）的挡墙，墙内填土的潜在破裂面为折线形，顶部宽度为 $0.3H$（H 为墙高），下部为一墙底水平线呈 $45°+\varphi/2$ 角的斜线组成，为 $0.3H$ 型折形破裂面，如图 5.25(a) 所示。对采用抗拉模量较低的柔性、可拉伸的刚度较低的筋带（柔性筋材），如塑料土工格栅的挡墙，墙内填土的潜在破裂面为近似于与墙底水平面呈 $45°+\varphi/2$ 角的斜直线，称为朗肯型直线破裂面，如图 5.25(b) 所示。

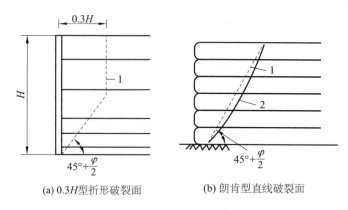

图 5.25 加筋土挡墙的潜在滑动面

5.4.2 加筋土挡墙的构造要求

根据《公路路基设计规范》(JTG D 30—2015)和《公路土工合成材料应用技术规范》(JTG/T D 32—2012)的有关规定,加筋土挡墙的设计一般应满足以下要求。

1. 平面形式

加筋土墙面宜采用钢筋混凝土预制构件,厚度不应小于 80mm,墙面的平面线形可采用直线、折线和曲线,相邻墙面夹角不宜小于 70°。

2. 高度控制

高速公路、一级公路墙高不宜大于 12m,二级及二级以下公路不宜大于 20m;当采用多级墙时,每级墙高不宜大于 10m,上、下级墙体之间应设置宽度不小于 2m 的平台。有面板多级加筋土挡墙的平台顶部应设不小于 2% 的排水横坡,并用厚度不小于 0.15m 的 C15 混凝土防护;当采用细粒填料时,上级墙的面板基础应设置宽度不小于 1.0m、厚度不小于 0.5m 的砂砾或灰土垫层,如图 5.26 所示。

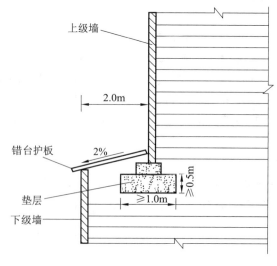

图 5.26 平台与垫层横断面图

无面板加筋土挡墙高度大于 10m 时,应设置多级加筋土挡墙;当挡墙基础受水流影响可能产生冲刷时,洪水位以下浸水墙体应采用重力式挡土墙。

3. 面板基础

加筋土挡墙面板下部应设置宽度不小于 0.4m、厚度不小于 0.2m 的混凝土基础,基础埋置深度不应小于 0.6m。基底不宜设纵坡,可做成水平或结合地形做成台阶形。

4. 护脚

斜坡上的加筋体应设宽度不小于 1.0m 的护脚,以防止前沿土体在加筋土体的水平推力作用下剪切破坏从而导致结构失稳,加筋体面板基础埋置深度应从护脚顶面算起。

5. 沉降缝设置

加筋土挡墙应根据地形、地质、墙高等情况设置沉降缝。土质地基上其间距为 10~30m,岩石地基可适当增大。沉降缝、伸缩缝宽度一般为 20~30mm,可采用沥青板、沥青麻絮或泡沫塑料外涂沥青等填塞,缝的两端常设置对称的半块墙面板。

6. 端部、顶部构造

加筋土挡墙端部可采用护坡、堆坡、护墙等构造措施或直接与相邻的构筑物衔接,挡墙端部设置一个钢筋混凝土立柱与相邻构筑物衔接则更稳妥。

加筋土挡墙墙顶可采用现浇混凝土或浆砌混凝土预制块、浆砌条石作压顶,压顶石也称帽石,其外沿宜伸出墙面 3~5cm,帽石的分段应与墙体的沉降缝在同一位置。

7. 拉筋材料和长度

拉筋材料宜采用土工格栅、复合土工袋或钢筋混凝土板带。

在满足抗拔稳定条件下,拉筋长度应符合下列规定:

(1)墙高大于 3.0m 时,拉筋长度不应小于 0.8 倍墙高,且不小于 5m。当采用不等长的拉筋时,同长度拉筋的墙段高度不应小于 3.0m。相邻不等长拉筋的长度差不宜小于 1.0m。

(2)墙高小于 3.0m 时,拉筋长度不应小于 3.0m,且应采用等长拉筋。

(3)采用预制钢筋混凝土带时,每节长度不宜大于 2.0m。

8. 填料

加筋土挡墙宜采用渗水性良好的中粗砂、砂砾或碎石填筑,填料与筋材直接接触部分不应含有尖锐棱角的块体,填料最大粒径不应大于 100mm。

9. 排水措施

对危害加筋土挡墙稳定的地表水或地下水,应设置完善的防排水设施。当加筋区填筑细粒土时,墙面板内侧应设置宽度不小于 0.30m 的反滤层。冰冻地区加筋体应采取防冻胀措施。

5.4.3 加筋土挡墙的设计

从加筋土挡墙的破坏模式可知,在加筋土挡墙的设计计算中需要考虑的影响因素较多,包括挡墙的地基条件、几何形式、面板形式与特性、加筋和填土的种类与特性、墙顶荷载类型与大小、加筋布置形式,以及筋土之间的相互作用特性等。在进行加筋土挡墙设计时,首先需要分析加筋土挡墙的具体情况,概化挡墙的基本条件,简化可能存在的破坏模式,然后再进入设计计算环节。

根据《土工合成材料应用技术规范》(GB/T 50290—2014),加筋土挡墙设计采用极限平衡法,应包括以下内容:挡墙外部稳定性验算;挡墙内部稳定性验算;加筋材料与墙面板的连接强度验算;确定墙后排水和墙顶防水措施。具体可按如下步骤进行设计:

① 按经验确定一个初始挡墙断面,按构造要求初设水平筋材长度。

② 确定作用在挡墙上的各项荷载,包括墙后填土重、墙顶超载和土压力等,以及根据工程规模等级和所处的区域决定的地震荷载。

③ 进行挡墙的稳定性验算,包括内部和外部稳定性验算。

④ 若稳定性安全系数过大或者为了便于施工,可对设计进行优化,必要时可调整筋材长度。

⑤ 排水设施设计。

⑥ 挡墙的细部构造设计等。

1. 内部稳定性验算

从前述加筋土挡墙的破坏机理可以发现加筋土挡墙内部稳定性分析主要是针对拉筋断裂和拔出两种破坏模式,因而通过对筋材的强度和抗拔稳定性进行验算,从而在计算结果基础上,确定加筋长度。

1) 筋材强度验算

每一层加筋均需要进行强度验算。根据极限平衡原理,在加筋土挡墙内某一加筋体上的拉力应等于填土所受到的侧压力。加筋处土体的侧压力由各种荷载引起的水平土压力和水平附加应力两部分构成,由《土工合成材料应用技术规范》(GB/T 50290—2014),第 i 层单位墙长筋材承受的水平拉力应按式(5.20)计算

$$T_i = [(\sigma_{vi} + \sum \Delta \sigma_{vi})K_i + \Delta \sigma_{hi}]s_{vi}/A_r \tag{5.20}$$

式中,σ_{vi}——第 i 层加筋处土的垂直自重应力(MPa);

$\Delta \sigma_{vi}$——第 i 层加筋处由超载引起的垂直附加应力(MPa);

$\Delta \sigma_{hi}$——水平附加荷载(kPa),如地震引起的附加荷载;

A_r——筋材面积覆盖率,$A_r = 1/s_{hi}$,筋材满铺时取 1;

s_{hi}——第 i 层加筋处加筋体的水平间距(m);

s_{vi}——第 i 层加筋处加筋体的竖向间距(m);

K_i——第 i 层加筋处的侧向土压力系数。

由于加筋材料类型不同,会导致加筋土挡墙内土体的侧压力系数 K_i 的不同。对于柔性筋材(图 5.27(a)):

$$K_i = K_a \tag{5.21}$$

对于刚性筋材(图 5.27(b)):

$$\begin{aligned} K_i &= K_0 - [(K_0 - K_a)z_i]/6, \quad 0 < z \leqslant 6\text{m} \\ K_i &= K_a, \quad z > 6\text{m} \end{aligned} \tag{5.22}$$

式中,K_0——填土的静止土压力系数;

K_a——填土的主动土压力系数,按照朗肯土压力理论计算。

水平拉力 T_i 应满足下列要求:

$$T_a/T_i \geqslant 1 \tag{5.23}$$

式中,T_a——筋材的允许抗拉强度(kPa)。

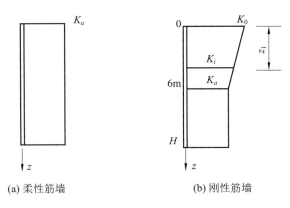

图 5.27 挡土墙土压力系数

用于加筋土挡墙的土工合成材料,应按下式(5.24)确定其允许抗拉强度 T_a:

$$T_a = \frac{T_{ult}}{RF} = \frac{T_{ult}}{RF_{CR} \cdot RF_D \cdot RF_{ID}} \tag{5.24}$$

式中,T_{ult}——加筋材料的极限抗拉强度(kPa),由试验确定;

RF——总折减系数;

RF_{CR}——蠕变折减系数;

RF_D——考虑材料长期老化影响的强度折减系数;

RF_{ID}——施工损伤折减系数。

以上各折减系数应按具体工程采用的加筋材料类别、填土情况和工作环境等通过试验测定。

当 T_a/T_i 小于 1 时,应调整筋材的间距或改用具有更高强度的筋材。

2) 筋材抗拔稳定性验算

第 i 层筋材 T_{pi} 的抗拔力应根据填土破裂面以外筋材的有效长度 L_{ei}(锚固长度)与周围土体产生的摩擦力(图 5.28)按下式计算:

$$T_{pi} = 2B\sigma_{vi}L_{ei}f \tag{5.25}$$

式中,f——筋材与土的摩擦系数,应由试验测定。无实测资料,对于不均匀系数 $C_u>5$ 的透水性回填土料,用有纺土工织物作为加筋材料时,与土的摩擦系数可采用 $\frac{2}{3}\tan\varphi$;用塑料土工格栅作为加筋材料时,可采用 $0.8\tan\varphi$,φ 为填土的内摩擦角。

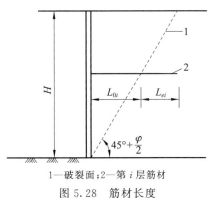

1—破裂面;2—第 i 层筋材

图 5.28 筋材长度

σ_{vi}——作用在第 i 层筋体上的有效法向应力(kPa)。

B——筋体宽度(m),满铺时,$B=1$。

L_{ei}——筋材的有效长度,按破裂面以外的筋材长度确定(m)。

筋材抗拔稳定性验算应满足下式要求:

$$F_s = T_{pi}/T_i \geqslant 1.5 \tag{5.26}$$

式中,F_s——抗拔稳定安全系数。

当不满足要求时,应加长筋材或增加筋材用量,重新进行验算。

3) 第 i 层筋材总长度的确定

根据加筋土挡墙潜在破裂面的位置(图 5.28),要求筋体具有足够的锚固长度,以保证筋体不会被拔出破坏。如前所述,根据假定的破裂面将土体划分为主动区和稳定区,由主动区加筋长度和稳定区锚固长度确定每一加筋层的总长度,即

$$L_i = L_{0i} + L_{ei} \tag{5.27}$$

当加筋体采用柔性筋材,挡土墙墙背垂直,填土面水平时

$$L_{0i} = (H - z_i) \tan\left(45° - \frac{\varphi}{2}\right) \tag{5.28}$$

当加筋体采用刚性筋材时,

$$L_{0i} = 0.3H \tag{5.29}$$

式中,H、z_i——分别为墙底和第 i 层筋材距墙顶的深度(m);

φ——墙后土体的内摩擦角(°)。

对于包裹式加筋土挡墙,筋体总长度还需加上加筋体外端部回包长度 L_{wi},该长度不得小于 1.2m,或筋材与墙面连接所需长度。为施工方便,自上而下筋材宜取等长度,墙高度较大时,也可分段采用不同长度。

拉筋的长度通过以上计算确定后,根据不同的结构形式,还需满足构造要求。

【例题 5.3】 采用允许抗拉强度为 25kN/m 的土工格栅做加筋材料,修建一座高 6m 的公路挡土墙,墙背垂直光滑,填土面水平,共 10 层加筋,每层长度为 5m,满铺布置,回填土重度 $\gamma=18$kN/m³,内摩擦角 $\varphi=30°$,试校核设计中筋材的抗拉断和抗拔出是否安全?

解:由题意,筋材垂直间距 $S_v=0.6$m。对土工合成材料满铺筋材,取单位墙长,沿墙高按朗肯土压力理论计算土压力系数

$$K_a = \tan^2\left(45° - \frac{\varphi}{2}\right) = 0.333$$

抗拉断验算:筋材最大拉力发生在底层,由式(5.20)

满铺筋材 $A_r=1$

$$T_{\max} = \gamma H K_a S_v = 18 \times 6 \times 0.333 \times 0.6 = 21.6 \text{kN/m} < T_a = 25 \text{kN/m}$$

抗拔验算:计算最高一层筋材强度,该层拉力为

$$T_1 = \gamma z_1 K_a S_v$$

格栅与土的摩擦系数

$$f = 0.8\tan\varphi = 0.8\tan 30° = 0.462$$

取抗拔安全系数为 1.5,代入式(5.26)得到

$$L_e = 0.5 \times 1.50 \times 0.333 \times 0.6/0.462 = 0.33 \text{m},\text{实际取 1m}。$$

土工格栅属于柔性筋材,故破裂面假设为朗肯破裂面

$$L_a = (H - z_1)\tan\left(45° - \frac{\varphi}{2}\right) = (6 - 0.6) \times \tan 30° = 3.12 \text{m}$$

$$L = L_e + L_a = 1.0 + 3.12 = 4.12 \text{m} < 5 \text{m}$$

墙高 6m,拉筋长度不小于 5m。

由此可见满足土工格栅的抗拉断和抗拔要求,也满足构造要求。

2. 外部稳定性验算

当确定挡墙满足内部稳定性的要求后,加筋土挡墙外部稳定性验算应将整个加筋土体视为刚体,采用一般重力式挡墙的方法验算墙体的抗水平滑动稳定性、抗深层滑动稳定性和地基承载力。加筋土体可不做抗倾覆校核,但墙底面上合力的作用点应在底面中三分段之内。墙背土压力的计算可采用朗肯(Rankie)土压力理论(图 5.29)。

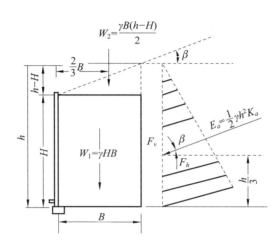

图 5.29 墙背垂直、填土面倾斜时的土压力计算

5.4.4 加筋土挡墙的施工技术

1. 基础施工

基础开挖时,基坑平面尺寸一般大于基础外缘 0.3m,对未风化的岩石应将岩面凿成水平台阶。台阶宽度不宜小于 0.5m,台阶长度除满足面板安装需要外,高度比不宜大于 1∶2。当基坑底地层为碎石土、砂性土或黏性土时,均应整平夯实。对特殊土地基,应按有关规定处理。在地基上浇筑或放置预制基础,基础一定要做到平整,使得面板能够直立。须严格控制基础顶面标高,砌筑基础时可用水泥砂浆找平,基础砌筑时,应按设计要求预留沉降缝。

2. 面板安装

混凝土面板可在预制厂或工地附近场地预制后再运到施工场地安装,面板可竖向堆放,也可平放,但应防止扣环变形和碰坏边缘角网。当面板平放时,其堆筑高度不宜超过 5 块。板块间宜用方木衬垫。墙面板的安设应根据高度和填料情况设置适当的仰斜,斜度宜为 1∶0.02~1∶0.05。安设好的面板不得外倾。

3. 铺设筋带

拉筋应按设计位置水平铺设在已经整平、压实的土层上,单根拉筋应垂直于面板,多根拉筋应按设计扇形铺设。聚丙烯土工带拉筋安装应平顺,不得打折、扭曲,不得与硬质、棱角填料直接接触。

拉筋与面板之间的连接应牢固,连接部位强度应不低于拉筋强度。拉筋贯通整个路基时,宜采用单根拉筋拉住两侧面板。钢筋混凝土带与面板拉环的连接,以及每节钢筋混凝土带之间的连接，可采用焊接、扣环或螺栓连接。

4. 填料的摊铺和压实

挡土墙墙背拉筋锚固段填料宜采用具有一定级配、透水性好的砂类土或碎砾石土，土中的粗颗粒不应含有在压实过程中可能破坏拉筋的带尖锐棱角的颗粒。

1) 填料的摊铺

加筋土填料应根据筋带竖向间距进行分层摊铺。填料摊铺应从拉筋中部开始平行于墙面进行。卸料时机具与面板距离不应小于1.5m。可用人工摊铺或机械摊铺，摊铺厚度应均匀一致，表面平整，并设不小于3%的横坡。当机械摊铺时，摊铺机械距面板不应小于1.5m。对钢筋混凝土筋带顶面以上填料，一次摊铺厚度不得小于20cm。

2) 填料压实

碾压前应进行现场压实试验。应根据拉筋间距、碾压机具和密实度要求确定分层摊铺厚度、碾压次数以指导施工。填料填筑压实时，应随时检查其含水量是否满足压实要求。每层填料摊铺完毕后，应及时分层碾压。碾压时一般先轻后重，不得使用羊足碾碾压。压实作业从拉筋中部开始平行于墙面逐步驶向尾部，然后再向面板方向进行碾压，不得平行于拉筋方向碾压。靠近墙面板1m范围内，应使用小型机具夯实或人工夯实，不得使用重型压实机械压实。严禁车辆在未经压实的填料上行驶。用黏性土做填料时，在雨季施工时应采取排水和遮盖措施。

施工过程中应加强对墙体变形的观测，发现异常应及时处理。

当路堤的稳定性不足时，可采用加筋路堤来提高路堤的稳定性，当路堤边坡较陡时（如坡角大于70°），应按加筋土挡墙进行设计验算；当路堤边坡较缓时，则与加筋土边坡的稳定性验算方法类似。加筋土边坡设计采用极限平衡理论，可按圆弧滑动法或楔体滑动法验算土坡的稳定安全系数。筋材强度验算和内部稳定验算与加筋土挡墙验算相同。

5.5 土钉支护法

土钉（soil nail）是指用来加固或同时锚固现场原位土体的细长杆件。土钉支护（soil sailing wall）是指逐层布置排列较密的土钉群，强化边坡主体，并在坡面铺设钢筋网，喷射混凝土，其支挡作用类似于挡土墙，如图5.30所示，故也称为土钉墙。20世纪70年代初，德国、法国和美国就各自开始了土钉支护的研究与应用，但土钉诞生的原因并不相同。土钉在德国是基于土层锚杆和加筋土挡墙发展起来的，在法国却是基于新奥法的原理发展起来的，新奥法在60年代主要用于岩石隧道的支护，70年代初被成功地用于土质隧道和土质边坡的支护。美国最早的土钉墙是用于1974年匹茨堡PPG工业总部的深基坑支护。我国应用土钉支护的首例工程是1980年山西柳湾煤矿的边坡工程。最近10多年来，冶金建筑研究总院、北京工业大学、清华大学、总参工程兵三所单位在土钉支护的研究开发中做了不少工作。目前，这一新技术已经在北京、深圳、广州、武汉等全国各地得到

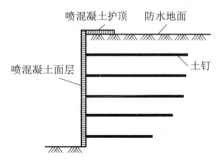

图5.30 土钉支护结构示意图

了广泛应用，普遍应用于边坡稳定和深基坑开挖支护。

5.5.1 土钉的类型、特点及适用性

1. 土钉的类型

土钉墙，它由被加固的土体、放置在土体中的土钉群与喷射混凝土面板三个紧密结合的部分组成。土钉是其最主要的构件，按施工方法分为钻孔注浆型土钉、打入型土钉、射入型土钉。

1）钻孔注浆型土钉

先在土中钻孔，置入钢筋，然后沿全长注浆，为使土钉钢筋处于孔的中心位置，有足够的浆体保护层，需沿钉长每隔 2～3m 设对中支架。钻孔注浆型土钉是最常用的类型，可用于永久性或临时性的支挡工程。

2）打入型土钉

① 打入注浆型土钉：直接将带孔的钢管打入土中，然后高压注浆形成土钉，这种土钉特别适合于成孔困难的砂层和软弱土层。

② 在土体中直接打入角钢、圆钢或钢筋等，不再注浆。由于打入式土钉与土体间的黏结摩阻强度低，钉长又受限制，因此布置较密。打入钉的优点是不需要预先钻孔，施工速度快，但不适用于砾石土和密实胶结土，也不适用于服务年限大于 2 年的永久支护工程。

3）射入型土钉

由采用压缩空气的射钉机依任意选定的角度将直径 25～38mm、长 3～6m 的光直钢杆（或空心钢管）射入土中。土钉可采用镀锌或环氧防腐套，土钉头通常配有螺纹，以附设面板。这种形式施工快速、经济，适用于多种土层，具有很大的发展潜力。

2. 土钉支护的特点

与其他支护类型相比，土钉支护具有以下一些特点或优点：

(1) 土钉与土体共同形成了一个复合体，土体是支护结构不可分割的部分，可以合理地利用土体的自承能力。

(2) 结构轻柔，有良好的延性和抗震性。1989 年美国加州 7.1 级地震中，震区内有 8 个土钉墙结构，其中有 3 个位于震中 3km 范围内，估计至少遭到了约 0.4g 的水平地震加速度作用，均未出现任何损害迹象。

(3) 施工设备简单。土钉的制作与成孔、喷射混凝土面层都不需要复杂的技术和大型机具。

(4) 施工不需单独占用场地，当施工场地狭小、放坡困难、有相邻建筑以及大型护坡施工设备不能进场时，该技术显示出独特的优越性。

(5) 对周围环境的干扰小。没有打桩或钻孔机械的轰隆声，也没有地下连续墙施工时污浊的泥浆。

(6) 土钉支护是边开挖边支护，流水作业，不占独立工期，施工快捷。

(7) 工程造价低，经济效益好，国内外资料表明，土钉支护的工程造价能够比其他支护低 1/2～1/3。

(8) 容易实现动态设计和信息化施工。根据现场位移或变形监测反馈的信息，很容易调整土钉的长度和间距，也容易调整面层的厚度。既可以避免浪费，又能够防止出现工程事故。

3. 土钉支护的适用性

土钉支护适用于地下水位以上或经人工降水措施后的杂填土、普通黏土或弱胶结的砂土的基坑支护或边坡加固。对标准贯入击数低于10或相对密实度低于0.3的砂土边坡，采用土钉法一般是不经济的；对不均匀系数小于2的级配不良的砂土，土钉法不可采用；对塑性指数 I_P 大于20的黏性土，必须仔细评价其徐变特性后，方可用土钉用作永久性支挡结构。土钉支护不宜用于含水丰富的粉细砂岩、砂砾卵石层和淤泥质土。不得用于没有自稳能力的淤泥和饱和软弱土层。

单独的土钉墙宜用于深度不大于12m的基坑支护或边坡维护，当土钉墙与放坡开挖、土层锚杆联合使用时，深度可以进一步加大。

土钉技术在应用上也有其一定局限性：土钉墙施工时一般要先开挖土层1~2m，喷射混凝土和安装土钉前需要在无支护情况下至少稳定几小时，因此土体必须有一定的"黏聚力"，否则须先行灌浆处理，使造价增加和施工复杂。另外，土钉墙施工时要求坡面无水渗出；若地下水从坡面渗出，则开挖后坡面会出现局部坍滑，不易形成一层喷射混凝土面。

5.5.2 加固机理

1. 土钉的作用

土钉在复合土体中有以下几种作用机理：

1）箍束骨架作用

该作用是由土钉本身的刚度和强度，以及它在土体内分布的空间所决定的，它在复合体中起骨架作用使复合土体构成一个整体，从而约束土体的变形和破坏。

2）分担荷载作用

在复合体内，土钉与土体共同承担外荷载和自重应力，土钉起着分担作用，由于土钉有很高的抗拉、抗剪强度和相较于土体较高的抗弯刚度，所以在土体进入塑性状态后，应力逐渐向土钉转移，当土体发生开裂后，土钉的分担作用更突出，这时土钉内出现弯剪、拉剪等复合应力，从而导致土体中的浆体破碎、钢筋屈服。土钉墙之所以能够延迟塑性变形及渐进性开裂变形的出现，跟土钉的分担作用是密切相关的。

3）应力传递与扩散作用

依靠土钉与土体的相互作用，土钉将所承受的荷载通过土钉向土体深层及周围扩散，从而降低复合土体的应力水平，改善变形性能。在同等荷载作用下，由土钉加固的土体内的应变水平比素土边坡土体内的应变水平大大降低，从而推迟了开裂的形成与发展。

4）对面层的约束作用

土钉使面层与土体紧密接触，从而使面层能够约束、限制土体的侧向鼓胀变形量与开裂面的开展程度，起到削弱土体内部塑性变形，加强边界约束的作用。对坡面变形起约束作用的约束力取决于土钉表面与土之间的摩阻力，当复合土体开裂面区域扩大并连成片时，摩阻力主要来自开裂区域后的稳定复合土体。

2. 土钉支护结构整体作用

1）主动制约支挡机制

传统的挡土结构支护方法，防止土体坍塌破坏是依靠挡土结构自身强度、刚度、支撑条件及嵌入深度形成抗力维持稳定,其作用是利用外部支挡形成的抗力被动地支挡要下滑破坏的边坡土体。而土钉墙是在土体内设置一定长度与分布密度的钢筋,与土体共同工作,形成强度较高的复合土体,增强土坡坡体自身的稳定性,属于主动制约支挡体系。北京工业大学试验表明,采用土钉后的边坡比天然土坡的承载力提高了一倍以上。

2) 类重力墙的作用

由于土钉数量众多,间距较小,土钉与土的共同作用使之形成了类重力式复合土体挡墙,以抵抗土体侧压力,保持土体稳定。因而在土钉的设计中,土钉密度比长度更重要。

3) 土拱作用

受土钉约束,邻近土钉的土体变形较小,离土钉较远的土体变形较大,土钉与钉间土形成了土拱作用,保持钉间土的稳定。

5.5.3 土钉支护(土钉墙)的设计

土钉支护主要用于建筑基坑工程和公路路基工程,因此针对其设计有相应的行业标准,构造要求、强度和稳定性验算略有不同,应根据实际工程选用。土钉支护一般按以下步骤进行:

① 确定土钉的平面和剖面间距,以及布置形式;
② 确定土钉的直径、长度、倾角及空间方向;
③ 确定土钉如钢筋(管)直径、壁厚及构造等;
④ 注浆配方、注浆施工工艺、浆体强度指标等设计;
⑤ 面层设计及坡顶防护措施设计;
⑥ 土钉抗拔力验算和稳定性验算;
⑦ 变形监测方案设计;
⑧ 施工图设计、施工工艺设计和说明书编制;
⑨ 现场监测及质量控制设计。

土钉墙的设计方法有很多种,目前还没有一个公认统一的计算方法。按其基本原理可分为极限平衡方法和有限元方法。目前在工程上多采用极限平衡分析法,如法国圆弧形破裂面方法、德国双线性破裂面方法、运动学方法、王步云方法、Bridle方法等。下面介绍依据《建筑基坑支护技术规程》(JGJ 120—2012)进行土钉墙设计的相关内容。

1. 土钉支护的构造要求

土钉墙宜采用洛阳铲成孔的钢筋土钉。对易塌孔的松散或稍密的砂土、稍密的粉土、填土,或易缩径的软土宜采用打入式钢管土钉。对洛阳铲成孔或钢管土钉打入困难的土层,宜采用机械成孔的钢筋土钉。

土钉一般均匀布置,水平间距和竖向间距宜为 $1\sim2m$,沿面层布置的土钉密度不应低于每 $6m^2$ 一根。当基坑较深、土的抗剪强度较低时,土钉间距应取小值。土钉倾角宜为 $5°\sim20°$,重力注浆时不宜小于 $15°$。

土钉长度宜为开挖深度 H 的 $0.5\sim1.2$ 倍。一般注浆式土钉的长度取 $(0.5\sim0.7)H$,打入式土钉取 $(0.5\sim0.6)H$,为了减少支护变形,控制地面开裂,顶部土钉的长度宜适当增加。

成孔型注浆土钉钢筋宜采用 HRB400、HRB500 钢筋,直径宜取 $16\sim32mm$。成孔直径宜取 70～120mm,一般为 100mm;钢管外径不宜小于 48mm,壁厚不宜小于 3mm。注浆材料为水泥浆或水泥砂浆,强度不宜低于 20MPa。

土钉的面层由混凝土、纵横交错的钢筋网、通长的加强钢筋构成。喷射混凝土面层厚度为 80～100mm,强度等级不宜低于 C20。

土钉墙墙面坡度不宜大于 1:0.2,当基坑较深、土的抗剪强度较低时,宜取较小坡度。

钢筋网宜采用 HPB300 级钢筋,直径宜为 6～10mm,间距 150～250mm,钢筋网间搭接长度应大于 300mm;加强钢筋直径宜取 14～20mm,间距与土钉杆间距相同,如图 5.31 所示。

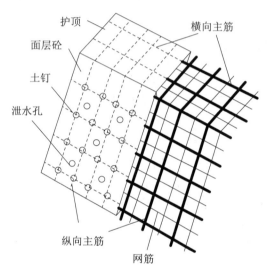

图 5.31 土钉钢筋网布置图

2. 土钉抗拔力承载力验算

大多数设计中,都假定土钉为受拉工作,不考虑其抗弯刚度。已有资料表明,忽略抗弯刚度对安全系数的影响一般在 10%～15%,而且受弯作用只有当支护结构接近破坏状态时才发挥出来,因此忽略抗弯刚度一般偏于安全。

(1) 单根土钉极限抗拔承载力应符合下式规定:

$$\frac{R_{k,j}}{N_{k,j}} \geqslant K_t \quad (5.30)$$

式中,K_t——土钉抗拔安全系数;安全等级为二级、三级的土钉墙,K_t 分别不应小于 1.6、1.4;

$N_{k,j}$——第 j 层土钉的轴向拉力标准值(kN);

$R_{k,j}$——第 j 层土钉的极限抗拔承载力标准值(kN)。

(2) 公式(5.30)中单根土钉的轴向拉力标准值按式(5.31)计算

$$N_{k,j} = \frac{1}{\cos\alpha_j} \zeta \cdot \eta_j p_{ak,j} \cdot s_{x,j} \cdot s_{z,j} \quad (5.31)$$

式中,$N_{k,j}$——第 j 层土钉的轴向拉力标准值(kN);

α_j——第 j 层土钉的倾角(°);

ζ——墙面倾斜时的主动土压力折减系数;

η_j——第 j 层土钉的轴向拉力调整系数;

$p_{ak,j}$——第 j 层土钉处的主动土压力强度标准值(kPa);

$s_{x,j}$——土钉的水平间距(m);

$s_{z,j}$——土钉的垂直间距(m)。

(3) 式(5.31)中坡面倾斜时的主动土压力折减系数按式(5.32)计算,如图 5.32 所示。

$$\zeta = \tan\frac{\beta - \varphi_m}{2}\left(\frac{1}{\tan\frac{\beta + \varphi_m}{2}} - \frac{1}{\tan\beta}\right)/\tan^2\left(45° - \frac{\varphi_m}{2}\right) \quad (5.32)$$

式中,β——土钉墙坡面与水平面的夹角(°);

φ_m——基坑底面以上各土层按等厚度加权的等效内摩擦角平均值(°)。

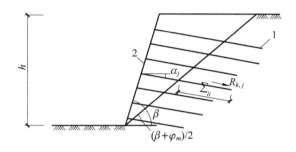

1—土钉;2—混凝土面层

图 5.32 土钉抗拔承载力计算

(4) 式(5.31)中土钉轴向拉力调整系数 η_j 可按下列公式计算:

$$\eta_j = \eta_a - (\eta_a - \eta_b)\frac{z_j}{h} \quad (5.33)$$

$$\eta_b = \frac{\sum_{i=1}^{n}(h - \eta_b z_j)\Delta E_{aj}}{\sum_{i=1}^{n}(h - z_j)\Delta E_{aj}} \quad (5.34)$$

式中,z_j——第 j 层土钉至基坑顶面的垂直距离(m);

h——基坑深度(m);

ΔE_{aj}——作用在以 s_{xj}、s_{zj} 为边长的面积内的主动土压力标准值(kN);

η_a——计算系数;

η_b——经验系数,可取 0.6~1.0;

n——土钉层数。

(5) 单根土钉极限抗拔承载力标准值的确定。

单根土钉的极限抗拔承载力应通过抗拔试验确定,初步设计时对于基坑侧壁安全等级为三级时可根据下列公式进行估算,取两者中的小值作为土钉的抗拔承载力标准值。

① 按土钉与土层的黏结强度计算,即

$$R_{k,j} = \pi d_j \sum q_{sk,i} l_i \tag{5.35}$$

② 按土钉钢筋强度计算,即

$$R_{k,j} = f_{yk} A_s \tag{5.36}$$

式中,d_j——第 j 层土钉锚固体直径(mm);

$q_{sk,i}$——第 j 层土钉与第 i 土层的极限黏结强度标准值(kPa);

l_i——第 j 层土钉滑动面以外的部分在第 i 土层中的长度(m),直线滑动面与水平面的夹角取 $\dfrac{\beta+\varphi_m}{2}$(°)。

3. 土钉墙的外部稳定性验算

密集的土钉与原位土体组成复合结构体,可看作一个整体。外部稳定性验算时将其视作刚性重力式挡土墙结构,需进行抗倾覆、抗滑移和地基承载力等验算。

1) 整体滑动稳定性验算

(1) 基本假定。

对土钉墙进行整体稳定性分析,是以下述假定为前提:

① 土钉体的设置不影响原位土体滑裂面的形状与尺寸,滑裂面仍为圆弧面(临界滑裂面),破坏是由该圆弧滑裂面决定的准刚性区整体滑动产生的;

② 破坏时,土钉的最大拉应力和剪应力出现在土钉穿过的临界滑裂面的位置上;

③ 只考虑土钉的抗拉作用;

④ 土钉抗剪强度沿着滑裂面全部发挥。

(2) 整体滑动稳定性验算。

土钉墙应根据施工期间不同开挖深度及基坑底面以下可能出现的滑动面采用圆弧滑动条分法,取一定长度边坡体,如图 5.33 所示,按式(5.37)计算稳定安全系数 K_s,要求安全等级为二级、三级的土钉墙,K_s 的最小值分别不应小于 1.3、1.25。

$$K_{s,i} = \dfrac{\sum \left[c_j l_j + (q_j b_j + \Delta G_j) \cos\theta_j \tan\varphi_j \right] + \sum R'_{k,k} \left[\cos(\theta_k + \alpha_k) + \psi_v \right]/s_{x,k}}{\sum (q_j b_j + \Delta G_j) \sin\theta_j}$$

(5.37)

式中,$K_{s,i}$——第 i 个滑动圆弧的抗滑力矩与滑动力矩的比值;抗滑力矩与滑动力矩之比的最小值宜通过搜索不同圆心及半径的所有潜在滑动圆弧确定;

c_j、φ_j——第 j 土条滑弧面处土的黏聚力(kPa)、内摩擦角(°);

b_j——第 j 土条的宽度(m);

q_j——作用在第 j 土条上的附加分布荷载标准值(kPa);

ΔG_j——第 j 土条的自重(kN),按天然重度计算;

θ_j——第 j 土条滑弧面中点处的法线与垂直面的夹角(°);

$R'_{k,k}$——第 k 层土钉对圆弧滑动体的极限拉力值(kN);应取土钉在滑动面以外的锚固体极限抗拔承载力标准值与杆体受拉承载力标准值($f_{yk}A_s$ 或 $f_{ptk}A_p$)的较小值;锚固体的极限抗拔承载力取圆弧滑动面以外的长度计算;

α_k——第 k 层土钉的倾角(°);

θ_k——滑弧面在第 k 层土钉的法线与垂直面的夹角(°);

$s_{x,k}$——第 k 层土钉的水平间距(m);

ψ_v——计算系数;可取 $\psi_v = 0.5\sin(\theta_k + \alpha_k)\tan\varphi$,此处 φ 为第 k 层土钉与滑弧交点处土的内摩擦角。

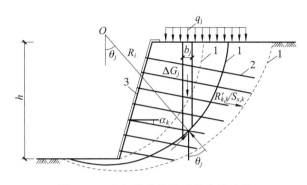

图 5.33 土钉墙整体滑动稳定性验算

2) 坑底抗隆起稳定验算

基坑底面下有软土层,为防止地基土的强度过低,软土层厚度不大时,地基软土可能出现侧向挤出破坏,故土钉墙结构应进行坑底隆起稳定性验算,如图 5.34 所示,验算可采用下列公式(5.38)。

$$\frac{\gamma_{m2}DN_q + cN_c}{(q_1b_1 + q_2b_2)/(b_1+b_2)} \geqslant K_b \tag{5.38-1}$$

$$N_q = \tan^2(45° + \frac{\varphi}{2})e^{\pi\tan\varphi} \tag{5.38-2}$$

$$N_c = (N_q - 1)/\tan\varphi \tag{5.38-3}$$

$$q_1 = 0.5\gamma_{m1}D + \gamma_{m2}D \tag{5.38-4}$$

$$q_2 = \gamma_{m1}D + \gamma_{m2}D + q_0 \tag{5.38-5}$$

式中,K_b——抗隆起安全系数,安全等级为二级、三级的土钉墙,K_b 分别不应小于 1.6、1.4;

q_0——地面均布荷载(kPa);

γ_{m1}——基坑底面以上土的重度(kN/m³);对多层土取各层土按厚度加权的平均重度;

h——基坑深度(m);

γ_{m2}——基坑底面至抗隆起计算平面之间土层的重度(kN/m³);对多层土取各层土按厚度加权平均;

D——基坑底面至抗隆起计算平面之间土层的厚度(m);当抗隆起计算平面为基坑底平面时,取 $D=0$;

N_c、N_q——承载力系数;

c、φ——抗隆起计算平面以下土的黏聚力(kPa)、内摩擦角(°);

b_1——土钉墙坡面的宽度(m);当土钉墙坡面垂直时,取 b_1 等于 0;

b_2——地面均布荷载的计算宽度(m),可取 b_2 等于 h。

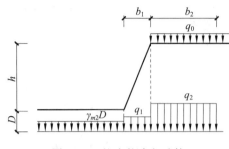

图 5.34 坑底抗隆起验算

5.6 典型案例

1. 土工织物加筋垫层处理油罐软基(王铁儒等,1992)

1) 工程概况

南京炼油厂 5 座 20000m³ 浮顶原油罐,建造在长江岸边河滩地带,油罐为钢制浮顶油罐,直径 40.5m,高 15.8m,设计基础高为 2.5m。填土厚为 4m,荷载为 205kPa,地基表层为厚约 18m 的淤泥质黏土(含约 1m 硬壳),含水量 $\omega=46.6\%$,天然孔隙比 $e=1.32$,重度 $\gamma=17.5 kN/m^3$,其下为粉细砂层夹粉质黏土层。根据生产及运行要求,该油罐地基与基础技术满足以下要求:能承受 $288 kN/m^2$ 荷载;油罐整体倾斜 $\Delta S_D \leqslant 0.04 \sim 0.05$,周边沉降差 $\Delta S/L < 0.0022$,中心与边沿差为 $\Delta S/D < 1/45 \sim 1/44$;控制最终沉降不超过预留高度。由于油罐地基软土层很厚,强度较低,压缩较大,采用天然地基难以满足工程要求,必须对地基进行处理。

2) 地基处理设计

经比较多种方案后,采用排水固结和土工织物加筋垫层处理油罐软基。即利用排水固结充水预压提高地基的强度,以满足油罐荷载的要求;利用土工织物加筋垫层,均化应力,调整不均匀沉降,以满足基础及油罐底板均匀沉降的要求。利用厚为 4m 的填土作为加筋垫层,土工织物加筋布置方案有两种,分别称为土工织物碎石袋垫层和土工布加筋垫层。前者用直径为 300mm 的编织布袋,内装碎石,制成碎石袋,分三层平行铺设,并以交角为 60°交错堆叠而成,总厚约为 1.5m。在厚 4m 填土内,相间铺设两层碎石袋和两层填土。后者用聚丁烯编织布水平交错铺设,两端回折,包裹填土,厚度为 300mm,共 5 层,总厚 1.5m,上面覆盖 2.5m 填土。地基排水固结也用两种方案,即天然地基排水固结和砂井地基排水固结。砂井直径为 70mm、长 18m、间距为 1.2m。为了控制充水预压的加荷速率,防止地基破坏,检验垫层的效果,在油罐基础、土工织物垫层底面及地基中布置了沉降、分层沉降、基底压力、孔隙水压力和侧向变形等观测项目,埋设仪器进行观测,加筋垫层所用的土工织物为 2000 旦聚丙烯编织布,厚约 1mm、宽为 1m,抗拉强度为 $2000 \sim 2500 N/5cm$,延伸率为 35%,与标准砂的摩擦角为 23°,拉伸模量 90652kPa。

3) 加固效果

地基经加固后实测沉降的结果见表 5.1,结果表明采用土工织物加筋垫层和排水固结联合作用处理油罐软基,环梁和基础底面的沉降比较均匀,满足油罐基础设计要求。基础周边沉降为 1266mm <1500mm(设计的要求),环梁基础的倾斜 $\Delta\rho/D=1.9\%<5\%$,基础底板中心与周边的沉降差与油罐直径之比 $\Delta S/D=0.004<0.015$,底板最大和最小沉降差与油罐半径之比 $\Delta S/R=0.011<0.025$。

通过离心试验证明,有土工织物的垫层比无土工织物的垫层,油罐中心和边缘沉降均减小 30%,说明土工织物加筋作用是有用的。

表 5.1 油罐沉降值

	填土期(mm)	基础施工(mm)	充水试压期			充油投产(mm)	实测总沉降(mm)	罐基总沉降(mm)
			第一次(mm)	第二次(mm)	第三次(mm)			
罐中心	264	315	1544	158	33	10	2324	1745
罐周边	178	201	1082	84	90	10	1645	1266
周边累积沉降差			87	94	101	96		
中心沉降差	86	114	462	74	−57	0	679	479
回弹值					23	10		
荷载(kN/m²)	80.0	130.0	279.6	279.1	279.0	253.8		
持续时间(天)	219	72	349(147)	65(41)	60(2)	1(1)		

注:1. 实测总沉降系指垫层底面总沉降;
　　2. 最后一行( )中数值为充水及恒压所用时间。

2. 加筋土挡墙在公路路基上的应用(吴春路,2017)

1) 工程概况

肯尼亚内罗毕—西卡道路工程项目第一标段位于肯尼亚首都内罗毕市区,是内罗毕市中心连接至 Pangani 转盘的三条道路(Forest 路、Muranga 路和 Kariakor 路)和 Pangani 转盘至 Muthaiga 转盘段出城道路的改建和扩建工程。连接的三条道路建成后主车道为双向六车道,出城段主车道为双向八车道,两侧各建设两车道的辅道,路线全长 12.4 km。为了减少工程占地,综合考虑拆迁、美观、经济性和便于今后养护,该项目桥梁引桥部分设计了加筋土挡墙。该项目在 5 处桥梁位置共施工了 1.47 万 m² 的加筋土挡墙,预制了 3.1 万块钢筋混凝土面板。

2) 加筋土挡墙设计

填料及拉筋材料选择当地的主要填筑材料为红黏土和砂性土两种。结合实际施工条件,通过综合比较,选用当地的砂性土作为加筋体的填料,以便于施工的填筑和压实,同时与筋带之间能够产生较大的摩擦力,以保证加筋体结构的稳定。其土重度 $\gamma=18\ \text{kN/m}^3$,计算

内摩擦角 $\varphi=30°$。拉筋采用重庆永固建筑科技发展有限公司生产的 CAT30020B 型钢塑复合拉筋带，宽度为 30mm，厚度为 2mm，每千克长度为 11.5m，单根破裂拉力 $\geqslant$9kN，破裂强度标准值为 150MPa，破裂伸长率 $\leqslant$3%。

内部稳定性计算：单根加筋带宽度 $b=0.03$m，墙面板的一个预留孔结点布置 2 根加筋带，与填料土接触的 4 根加筋带计算总宽度为 0.12m；墙背与填料间的摩擦角 $\delta=0°$；由车辆荷载作用换算成等代均布土层厚度 $h_0=q/\gamma=1.11$m（其中 q 取 20kN/m²）；加筋带安全系数 K_b 取 2.0，填料与加筋带间的似摩擦系数 f 取 0.4，加筋带布设密度的水平间距 S_x 取 0.5m，垂直间距 S_y 取 0.5m。根据墙高 $H=3\sim10$m，对加筋带设计长度及内部稳定性进行计算，计算结果见表 5.2。由表 5.2 可以得出，当墙高为 10m 时，墙面板一个预留孔结点布置 2 根加筋带，且设计长度 L 达 5m 时，能满足底部最大抗拔力要求。

外部稳定性计算：根据墙高 <6m 时，取加筋带长度 $L=6$m；墙高为 6~8m 时，取 $L=6.5$m；墙高 8~10m 时，取 $L=10$m，进行外部稳定性计算，计算结果见表 5.2，计算结果均满足要求。

表 5.2 加筋带长度及内部稳定性计算

b(m)	f	γ(kN/m³)	S_xS_y(m²)	H(m)	h_0(m)	$\varphi/(°)$	K_a	K_b	L_0(m)	L_1(m)	L(m)	T_{max}(kN)
0.12	0.4	18	0.25	3	1.11	30	0.333	2	1.73	0.9	2.63	6.16
0.12	0.4	18	0.25	4	1.11	30	0.333	2	1.73	1.2	2.93	7.66
0.12	0.4	18	0.25	5	1.11	30	0.333	2	1.73	1.5	3.23	9.16
0.12	0.4	18	0.25	6	1.11	30	0.333	2	1.73	1.8	3.53	10.65
0.12	0.4	18	0.25	7	1.11	30	0.333	2	1.73	2.1	3.83	12.15
0.12	0.4	18	0.25	8	1.11	30	0.333	2	1.73	2.4	4.13	13.65
0.12	0.4	18	0.25	9	1.11	30	0.333	2	1.73	2.7	4.43	15.15
0.12	0.4	18	0.25	10	1.11	30	0.333	2	1.73	3.0	4.73	16.65

注：1. CAT30020B 型加筋带单根破裂拉力 $\geqslant$9kN，一个预留孔结点布置 2 根加筋带，2 根加筋带设计抗拔力 $T_{max}\geqslant$18kN；

2. K_a 为主动土压力系数；L 为加筋带设计长度；L_0 和 L_1 分别为锚固区和活动区加筋带长度；T_{max} 为底部加筋带最大抗拔力。

由表 5.3 可以得出，当墙高为 6m 时，加筋带长度设计为 6m；当墙高为 8m 时，加筋带长度设计为 6.5m；当墙高为 10m 时，加筋带长度设计为 10m，其土挡墙抗倾覆和滑移的外部稳定性均能够满足设计规范要求。

根据上述计算结果，分别对墙高 6m、8m 和 10m 的加筋土挡墙的标准横断面进行设计，见图 5.35。加筋土挡墙建成后，外观美观，结构稳定可靠。

第5章 加筋法

表 5.3 加筋土挡墙外部稳定性验算

H(m)	L(m)	h_0(m)	G(kN)	E_1(kN/m)	E_2(kN/m)	M_1(kN·m)	M_2(kN·m)	K_0	K_e
3	6	1.11	324	26.97	19.96	1331.64	56.91	23.4	5.46
4	6	1.11	432	47.95	26.61	1665.64	117.15	14.13	4.27
5	6	1.11	540	74.93	33.27	1979.64	208.06	9.51	3.52
6	6	1.11	648	107.89	39.92	2304.64	335.54	6.87	3.00
7	6.5	1.11	819	146.85	46.57	3083.83	505.65	6.10	2.83
8	6.5	1.11	936	191.81	53.23	3464.08	724.41	4.78	2.51
9	10	1.11	1620	242.76	59.88	9099.00	997.74	9.12	3.47
10	10	1.11	1800	299.70	66.53	9999.00	1331.65	7.51	3.15

注：1. 英国 BS 规范要求：$K_0 \geqslant 1.35, K_e \geqslant 2$；中国规范要求：$K_0 \geqslant 1.3, K_e \geqslant 1.5$；

2. G 为挡土墙墙体重；E_1 和 E_2 分别为底面处和顶面处水平压力引起的墙背土压力；M_1 和 M_2 分别为稳定力系和倾覆力系对加筋土墙趾的力矩；K_0 为抗倾覆稳定安全系数，按英国 BS 规范 $K_0 = M_1/M_2 \geqslant 1.35$；$K_e$ 为滑移稳定安全系数，按英国 BS 规范 $K_e = (G + \gamma h_0 L)F/(E_1 + E_2) \geqslant 2$。

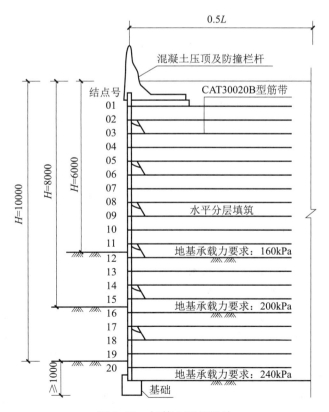

图 5.35 加筋土面板设计

3. 土钉墙在基坑工程中的应用(屠毓敏等,2004)

(1) 工程概况。

拟建工程位于宁波平原的东北角缘,杭州湾的南侧,为 20 世纪 70 年代围垦而成的海滩涂地,属第四系滨海淤积平原,地形平坦。场地内第四系孔隙水可分为潜水和承压水两类,潜水主要赋存在全新统上段海相粉质黏土、淤泥质粉质黏土层中,透水性差,渗透系数一般为 $10^{-7} \sim 10^{-6}$ cm/s,水位埋深为 0.2~0.6m,个别地势低洼处接近地表。

根据场区工程地质勘察报告,该区域主要土层的物理力学指标如下:第 1-3 层淤泥质粉质黏土:厚 4.3m,含水率为 36.7%,孔隙比为 1.088,重度为 17.9kN/m³, $c_{cq}=14$kPa, $j_{cq}=13.8°$;第 2-1 层淤泥质黏土:厚 2.7m,含水率为 50.3%,孔隙比为 1.412,重度为 17.2kN/m³, $c_{cq}=11$kPa, $j_{cq}=11.2°$;第 2-2 层淤泥质黏土:厚 5.0m,含水率为 54.4%,孔隙比为 1.522,重度为 16.9kN/m³, $c_{cq}=12$kPa, $j_{cq}=8.9°$;第 3-1 层粉砂:厚 1.7m,含水率为 24.4%,孔隙比为 0.699,重度为 19.7kN/m³, $c_{cq}=8$kPa, $j_{cq}=28.9°$。

基坑开挖深度为 6.0m,局部达 7.3m,平面为矩形,南、北侧边长为 73.0m,东、西侧边长为 16.3m。

(2) 根据场区地质条件、周边环境,依据经济合理的原则,基坑支护结构采用局部卸载放坡加土钉墙的基坑支护结构型式,其典型的结构断面如图 5.36 所示。

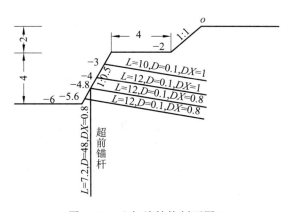

图 5.36 土钉墙结构剖面图 1

(3) 土钉墙的设计计算。

整体性验算:设计时取土钉锚固体的极限摩阻力为 16kPa,土钉直径 $D=100$mm,采用人工成孔土钉。经验算当开挖至设计标高而土钉尚未施工时,此时为最不利工况,其整体稳定安全系数为 1.199,基本能满足《建筑基坑支护技术规程》(JGJ 120—2012)所规定的三级基坑的要求。由于软土的自稳能力差,在不平衡土压力的作用下可能被挤出而失稳,为此,可采用超前锚杆,以达到事半功倍的功效,在 -4.8m 高程处设置超前锚杆,超前锚杆采用 48mm 注浆钢管,其间距 $DX=800$mm,长度为 7.2m,超前锚杆应与第三道土钉钢筋焊接。开挖至基底时的整体稳定性安全系数为 1.535。

土钉抗拔验算。若土钉的直径按 100mm 考虑,则当设计极限摩阻力为 16kPa 时,10.0m 长土钉的极限抗拔力为 50.2kN,经抗拔试验,发现♯南 13 和♯南 23 土钉的极限抗拔力不能满足设计要求。现场的基坑开挖发现,卸载平台形成后,很难形成第 1 道土钉的边坡开挖面,由于地下水位很高,当开挖第 1 道土钉边坡面时,即发现边坡很难成型,在短时间内即产生流土现象,而且,在卸载平台面上出现许多不规则的横向裂缝,以至于人工成孔难以实施。因此,对土钉墙设计和施工做了如下调整:土钉由人工成孔钉改为钢管击入钉,其长度保持不变,提前施工超前锚杆,超前锚杆设置在卸载平台上,其长度增加到 10.0m,间距 800mm。土钉墙施工表明:经超前锚杆加固后,地基土的自承载能力得到明显的提高,开挖边坡面在 3~4h 内一般不会产生流土塌滑,这样为喷射第 1 层混凝土面层争取了时间。基坑开挖,严禁超前、超深开挖基坑,只有当上排土钉龄期超过 8d 时,方可开挖下一层土体。调整后的土钉墙结构剖面图如图 5.37 所示。

土钉墙设计时应有效控制地表位移及地面裂缝的产生,为此,在设计时除将卸载平台延伸至最危险滑动面,还应增加表层土钉,这样才能有效地控制地表裂缝的产生和开展,据此,图 5.37 的土钉墙剖面应改为图 5.38。

此工程的成功实施开辟了用土钉墙支护宁波软弱基坑的先例。

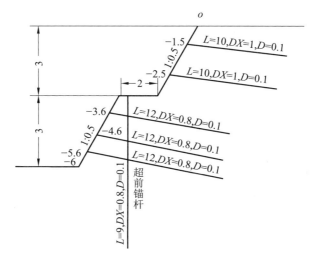

图 5.37 土钉墙结构剖面图 2

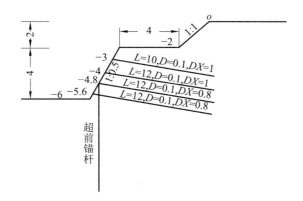

图 5.38 土钉墙结构剖面图 3

思考题与习题

1. 试按 Mohr-Coulomb 强度理论说明加筋土的约束增强加固机理。
2. 土工合成材料主要分为哪几类？土工织物、土工膜各有什么特点？
3. 反映土工合成材料物理力学性质的参数有哪些？
4. 反映土工合成材料水理性质的参数有哪些？
5. 土工合成材料有哪些主要功能？
6. 简述加筋土垫层的加固机理。
7. 加筋土垫层加固地基，加筋材料对地基承载力的贡献体现在哪几方面？
8. 加筋垫层堤的破坏模式有哪些？
9. 加筋土挡墙由哪几部分构成？与重力式或悬臂式土挡墙相比，加筋土挡墙有哪些特点？
10. 加筋土挡墙的内部失稳破坏形式有哪些？
11. 试述土钉墙支护中，土钉的作用是什么？
12. 某锦纶为原料的针刺无纺织物实测单位面积质量为 $395g/m^2$，密度为 $1.14g/cm^3$，测得在法向压力为 2kPa、20kPa、200kPa 的厚度分别为 3.7mm、1.68mm 和 1.39mm，求不同压力下的孔隙率分别为多大？（答案：90.6％，79.4％，75.1％）
13. 某建筑物采用柱下条形基础，基础底面以下是厚 8m 的淤泥质土层，基底宽 $b=4m$，基底压力标准值 $p_k=190kPa$，埋深 $d=2.0m$，淤泥质土的承载力特征值 $f_a=100kPa$，$\gamma=18.4kN/m^3$，$c=20kPa$，$\varphi=16°$，其下为粉质黏土。现用土工格栅加筋砂垫层对地基进行处理，土工格栅共三层，如下图所示，第一层位于基底下 0.5m，第二层位于基底下 1.0m，第三层位于基底下 1.5m，采用的土工格栅的允许抗拉强度为 25kN/m，格栅间用中砂填充，砂内摩擦角为 $34°$，基底压力扩散角为 $23°$，试问该地基承载力是否满足要求？（答案：滑动面最大深度 4.16m，$p_k-f_a=190-100=90 \leqslant \Delta f_R=118.55kPa$，满足要求。）

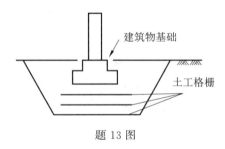

题 13 图

14. 采用抗拉强度为 56kN/m 的条形纺织物作加筋材料，修建一座高 3m 的挡土墙，条宽 0.2m，在面板接头处折回形成 2 倍厚度的条带，加筋长度为 3m，水平与垂直间距皆等于 0.6m，顶层条距墙顶 0.3m，共 5 层加筋，回填土重度 $\gamma=18kN/m^3$，内摩擦角 $\varphi=30°$，试校核设计中加筋织物的抗拉断和抗拔出是否满足要求。（答案：织物综合强度折减系数 RF 取 25，最大拉力 $T_{max}=5.83kN$，锚固长度 $L_e=1.17m$，主动区长度 1.56m，抗拉断和抗拔出满足要求。)

15. 某基坑开挖深度 4.8m，安全等级为三级，地面作用均布荷载 $q=20$kPa，开挖深度及影响范围内的地层为黏性土。天然重度标准值 $\gamma_k=18.2$kN/m³，凝聚力标准值 $c_k=20$kPa，内摩擦角标准值 $\varphi_k=16$，采用土钉墙支护，土钉水平距离为 1.5m。第一层土钉在地面下 1.2m，第二层土钉在地面下 2.7m，第三层土钉在地面下 4.2m。土钉墙的放坡比例为 1：0.5（高度：坡宽）。土钉长度均为 8m，采用打入式钢管土钉，钢管直径为 48mm，壁厚 3mm，钢牌号 Q235，土钉与水平面夹角 $\alpha=15$，土钉与黏性土的极限黏结长度标准值等于 $q_{sk}=40$kPa，土钉墙支护计算图如下图所示，请计算：(1)每层土钉轴向拉力标准值；(2)每层土钉极限抗拔承载力标准值；(3)土钉的锚固力和截面面积是否满足要求？

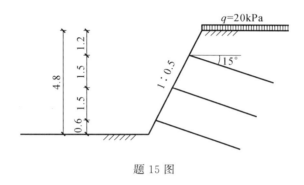

题 15 图

（答案：(1)1-3 层：0,13.97kN,28.47kN；(2)1-3 层：36.13kN,41.14kN,46.20kN；(3)土钉截面积 423.9mm²，锚固力和截面积满足要求。）

第6章 注浆加固法

6.1 概述

6.1.1 定义

注浆加固法,顾名思义,就是用气压或液压的方式或者采用电化学原理,把各种能固化的配置好的浆液压入、注入天然地基或人工地基的裂缝或孔隙中,以改善地基的物理力学性质。在地基中注入的浆液是由主剂(原材料)、溶剂(水或其他溶剂)及各种外加剂混合而成。

6.1.2 目的

注浆加固法的主要目的如下:

防渗:降低渗透性,提高抗渗能力,减少渗流量,降低孔隙压力。

堵漏:封填孔洞,堵截流水。

加固:改善岩土体的力学性能,提高强度,恢复构筑物的整体性。

整治:整治坍方滑坡,处理路基病害。

减沉:通过改善岩土的变形模量、压缩模量,减少地基的沉降和不均匀沉降。

托换:既有建筑的基础托换。

纠倾:使已发生不均匀沉降的建筑物恢复原位。

抗冲刷:防止边坡和桥墩护岸的冲刷;或减少其倾斜度。

抗震:提高地基土的抗液化性能。

6.1.3 加固对象

加固对象为:砂、砂砾石及粉细砂;粉土;软黏土及淤泥;杂填土、人工填土;裂隙岩体等。

6.1.4 分类

注浆加固法按照注浆机理可分为渗透注浆、压密注浆、劈裂注浆和电动化学注浆。

注浆加固法按照注浆材料可以分为以水泥为主剂的加固注浆法、硅化加固注浆法、碱液加固注浆法;按注浆方法可分为钻杆注浆法、双层管注浆法、高压喷射注浆法、搅拌注浆法、布袋注浆法、护壁注浆法、循环钻注浆法、袖阀管注浆法等。各种方法的机理特点和适用范围可参考表6.1。

表 6.1　常用注浆法机理特点和适用范围

灌浆法	机 理	特 点	适 用 范 围
硅化加固注浆法	利用压入式循环注浆将硅酸钠溶液（单液硅化）注入土中，或将硅酸钠和氯化钙两种溶液（双液硅化）轮流注入土中后，硅酸钠溶液中的钠离子与地基土中的钙离子发生置换反应，析出硅酸凝胶达到加固及堵水的目的	经硅化加固处理后的土具有抗水性、稳固性、非湿陷性和弱透水性，同时提高土体抗压与抗剪强度，浆液在土中分布均匀，孔隙充填率高	① 砂土和黏性土宜采用压力双液硅化。渗透系数 $k=(0.1\sim 2)\mathrm{m\cdot d^{-1}}$ 的地下水位以上的湿陷性黄土可用无压或压力单液硅化法。 ② 渗透系数 $k<0.1\mathrm{m\cdot d^{-1}}$ 的各类土可采用电动双液硅化法。 ③ 自重湿陷性土宜采用无压单液硅化法。 ④ 地下水位以下的黄土，采用硅化加固时应由试验确定。 ⑤ 沥青油脂和被石油化合物浸透的土、地下水 pH 值大于 9 的土不宜用硅化加固法
碱液加固注浆法	碱溶液注入黄土后，先与土中可溶性和交换性碱土金属阳离子发生置换反应，在土粒表面和周围生成碱土金属的氢氧化物沉淀，然后剩余的与土粒本身逐步发生作用，使土粒外壳形成一层主要成分为硅酸盐及铝盐的胶，土粒表层会逐渐发生膨胀和软化。相邻土粒在这一过程中更紧密地相互接触并发生表面的相互融合。土中可溶性和交换性钙镁离子含量越高，越可以获得满意的加固效果，分为单液法和双液法	对湿陷性黄土、浅孔地基加固处理针对性强，可采用打入钢管成孔，压差自流式注浆	主要用于处理地下水位以上渗透系数为 $(0.1\sim 2)\mathrm{m/d}$ 的湿陷性黄土地基，对自重湿陷性黄土地基的适应性应通过试验确定
钻杆注浆法	充填，压密	① 方便，廉价，适用于深度较小的填充型注浆。操作场地小，一般用后退式注浆，浆液呈团块状不均匀分布； ② 注浆使用凝胶时间非常短的浆液，浆液不会向远处流失； ③ 土中的凝胶体容易压密实，可以得到强度较高的凝胶体	充填隧道衬砌和土层之间的空隙；充填堵塞大量渗透水造成的空洞；充填面板下由于砂土流失造成的空隙等

续表

灌浆法	机理	特点	适用范围
双层管注浆法（索莱坦修法）	充填、挤密、劈裂渗透并能通过钙钠离子交换实现化学加固,且注浆管本身也起到支承和抗压的作用	适用于各种土层条件,可任选注浆土层,反复用多种材料注浆,浆液分布较钻杆注浆均匀,能有效提高土体整体强度	提高土体抗剪强度、承载力、压缩模量等,但不能用于提高土体的抗渗性能
高压喷射注浆法	先破坏原有的土体结构强度,再将注浆材料和土体均匀混合,建立新的强度体系,可用浆液部分或全部置换土体	均匀、高强,在管线等地下障碍物下时对于加固范围没有影响,抗渗效果好	挡墙,帷幕,抗渗帷幕,桩基础
搅拌注浆法	搅拌并注入浆液,并不置换土体	较均匀、高强,但在有地下障碍物时,加固体无法连续,抗渗性好	挡墙,帷幕,抗渗帷幕,桩基础
布袋注浆法	浆液被压入土工布袋中,布袋膨胀对周围土体压密,其主要作用同桩	浆液不会被注到布袋以外的范围	用于承受垂直、水平荷载裂缝堵漏;用于充填挤密空隙
套管护壁注浆法	边钻孔边跟进护壁套管（或边打入护壁套管边掏取砂石料）直到设计注浆深度,然后洗孔,下注浆管。边拔套管边注浆,自上而下分段进行	与双管注浆类似,在砾石含量较为复杂的地层施钻至设计注浆深度效果较好	适用于砂石层基础注浆
循环钻注浆法	通过一根伸到孔底的注浆管自上而下每钻完一段后即提钻,在注浆孔口管顶部安设封闭器。注浆中未被孔内裂隙吸收的浆液通过注浆管外的环形空间,流回搅拌器通过100目振动筛,筛出从孔中带出的杂质（小块坍塌物）,利于注浆	根据坍塌的范围和程度可采用自上而下分段法完成循环注浆,可实现随钻注浆,不需待凝,直至钻、灌至预设深度	适宜砂砾石坍塌地层的注浆
袖阀管注浆法	直接管的顶端为一具有上下两阻塞器的直接嘴,阻塞器由几个方向相对的橡皮碗组成。在浆液压力下,喇叭口张开,紧紧压住袖阀管的内壁,起到阻塞作用,迫使浆液冲开只出不进的单项闭合装置塞孔套施灌。停止灌浆时,塞孔套则自动闭合	① 能将浆液限定在任意一段灌注,可定量定尺可控注浆; ② 可根据需要对某一部位反复灌注; ③ 可使用较高的注浆压力。注浆时冒浆和串浆的可能性要比其他方法小; ④ 可根据地层特点,采用不同的注浆材料,选用不同的注浆参数; ⑤ 注浆、钻孔可分开作业,提高工作效率	适宜复杂地层的注浆和更高要求的隧道堵水注浆、地铁注浆

6.1.5 应用范围

注浆加固法适用于土木工程中的各个领域,见表6.2。

表6.2 注浆法在岩土工程治理中的应用

工程类别	应用场所	目的
建筑工程	① 发生不均匀沉降的建筑物;② 在摩擦桩侧面;③ 端承桩桩底	①改善土的力学性质,进行地基加固或纠倾处理;② 提高桩周摩阻力;③ 提高桩端端阻力,处理桩底沉渣引起的质量问题
坝基工程	① 砂或砂砾石地基;② 帷幕注浆;③ 重力坝下注浆;④ 喀斯特溶洞;⑤ 断层软弱夹层	① 提高岩土密实度、均匀性;② 增大弹性模量,提高地基承载力;③ 切断渗流,增加渗径;④ 提高坝体整体性、抗滑稳定性
地下工程	① 建筑物下穿地下铁道、地下隧道、涵洞、管线等;② 洞室围岩;③ 矿井巷道;④ 地下厂房	① 防止地面沉降过大,建筑物开裂;② 限制地下水活动及制止土体位移;③ 提高洞室和坑道的稳定性,防渗;④ 厂房稳定性
道路基础	① 边坡;② 桥基;③ 公路路基、铁路路基;④ 飞机场跑道等	① 维护边坡稳定,防止支挡建筑的涌水和邻近建筑物沉降;② 桥墩防护、桥索支座加固;③ 处理路基病害等
其他	① 预填骨料注浆;② 后拉锚杆注浆	① 水下施工、施工振捣困难、陈旧损伤修复;② 固结破碎岩体,改良岩体,隔断地下水及杆体防腐

6.2 注浆加固机理

6.2.1 浆液材料

注浆加固离不开浆材,而浆材品种多样,性能有好有坏,选择不当可能造成注浆工程质量欠佳,甚至失败,或者虽然质量尚可但是造价超高,因而工程界对注浆材料的研究和发展一直极为重视。随着研究的不断深入以及技术的不断进步,可用的浆材越来越多,性能也越来越好,可供选择的理想浆材必将层出不穷。

注浆工程中所用的浆液是由主剂(原材料)、溶剂(水或其他溶剂)及各种外加剂混合而成。通常所提的注浆材料是指浆液中所用的主剂。外加剂可根据其在浆液中所起的作用,分为速凝剂、缓凝剂、固化剂、催化剂、流动剂、膨胀剂、加气剂、悬浮剂和防析水剂等。

1. 浆液材料分类

浆液材料分类的方法很多,通常可按图6.1进行分类。

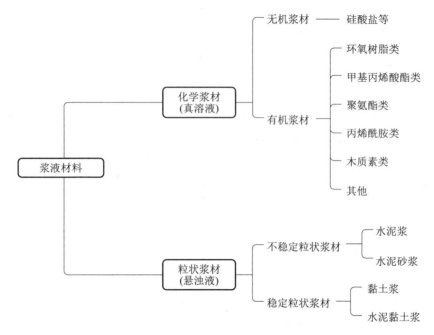

图 6.1 灌浆法按浆液材料分类

水泥浆材是以水泥浆为主的浆液,在地下水无侵蚀性条件下,一般都采用普通硅酸盐水泥。它是一种悬浊液,能形成强度较高和渗透性较小的结石体。既适用于岩土加固,也适用于地下防渗。在细裂隙和微孔地层中其可灌性虽不如化学浆材好,但若采用劈裂灌浆原理,则不少弱透水地层都可用水泥浆进行有效的加固。故成为国内外常用的浆液。

水泥浆的水灰比,一般变化范围为 0.6~2.0;常用的水灰比是 1∶1。为了调节水泥浆的性能,以适应不同的注浆目的和自然条件,有时可加入速凝剂或缓凝剂等附加剂。

2. 浆液性质

注浆材料的主要性质包括分散度、沉淀析水性、凝结性、热学性、收缩性、结石强度、渗透性和耐久性。

3. 浆液材料选择要求

① 浆液配制方便,操作容易。

② 浆液黏度低、流动性好,能进入细小裂隙。

③ 浆液凝胶是瞬间完成的,时间能准确地控制,可在几秒至几小时范围内调节。

④ 浆液在常温常压下,长期存放不发生任何化学反应,稳定性达到规范要求。

⑤ 浆液无毒无味无腐蚀性,不伤害皮肤、刺激神经和污染环境,属非易燃易爆品。

⑥ 浆液具有一定黏结性,固化后与岩石、混凝土等不脱开。

⑦ 浆液结石体抗压强度和抗拉强度达到要求,抗渗性、防冲刷性、耐老化性、耐腐蚀性能好。

⑧ 材料来源丰富、价格低廉。

⑨ 浆液对灌浆设备、管路、混凝土建筑物及橡胶制品无腐蚀性,并且易于清洗。

6.2.2 注浆理论

在地基处理中,注浆工艺所依据的理论主要可归纳为下列四类。

1. 渗透注浆

在注浆压力作用下,浆液克服各种阻力而渗入孔隙和裂隙。注浆压力越大,吸浆量就越大,而浆液扩散距离就越远。在渗透注浆过程中,地层结构是不受扰动和破坏的,因此所用的注浆压力不可能很大。代表性渗透注浆理论:球形扩散理论、柱形扩散理论、袖阀管法理论。

(1) 球形扩散理论

球形渗透注浆可视为球形向心渗流问题,注浆采用的端头相对于周围土体可简化为半径为 r_0 的圆球,即浆液在地层中呈球状扩散(图 6.2)。

Maag(1938)首先推导出浆液在砂层中的扩散半径公式,它至今仍被广泛采用。

例如,某种硅酸盐浆液注浆,注浆压力为 7kPa,注浆管半径为 2.5cm,土的孔隙率 n 为 0.3,浆液黏度与水的黏度比等于 3,浆液凝结时间为 35min,表 6.3 列出灌注 20min 后浆液在各种土中的扩散半径,说明该浆液用于中砂是比较适宜的。

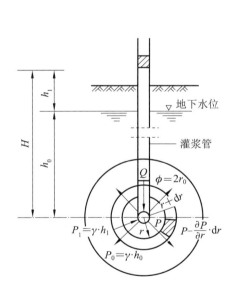

图 6.2 底端注浆球形扩散图

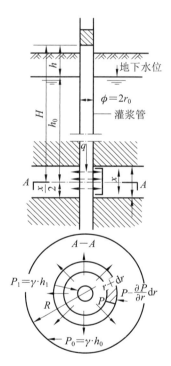

图 6.3 浆液柱形扩散图

除 Maag 公式外,常见的还有 Karol 和 Raffle 公式等。

(2) 柱形扩散理论

柱形渗透注浆可视为平面径向渗流问题,注浆管半径相对于周围土体可简化为半径为 r_0 的圆,被灌注的土体为半径 R、高 x 的圆柱体(图 6.3)。

表 6.3　浆液的扩散半径

砂土的渗透系数 $k(\text{cm}\cdot\text{s}^{-1})$	10^{-1}	10^{-2}	10^{-3}	10^{-4}
扩散半径 $r_1(\text{cm})$	4000	400	40	4

(3) 袖阀管法理论

根据图 6.4,假定浆液在砂石中作紊流运动,则可确定其扩散半径 r_0。

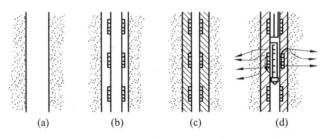

(a)　　　　(b)　　　　(c)　　　　(d)

注:(a)钻孔;用优质泥浆(如膨润土)固壁,不用套管护壁;(b)插入袖阀管位于钻孔的中心;(c)浇注套壳料;用套壳料置换孔内泥浆。套壳料的作用是封闭袖阀管与钻孔壁之间的环状空间,防止灌浆时浆液流窜,套壳在规定的灌浆段范围内受到破碎而开环,迫使灌浆浆液在一个灌浆段范围内进入地层;(d)灌浆;待套壳料只有一定强度后,在袖阀管内放入带双塞的灌浆管进行灌浆。

图 6.4　袖阀管法施工程序

2. 劈裂注浆

在相对较高的注浆压力作用下,岩石或土体结构遭到破坏和扰动,地层中原有的孔隙、裂隙扩张或形成新的裂缝或孔隙,此时向钻孔泵送不同类型的浆液,这样一来低透水性地层的可灌性大大提高,二来浆液扩散距离也相应增大。

3. 压密注浆

通过钻孔向土层中压入浓浆,随着土体的压密和浆液的挤入,将在压浆点周围形成灯泡形空间,并因浆液的挤压作用而产生辐射状上抬力,从而引起地层局部隆起。许多工程利用这一原理纠正了地面建筑物的不均匀沉降。

(1) 土内压密

通过钻孔在土中注入浓浆,从注浆点由近及远使土体压密,形成浆泡,如图 6.5 所示。注浆初始阶段,浆泡的直径还较小,土体的压密基本上沿径向即水平向扩展。随着浆液的灌注,浆泡的直径逐渐增大,便产生较大的上抬力而使地面抬动。这一特性可以用于使下沉的建筑物回升,并可做到相当精确的抬升。简单地说,土内压密是用浓浆置换和压密土的过程。

压密注浆法常用于中砂地基。在黏土地基中采用时,需要根据排水条件调整注浆速率。浆泡的形状一般为球形或圆柱形,浆泡的尺寸受许多因素的影响,如土的均匀性、密度、湿度、力学性质、地表约束条件、注浆压力和注浆速率等。实践证明,离浆泡界面 0.3~2.0m 以内的土体都能受到明显的加密。

(2) 表面压密

与土内压密相反,表面压密是通过地层上面的盖板钻孔,向土体表面注入高强度浆液使土体表面和盖板底部都受到人工施加的浆压(图 6.6),盖板由于具有足够的重量和刚性而不会发生有害的变形和上抬,而土体则发生自上而下的应力扩散和沉降,底板下面因土层沉降而形成的空隙,则被坚硬的浆液结石紧密地充填。

显然,表面压密注浆的目的是用来预先消除或减少建筑物的有害沉陷。

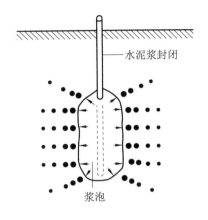

图 6.5　压密注浆原理示意图

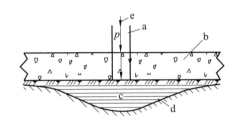

a—钻孔;b—盖板;c—浆液结石;d—土体;e—进浆口;p—注浆压力

图 6.6　表面压密注浆示意图

表面压密钻孔注浆可采用单孔进行,浆液沿注浆孔四周径向扩散的范围较小,所产生的上托力通常都远小于上部结构的重量,故注浆压力较易控制。

4. 电动化学灌浆

若地基土的渗透系数 $k < 10^{-4}\,\mathrm{cm\cdot s^{-1}}$,只靠一般静压力难以使浆液注入土中的孔隙,此时需用电渗的作用使浆液进入土中。

带孔的注浆管插入土中作为阳极,而金属电极作为阴极,浆液由阳极压入土中,并通以直流电(两电极间电压梯度一般采用 $0.3\sim1.0\,\mathrm{V\cdot cm^{-1}}$),在土中引起电渗、电泳和离子交换等作用,孔隙水由阳极流向阴极,促使通电区域中土的含水率显著降低,并形成渗浆通路,化学浆液也随之流入土的孔隙中,并与土粒胶结成具有一定力学强度的加固体,因而电动化学注浆是在电渗排水和注浆法的基础上发展起来的一种加固方法。但电渗排水作用,可能会引起地基沉降,这一情况应引起重视。

6.3　注浆设计计算

6.3.1　工程调查

在进行地基注浆设计前应详细调查下述工程情况:
① 工程级别、工程主要特点、周围环境、原地下建(构)筑物情况;
② 注浆需要达到的效果和质量;
③ 工程现场的地形地貌和地质条件;
④ 地下水水力特性、水质;
⑤ 浆材的来源、产地、价格等。

6.3.2 设计内容

设计内容包括以下几个方面：

注浆材料的选择：浆液类型、配比建议及浆液组成材料质量要求与制备工艺。

施工范围：注浆深度、注浆范围。

注浆参数设计：允许最大注浆压力、注浆段长度、注浆结束标准、单位注入量等。

施工方法的选择：主要有单管注浆、双管注浆和埋管注浆。

钻孔布置：确定合理的注浆钻孔的位置、孔距、排距、孔数和排数、成孔方法及成孔工艺参数等。

注浆技术要求：包括设备要求、材料性能要求、钻孔要求、浆液制备、注浆要求等。

注浆效果评估及质量检测。

6.3.3 方案选择

注浆方法和材料的选择与一系列因素有关，主要有下述几个方面。

1. 注浆目的

（1）以提高地基强度和变形模量为目的，可选用以水泥为基本材料的浆液，也可以采用高强度化学浆材或有机硅酸盐浆材等。

（2）以防渗堵漏为目的，可采用黏土水泥浆、黏土水玻璃浆、水泥粉煤灰混合物，以及无机硅酸盐浆液等。

（3）以纠正建筑物的不均匀沉降为目的，采用压密注浆法。

2. 地质条件

裂隙岩层：采用纯水泥浆或在水泥浆（水泥砂浆）中掺入少量膨润土。

砂砾石层：采用水泥浆液或黏土浆液。

黄土：采用单液硅化法或碱液法。

孔隙较大的砂砾石层或裂隙岩层：采用渗入性注浆法，在粉细砂层灌注粒状浆材宜采用水力劈裂法。

黏性土：采用水力劈裂法或电动硅化法。

3. 工程性质

表 6.4 及表 6.5 列出两种经验法则，可供选择注浆方案时参考。

表 6.4 根据不同对象和目的选择注浆方案表

编号	注浆对象	适用的注浆原理	适用的注浆方法	常用注浆材料	
				防渗注浆	加固注浆
1	卵砾石	渗透注浆	首选袖阀管法。也可采用分段钻灌法	黏土水泥浆或粉煤灰水泥浆	水泥浆或硅粉水泥浆
2	砂及粉细砂	渗透注浆 劈裂注浆	首选袖阀管法。也可采用分段钻灌法	酸性水玻璃、丙凝、水泥系浆材	酸性水玻璃、水泥浆或硅粉水泥浆

续表

编号	注浆对象	适用的注浆原理	适用的注浆方法	常用注浆材料 防渗注浆	常用注浆材料 加固注浆
3	黏性土	劈裂注浆 压密注浆	首选袖阀管法。也可采用分段钻灌法	水泥黏土浆、粉煤灰水泥浆	水泥浆、硅粉水泥浆、水玻璃水泥浆
4	岩层	渗透注浆 劈裂注浆	小口径孔口封闭自上而下分段钻灌法	水泥浆、粉煤灰水泥浆	水泥浆或硅粉水泥浆
5	断层破碎带	渗透注浆 劈裂注浆	小口径孔口封闭自上而下分段钻灌法	水泥浆或先注水泥浆后注化学浆液	水泥浆或先注水泥浆后注改性环氧树脂或聚氨酯浆
6	混凝土内微细裂缝	渗透注浆	小口径孔口封闭自上而下分段钻灌法	改性环氧树脂或聚氨酯浆材	改性环氧树脂浆材
7	动水封堵	采用水泥水玻璃等快凝材料，必要时在浆液中掺入砂等粗料。在流速特大的情况下，还可采用特殊措施，例如在水中预填石块或级配砂石后再注浆			

表 6.5 浆材适用范围

土的特性		起始渗透系数 k (m·s^{-1}) 加固或防渗	1	10^{-1}	10^{-2}	10^{-3}	10^{-4}	10^{-5}	10^{-6}	10^{-7}
浆液		加固或防渗								
水泥		加固	▓	▓						
膨润土、水泥		防渗	▓	▓	▓					
反絮混凝润土		防渗				▓				
铬木素凝胶		加固					▓			
硅胶	加固	浓浆					▓	▓		
硅胶	加固	低黏度						▓		
硅胶	防渗	浓浆					▓	▓		
硅胶	防渗	极稀						▓		
树脂	丙凝	防渗							▓	▓
树脂	苯酚	加固							▓	▓

也可采用联合注浆工艺，包括不同浆材及不同注浆方法的联合。技术上的可行性和经济上的合理性也必须考虑。

6.3.4 注浆标准

所谓注浆标准，是指设计者要求地基注浆后应达到的质量指标。所用注浆标准的高低，关系到工程量、进度、造价和建筑物的安全。

1. 防渗标准

防渗标准一般以渗透性(渗透系数)来衡量。不难理解,重要的建筑、对渗透破坏敏感的地基,以及对地基渗漏量需严格控制的工程,都要求地基的渗透性越低越好。

在砂或砂砾石层中,对比较重要的防渗工程,地基渗透系数应小于或等于$(10^{-4}\sim 10^{-5})$ cm·s^{-1}。临时性工程或出现较大渗漏量而不致发生渗透破坏的地层,地基渗透系数应小于或等于10^{-3} cm·s^{-1}的数量级。

2. 强度和变形标准

(1) 如果沿桩的周边注浆,可以提高桩侧与桩周土体间的摩阻力,从而增加摩擦桩的承载力;如果在桩底注浆,则可以提高桩端土的抗压强度和变形模量,从而提高端承桩的承载力。

(2) 减少坝基础的不均匀沉降,并不需要对整个坝基进行注浆,而仅需找到坝基受压部位,进行注浆加固,就能达到提高地基土的变形模量的目的。

(3) 对振动基础,可以用强度较高的浆材加固,但是如果注浆的目的仅仅是为了消除共振,用强度不高的浆材就能起到改变地基的自然频率的目的。

(4) 减小挡土墙墙背的土压力,提高其稳定性,则只需在墙背与滑动面之间的土体中注浆。

3. 施工控制标准

(1) 注浆后的质量指标可以在施工结束后通过现场检测来确定。

(2) 如果不能进行施工结束后的现场检测,或者需要提前了解施工质量,则可以将理论耗浆量作为标准。

(3) 不能现场检测时,除了控制耗浆量,也可以按耗浆量降低率进行控制。即若起始孔距布置正确,则第二次序孔的耗浆量将比第一次序孔大为减少,这是注浆取得成功的标志。

6.3.5 浆材及配方设计原则

地基注浆工程对浆材的技术要求较多,现概述比较重要的几个方面。

(1) 对渗入性注浆工艺,浆液必须能渗入土的孔隙,即所用浆液必须是可灌的,这是一项最基本的技术要求,不满足就谈不上注浆;但若采用劈裂工艺,浆液是向被较高注浆压力扩大了的孔隙渗入,因而对可灌性的要求就没有那么严格。

(2) 浆液的流动性和流动性维持能力要好,目的是在较低的注浆压力下,尽可能扩散至更远。但在某些地质条件下,例如地下水的流速较高和土的孔隙尺寸较大时,往往要采用流动性较小和触变性较大的浆液以免浆液扩散至不必要的距离和防止地下水稀释、冲刷浆液。

(3) 为了防止注浆过程中或注浆结束后发生颗粒沉淀和分离,要求浆液的析水性要小,稳定性要高。

(4) 如果注浆的目的是防渗,则浆液结石的不透水性和抗渗稳定性是必须要求的。

(5) 慎选制浆所用原材料,以防伤害皮肤、刺激神经和污染环境。

(6) 对特殊环境和专门工程,应选择具有某些特殊性质的浆材,如高亲水性、高抗冻性、微膨胀性和低温固化性等。

(7) 不论何种注浆工程,所用原材料都应能就近取材,而且价格尽可能低,以降低工程

第 6 章 注浆加固法

造价。

（8）浆液的凝结时间变幅较大，可根据注浆土层的体积、渗透性、孔隙尺寸和孔隙率、浆液的流变性和地下水流速等实际情况决定。

6.3.6 浆液扩散半径的确定

浆液扩散半径是注浆加固法的一个重要参数，如果选用不当，可能会降低注浆效果甚至导致注浆失败，也可能会影响工程量或使造价提高。

扩散半径值应通过现场注浆试验来确定，尤其是在地基条件较复杂或计算参数难以选取时。当然，扩散半径也可按理论公式估算，估算结果的可靠程度取决于参数的选取，参数与实际条件越接近，则可信度越高。

大多数的实际工程均采用均匀布孔的方法，也就是说整个场地选用相同的扩散半径值，但是地基土的构造和渗透性具有各向异性，尤以深度方向更甚，因此不论是理论计算还是现场试验，都难以求得具有代表性的扩散半径 r 值，设计时应注意以下几点：

（1）现场注浆试验，要选取地质条件不同的地基用不同的方法注浆进行试验。

（2）扩散半径不是最远距离，而是符合设计要求的扩散距离。

（3）扩散半径不是扩散距离的平均值，而是大多数条件下可以达到的数值。

（4）施工中应注意及时调整参数，当地层渗透性差时，可提高注浆压力或增加浆液的流动性，局部地区还可增加钻孔数量或缩小孔距。

6.3.7 注浆压力的确定

由于浆液的扩散能力与注浆压力的大小密切相关，高注浆压力有以下这些优势：可以使一些细微孔隙张开，提高可灌性；高注浆压力能使软弱充填物劈裂，使其密度、强度和不透水性得到改善；高注浆压力还有助于挤出浆液中的多余水分，使浆液结石的强度提高。

但是，当注浆压力超过地层的压重和强度时，将有可能导致地基及其上部结构的破坏。因此，一般都以不使地层结构破坏或仅发生局部的和少量的破坏，作为确定地基允许注浆压力的基本原则。地基容许注浆压力一般与地层的物理力学性质指标有关，与注浆孔段位置、埋深、注浆材料、工艺等也有一定的关系。这些影响因素难以准确地预知，故应通过现场试验来确定。

当缺乏试验资料，或在进行现场注浆试验前需预定一个试验压力时，可用理论公式或经验数值确定容许压力，然后在注浆过程中根据具体情况再作适当的调整，下面以砂砾地基为例。

容许注浆压力可采用式（6.1）、式（6.2）计算：

$$[P_e] = c(0.75T + K\lambda h) \tag{6.1}$$

$$[P_e] = \beta\gamma T + cK\lambda h \tag{6.2}$$

式中，$[P_e]$——容许注浆压力；

c——与注浆期次有关的系数，第一序孔 $c=1$，第二序孔 $c=1.25$，第三序孔 $c=1.5$；

T——地基覆盖层厚度（m）；

K——与注浆方式有关的系数，自上而下注浆时 $K=0.8$，自下而上注浆时 $K=0.6$；

λ——与地层性质有关的系数，可在 0.5～1.5 之间选择。结构疏松、渗透性强的地层取低值；结构紧密、渗透性弱的地层取高值；

h——注浆段的深度(m)；

β——系数，在 1～3 范围内选择；

γ——地表面以上覆盖层的重度(kN·m^{-3})。

6.3.8 注浆顺序

注浆顺序必须适用于地基条件、现场环境及注浆目的。

（1）如果场地内土层的渗透系数相同，则应该先完成最上层封顶的注浆，然后按由下而上的原则进行逐层注浆，以防浆液上冒。

（2）如果场地内土层的渗透系数随深度而增大，则应自下而上进行注浆。

（3）如相邻土层的土质不同，应首先加固渗透系数大的土层。

（4）一般而言，注浆时可采用先外围、后内部的注浆顺序，即由外而内的方法。

（5）若注浆范围以外有边界约束条件（能阻挡浆液流动的障碍物）时，也可采用自内侧开始顺次往外侧的注浆方法。

（6）一般不宜采用自某一端单向推进的压注方式，应按跳孔间隔方式进行注浆，以防止窜浆，提高注浆孔内浆液的强度与约束性。

（7）如果遇到地下动水流的情况，应从水头高的一端开始施工，主要是考虑到浆液的迁移效应。

6.3.9 水泥为主剂的浆液注浆加固设计

（1）注浆材料

水泥为主剂的浆液主要包括水泥浆、水泥砂浆和水泥水玻璃浆。水泥浆液是地基治理、基础加固工程中常用的一种胶结性好、结石强度高的注浆材料。地层中有较大裂隙、溶洞，耗浆量很大或有地下水活动时，宜采用水泥砂浆。对有地下水流动的软弱地基，不应采用单液水泥浆液。

（2）注浆钻孔布置

应根据处理对象和目的有针对性地布置，重点部位、一般部位应疏密有别，注浆孔间距应通过现场注浆试验确定，无试验资料时，宜取 1.0～2.0m。

（3）初凝时间

一般施工要求水泥浆的初凝时间既能满足浆液设计的扩散要求，又不至于被地下水冲走。在砂土地基中，浆液的初凝时间宜为 5～20min；在黏性土地基中，浆液的初凝时间宜为 1～2 h；对渗透系数大的地基，还需尽可能缩短初、终凝时间。

（4）注浆参数设计

注浆量、注浆压力和注浆有效范围，应通过现场注浆试验确定。在黏性土地基中，浆液注入率宜为 15%～20%；注浆点上的覆盖土厚度应大于 2m。对劈裂注浆的注浆压力，在砂土中，宜为 0.2～0.5MPa；在黏性土中，宜为 0.2～0.3MPa。对于压密注浆，当采用水泥砂浆浆液时，坍落度宜为 25～75mm，注浆压力宜为 1.0～7.0MPa；当采用水泥水玻璃双液快凝浆液时，注浆压力不应大于 1.0MPa。对填土地基，由于其各向异性，对注浆量和方向不好控制,应采用多次注浆施工,才能保证工程质量,间隔时间应按浆液的初凝试验结果确定,且不应大于4h。

(5) 施工方法的选择

需结合建筑物等级标准、地质条件、地层的渗透性和可注性、注浆压力和加固标准、环境条件等因素综合确定。

6.3.10 硅化浆液注浆加固设计

1. 浆液的选择和配制

(1) 砂土、黏性土宜采用压力双液硅化注浆;渗透较好的地下水位以上的湿陷性黄土,可采用无压或压力单液硅化注浆;自重湿陷性黄土宜采用无压单液硅化注浆。

(2) 防渗注浆加固用的水玻璃(硅酸钠 $Na_2O \cdot nSiO_2$)模数不宜小于2.2,用于地基加固的水玻璃模数宜为2.5~3.3,且不溶于水的杂质含量不应超过2%。

(3) 双液硅化注浆用的氧化钙溶液中的杂质含量不得超过0.06%,悬浮颗粒含量不得超过1%,溶液的pH值不得小于5.5。

(4) 单液硅化法应采用浓度为10%~15%的硅酸钠($Na_2O \cdot nSiO_2$),并掺入2.5%氯化钠溶液。

加固湿陷性黄土的溶液用量,可按下式估算:

$$Q = V\bar{n}d_{N1}\alpha \tag{6.3}$$

式中,Q——硅酸钠溶液的用量(m^3);

V——拟加固湿陷性黄土的体积(m^3);

$\bar{n}$——地基加固前,土的平均孔隙率;

d_{N1}——注浆时硅酸钠溶液的相对密度;

α——溶液填充孔隙的系数,可取0.60~0.80。

(5) 当硅酸钠溶液浓度大于加固湿陷性黄土所要求的浓度时,应进行稀释,稀释加水量可按下式估算:

$$Q' = \frac{d_N - d_{N1}}{d_{N1} - 1} \times q \tag{6.4}$$

式中,Q'——稀释硅酸钠溶液的加水量(kg);

d_N——稀释前硅酸钠溶液的相对密度;

q——拟稀释硅酸钠溶液的质量(kg)。

2. 注浆孔的布置

注浆孔的布置是根据浆液的注浆有效范围,且应相互重叠,使被加固土体在平面和深度范围内连成一个整体的原则决定的。

(1) 单排孔的布置

假定浆液扩散半径为已知,浆液呈圆球状扩散,则两圆必须相交才能形成一定的注浆体厚度b,如图6.7所示。

当r为已知时,注浆体的厚度b取决于l的大小,如式

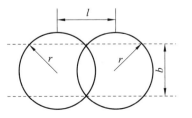

图6.7 单排孔的布置

(6.5)：

$$b = 2\sqrt{r^2 - \left[(l-r) + \frac{r-(l-r)}{2}\right]^2} = 2\sqrt{r^2 - \frac{l^2}{4}} \quad (6.5)$$

从式(6.5)可看出，l 值越小，b 值越大，而当 $l=0$ 时，$b=2r$，这是 b 的最大值，但 $l=0$ 的情况没有意义；反之 l 值越大，b 值越小，当 $l=2r$ 时，两圆两切，b 值为 0。因此，孔距 l 必须在 r 与 $2r$ 之间选择。

今设注浆体的设计厚度为 T，则注浆孔距可按式(6.6)计算：

$$l = 2\sqrt{r^2 - \frac{T^2}{4}} \quad (6.6)$$

在按式(6.6)进行孔距设计时，可能出现下述几种情况：

① 当 l 值接近零，b 值仍不能满足设计厚度（即 $b<T$）时，应考虑采用多排灌浆孔；

② 虽然单排孔能满足设计要求，但若孔距太小，钻孔数太多，就应进行两排孔的方案比较。如施工场地允许钻两排孔，且钻孔数反而比单排少，则采用两排孔较为有利；

③ 当 l 值较大而设计 T 值较小时，对减少钻孔数是有利的，但因 l 值越大，可能造成的浆液浪费量也越大，故设计时应对钻孔费用和浆液费用进行比较。

（2）多排孔布置

当单排孔不能满足设计厚度的要求时，就要采用两排以上的多排孔。而多排孔的设计原则是要充分发挥注浆孔的潜力，以获得最大的注浆体厚度，然而不同的设计方法，将得出不同的结果：

① 排距 R 大于 $\left(r+\frac{b}{2}\right)$。两排孔不能紧密搭接，将在注浆体中留下"窗口"（图6.8(a)）。

② 排距 R 小于 $\left(r+\frac{b}{2}\right)$。两排孔搭接过多，将造成一定的浪费（图6.8(b)）。

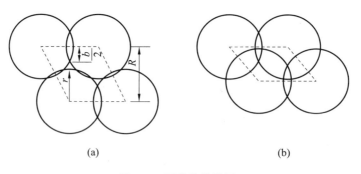

图 6.8 两排孔设计图

③ 排距 R 等于 $\left(r+\frac{b}{2}\right)$。两排孔正好紧密搭接，最大程度发挥了各注浆孔的作用，是一种最优的设计，见图6.9。

根据上述分析，可推导出最优排距 R_m 和最大注浆有效厚度 B_m 的计算式。

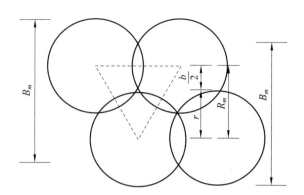

图 6.9 孔排间的最优搭接

不论是两排孔、三排孔还是五排孔,最优排距 R_m 的计算公式都是相同的,见式(6.7):

$$R_m = r + \frac{b}{2} = r + \sqrt{r^2 - \frac{l^2}{4}} \tag{6.7}$$

多排孔最优厚度 R_m 如下:

① 两排孔

$$B_m = 2r + b = 2\left(r + \sqrt{r^2 - \frac{l^2}{4}}\right); \tag{6.8}$$

② 三排孔

$$B_m = 2r + 2b = 2\left(r + 2\sqrt{r^2 - \frac{l^2}{4}}\right); \tag{6.9}$$

③ 五排孔

$$B_m = 4r + 3b = 4\left(r + \frac{3}{2}\sqrt{r^2 - \frac{l^2}{4}}\right); \tag{6.10}$$

综上所述,多排孔的最优厚度则为:

奇数排:

$$B_m = (n-1)\left[r + \frac{(n+1)}{(n-1)} \cdot \frac{b}{2}\right] = (n-1)\left(r + \frac{(n+1)}{(n-1)}\sqrt{r^2 - \frac{l^2}{4}}\right) \tag{6.11}$$

偶数排:

$$B_m = n\left(r + \frac{b}{2}\right) = n\left(r + \sqrt{r^2 - \frac{l^2}{4}}\right) \tag{6.12}$$

上式中 n 为注浆孔排数。

在设计工作中,常遇到 n 排孔厚度不够,但 $(n+1)$ 排孔厚度又偏大的情况,如有必要,可用放大孔距的办法来调整,但也应对钻孔费用和浆材费用进行比较,以确定合理的孔距。

注浆孔的排间距:

① 注浆孔的排间距可取加固半径的 1.5 倍;注浆孔的间距可取加固半径的 1.5~1.7 倍;外侧注浆孔位超出基础底面宽度不得小于 0.5m;分层注浆时,加固层厚度可按注浆管带孔部分的长度上、下各 0.25 倍加固半径计算。

硅化注浆的加固半径应根据孔隙比、浆液黏度、凝固时间、注浆速度、注浆压力、注浆量等试验确定。无试验资料时,对粗砂、中砂、细砂、粉砂、黄土,可按表 6.6 确定硅化法注浆加固半径。

表 6.6 土的类型及注浆加固半径选择

土的类型及加固方法	渗透系数($\times 10^{-3}$cm·s^{-1})	加固半径(m)
粗砂、中砂、细砂 (双液硅化法)	2.32～11.6 11.6～23.2 23.2～58 58～92.8	0.3～0.4 0.4～0.6 0.6～0.8 0.8～1.0
粉砂(单液硅化法)	0.348～0.58 0.58～1.16 1.16～2.32 2.32～5.80	0.3～0.4 0.4～0.6 0.6～0.8 0.8～1.0
黄土(单液硅化法)	0.116～0.348 0.348～0.58 0.58～1.16 1.16～2.32	0.3～0.4 0.4～0.6 0.6～0.8 0.8～1.0

② 采用单液硅化法加固湿陷性黄土地基,注浆孔的布置应符合下列要求:

A. 注浆孔间距:压力注浆宜为 0.8～1.2m,溶液自渗宜为 0.4～0.6m;

B. 对新建建(构)筑物和设备基础的地基,应在基础底面下按等边三角形满堂布孔,超出基础底面外缘的宽度,每边不得小于 1.0m;

C. 对既有建(构)筑物和设备基础的地基,应沿基础侧向布孔,每侧不宜少于 2 排;

D. 当基础底面宽度大于 3m 时,除应在基础下每侧布置 2 排注浆孔外,必要时,可在基础两侧布置斜向基础底面中心以下的注浆孔或在其台阶上布置穿透基础的注浆孔。

3. 注浆工艺

单液硅化法加固湿陷性黄土地基的注浆工艺有两种。

(1) 压力注浆

压力注浆浆液的扩散速度快,扩散范围大,但有些情况下附加沉降可达 300mm 以上,故规定,压力注浆可用于加固自重湿陷性场地上拟建的设备基础和构筑物的地基,也可用于加固非自重湿陷性黄土场地上既有建筑物和设备基础的地基。

压力注浆需要用加压设备(如空压机)和金属注浆管等,成本相对较高,其优点是加固范围较大,不只是可加固基础侧向,而且可加固既有建筑物基础底面以下的部分土层。

(2) 溶液自渗(无压)

溶液自渗的速度慢,扩散范围小,对既有建筑物和设备基础的附加沉降很小(10～20mm),不超过建筑物地基的允许变形值。溶液自渗的注浆孔可用钻机或洛阳铲成孔,不需要用注浆管和加压等设备,成本相对较低,含水率不大于 20%、饱和度不大于 60% 的地基土,采用溶液自渗较合适。

6.3.11 碱液注浆加固设计

1. 浆液的选择和配制

碱液注浆加固适用于处理地下水位以上渗透性较好的湿陷性黄土地基,对自重湿陷性黄土地基的适应性应通过试验确定。

黄土中钙、镁离子含量一般都较高,故一般采用单液加固即可。只有当100g干土中可溶性和交换性钙镁离子含量小于10(mg·eq)时,应采用双液法,即需采用氢氧化钠溶液和氯化钙溶液交替注浆加固。

2. 注浆孔的布置

当采用碱液加固既有建(构)筑物的地基时,注浆孔可沿条形基础两侧布置或单独基础周边各布置一排。当地基湿陷性较严重时,孔距应适当减小,宜为0.7~0.9m;当地基湿陷较轻时,孔距可适度加大,宜为1.2~2.5m。

3. 碱液加固地基的深度

应根据地基的湿陷类型、湿陷等级和湿陷性黄土层厚度,并结合建筑物类别与湿陷事故的严重程度等综合因素确定。加固深度宜为2~5m。

对非自重湿陷性黄土地基,加固深度可为基础宽度的1.5~2.0倍;

对Ⅱ级自重湿陷性黄土地基,加固深度可为基础宽度的2.0~3.0倍。

4. 碱液加固土层的厚度

碱液加固土层的厚度h,可按下式估算

$$h = l + r \tag{6.13}$$

式中,l——注浆孔长度,从注浆管底部到注浆孔底部的距离(m);

r——有效加固半径(m)。

碱液加固地基的有效加固半径r,宜通过现场试验确定。当碱液浓度和温度符合《建筑地基处理技术规范》(JGJ 79—2012)规定时,有效加固半径可按下式估算:

$$r = 0.6 \sqrt{\frac{V}{nl \times 10^3}} \tag{6.14}$$

式中,V——每孔碱液注浆量(L),试验前可根据加固要求达到的有效加固半径按式(6.14)进行估算;

n——拟加固土的天然孔隙率;

r——有效加固半径(m),当无试验条件或工程量较小时,可取0.4~0.5m。

5. 每孔碱液注浆量

$$V = \alpha\beta\pi r^2(l+r)n \tag{6.15}$$

式中,α——碱液充填系数,可取0.6~0.8;

β——工作条件系数,考虑碱液流失影响,可取1.1。

6.4 注浆施工工艺

6.4.1 注浆施工方法的分类

注浆施工方法的分类主要有两种:按注浆管设置方法分类;按注浆材料混合方法或灌注

方法分类(表 6.7)。

表 6.7 注浆施工方法分类表

注浆管设置方法			凝胶时间	混合方法
单管注浆法	钻杆注浆法		中等	双液单系统
	过滤管(花管)注浆法			
双管注浆法	双栓塞注浆法	套管法	长	单液单系统
		泥浆稳定土层法		
		双过滤器法		
	双层管钻杆法	DDS 法	短	双液双系统
		LAG 法		
		MT 法		
埋管注浆法			中等	双液单系统

6.4.2 注浆施工的机械设备

注浆施工机械及其性能如表 6.8 所示。现在使用的注浆泵是采用双液等量泵,所以检查时要检查两液能否等量排出是非常重要的。此外,搅拌器和混合器,根据不同的化学浆液和不同的厂家而有不同的型号。在城市的房屋建筑中,注浆深度一般不会超过 40m,通常采用小孔径钻孔,而且大多使用主轴回转式的油压机,性能稳定。但此机的最大问题是必须牢固地固定在地面上,否则随着注浆深度的加大,钻孔的精度会大打折扣,使得钻头出现偏离。因此施工中解决钻机固定问题成为关键。有些施工单位采用在地面上铺枕木,先将枕木固定在地面,其上铺装钢轨,再把钻机的底座锚在两根钢轨上使钻机稳定。

表 6.8 注浆机械的种类和性能

设备种类	型号	性能	重量(kg)	备注
钻探机	主轴旋转式 D-2 型	旋转速度:160、300、600、1000r·min^{-1};功率:5.5kW(7.5 马力);钻杆外径:40.5mm;轮周外径:41.0mm	500	钻孔用
注浆泵	卧式二连单管往复活塞式 BGW 型	容量:16～60L·min^{-1};最大压力:3.62MPa;功率:3.7kW(5 马力)	350	注浆用
水泥搅拌机	立式上下两槽式 MVM5 型	容量:上下槽各 250L;叶片旋转数:160r·min^{-1};功率:2.2kW(3 马力)	340	不含有水泥时的化学浆液不用
化学浆液混合器	立式上下两槽式	容量:上下槽各 220L;搅拌容量:20L;手动式搅拌	80	化学浆液的配制和混合

续表

设备种类	型号	性能	重量(kg)	备注
齿轮泵	KI-6型齿轮旋转式	排出量：40L·min^{-1}；排出压力：0.1MPa；功率：2.2kW(3马力)	40	从化学浆液槽混合器送入化学浆液
流量、压力仪表	附有自动记录仪电磁式浆液EP	流量计测定范围：40L·min^{-1}；压力计：3MPa(布尔登管式)；记录仪双色流量：蓝色；压力：红色	120	

6.4.3 钻孔

通过各种钻机在不同岩土层中造孔，将孔隙和裂隙尽量暴露出来，再用注浆机械把浆液压入地层中。钻孔是浆液进入岩土裂隙的必经之道，是实现各种注浆的先决条件。

钻孔方法主要有冲击钻、回转钻及冲击回转钻三种。冲击钻多用于砂砾石等比较松软的地层，钻进时使用泥浆护壁可防止孔壁坍塌，节省套管；回转钻多用于岩石地层，可取岩芯。此法又可按所用钻头的不同而分为钻粒钻孔、硬质合金钻孔和金刚石钻孔，后者在注浆工程中正被逐步推广。冲击回转钻钻孔速度快，钻孔费用较低，但钻出的岩粉较多，堵塞岩缝的可能性较大。

地基注浆一般都钻垂直孔，但在岩层中若遇到倾角较大的裂缝而不得不采用斜孔时，也应采取必要的弥补措施，以确保注浆体形成一个完整的平面。

钻孔直径大小关系着注浆质量和效率：较大的直径可能截取较多的孔隙和裂隙，但钻速较慢，材料消耗较多。近代的注浆技术逐渐向小口径方向发展，例如自从乌江渡水电站岩溶地基成功地采用48～55mm钻头注浆以来，我国一些工程也都相继采用这种小口径钻头。

6.4.4 注浆方法

1. 单管注浆

（1）单管注浆法施工可按下列步骤进行：

① 钻机与注浆设备就位；

② 钻孔或采用振动法将花管置入土层；

③ 当采用钻孔法时，应从钻杆内注入封闭泥浆，然后插入孔径为50mm的金属花管；

④ 待封闭泥浆凝固后，移动花管自下向上或自上向下进行注浆。

注浆完毕后，应用清水冲洗花管中的残留浆液，以利于下次再重复注浆。

（2）在浆液拌制时加入一些相应的外加剂，以达到改善浆液性能的目的。

① 如果需要加速浆体凝固，可以加入水玻璃。水玻璃的模数应为3.0～3.3。当模数为3.0时，密度应大于1.41，不溶于水的杂质含量应不超过2%，水玻璃掺量的具体比例应通过现场试验确定。

② 如果需要提高浆液扩散能力和可泵性，可以掺入表面活性剂（或减水剂），其掺量一般为水泥用量的0.3%～0.5%。

③ 如果需要提高浆液的均匀性和稳定性，防止固体颗粒离析和沉淀，可掺入一定数量的膨润土，其掺量一般不宜大于水泥用量的5%。

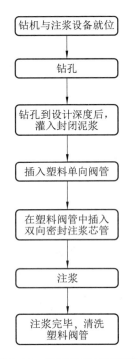

图 6.10 套管注浆施工流程

2. 套管双管注浆

套管注浆法施工可按图 6.10 流程进行。

为了改善浆液性能,同样可以在浆液拌制时加入相应的外加剂,参见单管注浆。

3. 埋管注浆

(1) 施工准备

① 搜集资料和技术设计。

② 为了提高浆液的早期强度,减少加固过程中的附加下沉,在进行建筑物的上抬施工时,应采用双液埋管注浆。

③ 每次注浆前,需对浆液进行现场测试,随时掌握浆液质量。浆液配制顺序:水→膨润土→粉煤灰→水泥。

④ 地面建筑的基础底板注浆顺序:首先沿底板外圈注浆以形成帷幕,然后,由两边向中间对称注浆。

(2) 工艺流程

① 密封管埋设。

A. 钻孔埋管。

B. 预埋密封管。

② 埋管注浆的泵送搅拌系统与分层注浆技术相同。施工过程中的质量标准:

A. 钻孔垂直偏差:小于 1%。

B. 注浆流量:$8\sim15\text{L}\cdot\text{min}^{-1}$。

C. 浆液相对密度:大于 1.5。

D. 浆液黏度:大于 40″(漏斗式黏度计)。

6.4.5 注浆施工

1. 概述

在注浆加固施工前,根据注浆试验资料和设计文件做好施工组织设计,主要包括工程概况、施工总布置、进度安排、主要技术方案、设备配置、施工管理、技术质量保证措施等。

注浆加固施工一般包括以下内容:注浆孔的布置、钻孔和孔口管埋设、制备浆液、压浆、封孔。对于注浆加固地基,一般原则是从外围进行围堵,内部进行填压,以获得良好的效果,就是先将注浆区围住,再在中间插孔注浆挤密,最后逐步压实。不同地层中所采用的注浆工艺和施工方法是有差异的,如在砂土中和黏性土中注浆工艺就有较大差别。为使浆液渗透均匀,注浆段不宜过长,对黏性土一般 $0.8\sim1.0\text{m}$,无黏性土 $0.6\sim0.8\text{m}$,注浆次序可分为上行式、下行式和混合式。

2. 水泥为主剂的注浆施工

① 施工场地应预先平整,并沿钻孔位置开挖沟槽和集水坑。

② 注浆施工时,宜采用自动流量和压力记录仪,并应及时进行数据整理分析。

③ 注浆孔的孔径宜为 $70\sim110\text{mm}$,垂直度偏差应小于 1%。

④ 封闭泥浆 7d 后立方体试块($70.7\text{mm}\times70.7\text{mm}\times70.7\text{mm}$)的抗压强度应为 $0.3\sim$

0.5MPa，浆液黏度应为80~90s。

⑤ 浆液宜用普通硅酸盐水泥，注浆时可掺入水泥重量20%~50%的粉煤灰，根据工程需要，也可加入速凝剂、减水剂和防析水剂。

⑥ 注浆用水pH值不得小于4。

⑦ 水泥浆的水灰比可取0.6~2.0，常用的水灰比为1.0。

⑧ 注浆的流量可取$7\sim10\text{L}\cdot\text{min}^{-1}$，对充填型注浆，流量不宜大于$20\text{L}\cdot\text{min}^{-1}$。

⑨ 当用花管注浆和带有活堵头的金属管注浆时，每次上拔或下钻高度宜为0.5m。

⑩ 浆液充分搅拌均匀后方可压注，注浆过程中应不停地缓慢搅拌，搅拌时间应小于浆液初凝时间。浆液在泵送前应需要用筛网过滤。

⑪ 水温不得超过30~35℃；盛浆桶和注浆管路在注浆体静止状态时，不得暴露于阳光下，防止浆液凝固。当日平均温度低于5℃或最低温度低于-3℃的条件下注浆时，应采取措施防止浆液冻结。

⑫ 应采用跳孔间隔注浆，且采用先外围后中间的顺序。当地下水流速较大时，应从水头高的一端开始注浆。

⑬ 对渗透系数相同的土层，应先注浆封顶，后由下向上进行注浆，防止浆液上冒。如土层的渗透系数随深度而增大，则应自下向上注浆。对互层地层，先应对渗透性或孔隙率大的地层进行注浆。

⑭ 当既有建筑地基进行注浆加固时，应对既有建筑及其邻近建筑、地下管线和地面的沉降、倾斜、位移和裂缝进行监测。并应采用多孔间隔注浆和缩短浆液凝固时间等措施，减少既有建筑基础因注浆而产生的附加沉降。

⑮ 在实际施工过程中，常出现冒浆、串浆、绕塞返浆、漏浆、地面抬升、埋塞等现象，应根据工程具体条件制定工艺控制条件和保证措施。

3. 硅化浆液注浆施工

(1) 压力注浆的施工

① 压力注浆的施工步骤。

除配溶液等准备工作外，主要分为打注浆管和灌注浆液。主要施工步骤如图6.11所示。

② 加固既有建筑物地基时，应采用沿基础侧向先外排后内排的施工顺序；并间隔1~3孔进行打注浆管和灌注浆液。

③ 注浆溶液的压力值由小逐渐增大，最大压力不宜超过200kPa。

(2) 溶液自渗的施工

溶液自渗的施工步骤，见图6.12。

硅化注浆施工时对既有建筑物或设备基础进行沉降观测，可及时发现在注浆过程中是否会引起附加沉降以及附加沉降的大小，便于查明原因，停止注浆或采取其他处理措施。

施工中应注意不论是压力注浆还是溶液自渗，计算溶液量全部注入土中后，加固土体中的注浆孔均宜用2∶8的灰土分层回填夯实。

4. 碱液注浆施工

(1) 注浆孔施工

注浆孔可用洛阳铲、螺旋钻成孔或用带有尖端的钢管打入土中成孔，孔径宜为60~

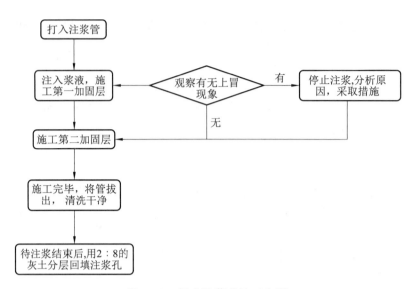

图 6.11 压力注浆的施工步骤

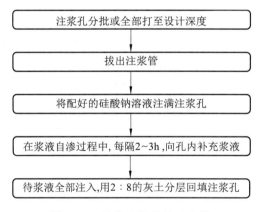

图 6.12 溶液自渗的施工步骤

100mm，孔中应填入粒径为 20～40mm 的石子至注液管下端标高处，再将内径 20mm 的注液管插入孔中，管底以上 300mm 高度内应填入粒径为 2～5mm 的小石子，上部宜用体积比为 2∶8 的灰土填入夯实。

注浆孔直径的大小主要与溶液的渗透量有关。如土质松，由于溶液渗透快，则孔径宜小。如孔径过大，在加固过程中，大量溶液将渗入注浆孔下部，形成上小下大的蒜头形加固体。如土的渗透性弱，而孔径又较小，就将使溶液渗入缓慢，注浆时间延长，从而造成溶液在输液管中停留时间长，热量散失，将使加固体早期强度偏低，影响加固效果。

(2) 碱液配制

碱液可用固体烧碱或液体烧碱配制，每加固 $1m^3$ 黄土宜用氢氧化钠溶液 35～45kg。碱液浓度不应低于 $90g \cdot L^{-1}$；双液加固时，氯化钙溶液的浓度为 $50～80g \cdot L^{-1}$。

配制溶液时，应先放水，而后徐徐放入碱块或浓碱液。

① 采用固体烧碱配制每 $1m^3$ 浓度为 M 的碱液时,每 $1m^3$ 水中的加碱量为:

$$G_s = \frac{1000M}{P} \tag{6.16}$$

式中,G_s——每 $1m^3$ 碱液中投入的固体烧碱量(g);

M——配制碱液的浓度($g \cdot L^{-1}$);

P——固体烧碱中,NaOH 含量的百分数(%)。

② 采用液体烧碱配制每 $1m^3$ 浓度为 M 的碱液时,投入的液体烧碱体积 V_1 和加水量 V_2 为:

$$V_1 = 1000 \frac{M}{d_N N} \tag{6.17}$$

$$V_2 = 1000 \left(1 - \frac{M}{d_N N}\right) \tag{6.18}$$

式中,V_1——液体烧碱体积(L);

V_2——加水的体积(L);

d_N——液体烧碱的相对密度;

N——液体烧碱的质量分数。

(3) 注浆要求

① 应将桶内碱液加热到 90℃ 以上方能进行注浆,注浆过程中,桶内溶液温度不应低于 80℃;碱液注浆前加温主要是为了提高加固土体的早期强度。

② 碱液加固施工,应合理安排注浆顺序和控制注浆速率。宜采用隔 1~2 孔注浆,分段施工,相邻两孔注浆的间隔时间不宜少于 3d。同时注浆的两孔间距不应小于 3m;灌注碱液的速度,宜为 $2 \sim 5L \cdot min^{-1}$。

③ 当采用双液加固时,应先灌注氢氧化钠溶液,待间隔 8~12h 后,再灌注氯化钙溶液,氯化钙溶液用量宜为氢氧化钠溶液用量的 1/2~1/4。

加固黄土地基时,由于黄土是钙、镁离子饱和土,故一般只采用单液法加固。但如要提高加固土强度,也可考虑采用双液法。

6.4.6 注浆要点及注意事项

一般注浆施工要点及注意事项,见表 6.9。

表 6.9 注浆操作要点及注意事项

注浆方法	注浆要点及注意事项
硅化注浆法	① 硅化注浆法加固深度的确定除根据基础附加应力大小外,还应尽可能地选择条件稍好的土层作为加固体的持力层,或在压缩层土体内进行; ② 硅化注浆法的钻孔平面间距与土的透水性有关,注浆孔一般按正三角形布置; ③ 硅化注浆加固顺序可根据土的渗透系数决定,由《建筑地基基础工程施工质量验收标准》(GB 50202—2018)规定
布袋加固法	注浆量可按布袋充满量达体积的 70%~85% 控制,按要求灌完砂浆后立即加载,使布袋承受一定的压力,加载量控制为使构筑物下沉量小于 15cm,其灌注时间要求小于砂浆初凝时间

续表

注浆方法	注浆要点及注意事项
循环注浆法	当地层深处遇到坍塌时,在未对其进行处理前,首先用常规的方法灌注上部稳定地段,然后把余浆在终凝前冲洗出钻孔,重钻下部的孔段,再采用循环注浆法对坍塌地层进行处理
袖阀管注浆法	阻塞器由几个方向相对的橡皮碗组成,皮碗式的阻塞器所能承受的压力与皮碗数有关,一般仅装4～6个皮碗分放两端,这种阻塞器可承受2MPa的注浆压力
钻杆注浆法	双层管钻杆注浆法的注浆设备及其施工原理与钻杆法基本相同,不同的是双层管钻杆法的钻杆在注浆时为旋转注浆,同时在端头增加喷枪
碱液加固注浆法	一般应布置在基础两侧或周边各一排,孔距视加固设计要求而定: ① 如要求加固体连成一片,孔距 R 可取 0.7～0.9 m,单孔有效加固半径可达 0.4m,有效加固厚度为孔深加 0.5R; ② 如不要求加固体连成一片,即将加固体视为刚性桩,孔距一般为 1.2～1.5m,加固体平均强度为 300～400kPa; ③ 注浆浓度可在 50～100g·L^{-1} 之间选择,一般采用的浓度为 100g·L^{-1}。为便于更多的 NaOH 被土吸收,也可先灌浓液(120～130g·L^{-1})后灌稀液(70～80g·L^{-1})

6.4.7 常见事故及处理措施

常见事故及处理措施,见表 6.10。

表 6.10 常见事故及处理措施

事故类别	原因	措施
冒浆(浆液沿裂隙或层面往上窜流)	① 岩层破碎,裂隙发育串通(尤其是垂直裂隙); ② 注浆段位置较浅; ③ 注浆压力过大	① 采用控制性措施:降低注浆压力,必要时可采用自流式加压;提高浆液浓度或掺砂,加入速凝剂;限制进浆量,控制单位吸浆量不超过 30～40L·min^{-1},采用间歇注浆法; ② 堵塞冒浆部位,常用旧棉花、麻刀、棉线等,必要时可在上面涂抹速凝水泥浆; ③ 严重冒浆部位先灌混凝土盖板,后注浆
串浆(注浆孔中的浆液从其他孔中流失)	岩层横向裂隙发育,贯通注浆钻孔	① 加大第一序孔距; ② 适当延长相邻两序孔间施工时间间隔;补充使用自上而下分段灌浆方法; ③ 串浆若为待灌孔,可同时并联注浆;如串浆孔正在钻孔,应先停钻并用止浆塞封闭孔口,等注浆后再恢复钻孔
绕塞返浆	① 注浆段孔壁不完整; ② 橡胶塞压缩量不足,塞堵不严密; ③ 上段注浆时裂隙未封住或注浆后待凝时间不够,水泥强度过低	① 地层不好,尽量使用金刚石钻头成孔; ② 自上而下注浆,尽量增加等待时间; ③ 压水试验中有绕塞返浆时,除加长橡胶塞长度外,还应加大胶塞压缩量; ④ 移动胶塞位置(自上而下注浆时上移,自下而上注浆时下移)

续表

事故类别	原因	措施
漏浆	① 地层条件差,如砾石层等; ② 浆液浓度太低	① 参考冒浆处理; ② 粒状浆液与化学浆液结合灌注
地面抬动	① 注浆压力过大(特别是砂砾石层上部); ② 孔浅无压盖层	① 靠砂砾石层表面的注浆段灌纯水泥浆形成抗压盖层; ② 加密注浆孔; ③ 在砂砾石层上面铺黏土层或混凝土盖板
埋塞	① 绕塞返浆未发现; ② 胶塞上部严重漏失使水泥颗粒沉淀	采用冲、打、反等措施将注浆管取出

6.5 注浆质量及效果检验

6.5.1 注浆加固质量检验标准

注浆施工结束后,应对注浆质量和效果进行检查,以便验证是否达到设计要求和地基处理要求。注浆质量一般是指注浆施工是否严格按设计和施工规范进行。鉴于注浆加固地基的复杂性,加固地层的均匀性检测十分重要,宜采用多种方法相互验证,综合判断处理结果,同时还应满足建筑地基验收规范的要求。

通常的质量检测方法有:标准贯入试验、轻型动力触探试验、静力触探试验、射线检测、弹性波法、电阻率法、压水试验、室内试验、载荷试验等。

以水泥为主剂的注浆加固质量检验应符合下列规定:

① 注浆检验应在注浆结束 28d 后进行。可选用标准贯入、轻型动力触探、静力触探或面波等方法进行加固地层均匀性检测;

② 在加固土体深度范围内每间隔 1m 取样进行室内试验,测定土体压缩性、强度或渗透性;

③ 注浆检验点不应少于注浆孔数的 2%～5%。检验点合格率小于 80% 时,应对不合格的注浆区实施重复注浆。

硅化注浆加固质量检验应符合下列规定:

① 硅酸钠溶液注浆完毕,应在 7～10d 后对加固的地基土进行检验;

② 应采用动力触探或其他原位测试法检验加固地基的均匀性;

③ 必要时,还应在加固土的全部深度内,每隔 1m 取土样进行室内试验,测定其压缩性和湿陷性;

④ 检验数量不应少于注浆孔数的 2%～5%。

碱液加固质量检验应符合下列规定:

① 碱液加固施工应做好施工记录,检查碱液浓度及每孔注入量是否符合设计要求;

② 开挖或钻孔取样,对加固土体进行无侧限抗压强度试验和水稳性试验。取样部位应在加固土体中部,试块数不少于 3 个,28d 龄期的无侧限抗压强度平均值不得低于设计值的 90%。将试块浸泡在自来水中,无崩解。当需要查明加固土体的外形和整体性时,可对有代表性的加固土体进行开挖,测量其有效加固半径和加固深度。

③ 检验数量不应少于注浆孔数的 2%~5%。

6.5.2 注浆效果检测方法

注浆效果是指注浆后地基性能的改善程度,主要有以下检测方法。

1. 施工记录分析法

根据注浆过程中的注浆压力、浆液浓度、吸浆量等变化情况进行分析,可以判断注浆工作是否正常。

2. 钻孔抽(压)水检查法

钻孔抽水试验:自抽水井抽取一定水量而在某距离之间观测井测定不同时间地下水位的变化,观测数据利用各种地下水流理论或图解法分析确定岩体渗透特性。钻孔压水试验:用栓塞将钻孔隔离出一定长度的孔段,并向该孔段压水,根据压力与流量的关系确定岩体渗透特性。分析岩层不均质性和注浆处理的缺陷,并判断注浆质量好坏。

3. 注浆前后涌水量比较法

根据注浆前后涌水量的变化确定封水效果:

$$K = \frac{Q_1 - Q_2}{Q_1} \tag{6.19}$$

式中,K——封水效果(%);

Q_1——注浆前的涌水量($m^2 \cdot h^{-1}$);

Q_2——注浆后的涌水量($m^2 \cdot h^{-1}$)。

4. 取样检查法

(1) 钻孔取样。注浆结束后,用钻机在注浆钻孔取芯,观察浆液的充填和胶结情况。

(2) 开挖检查。在灌浆区域进行开挖,直接观测浆液在地层孔隙中的充填胶结程度、扩散范围,以及浆液结石体渗透性,测定涌水量变化;另可凿取岩样,进行力学性能试验。

5. 钻孔检测法

(1) 钻孔摄影。用钻孔摄影仪对注浆前后孔壁四周进行摄影,据此分析浆液结石体对裂隙的充填情况。

(2) 钻孔电视。通过孔中的摄像机拍摄孔壁影像,传送至地面监视器,并由屏幕直接反映出裂隙中浆液的结石、充填情况,用动态图像判断注浆效果。

6. 无线电波透视法

由于不同岩石的电阻率、介电常数等电性存在差异,因而向地下发射的高频电磁波在传播过程中,不同岩石吸收其能量的大小亦各不相同,电阻率高的岩石对电磁波能量的吸收作用小;相反,则吸收作用大。同时,断层界面、岩石裂隙面会使电磁波产生反射、折射和散射,造成其能量损耗。导水裂隙带还能强烈吸收电磁波。根据上述物理特性,用电磁波发射器向被探测地质体发射一个固定频率的无线电波,在该地质体的另一端接收此电磁波信号,就能凭借该信号能量的衰减情况,推断是否存在地质异常体,用以检测注浆效果。

7. 旋转触探法(RPT)

旋转触探法是指将一定规格和形状的螺旋锥头按一定旋转速度和贯入速率贯入土中,同时测记锥头在贯入土中过程中所受到的贯入阻力、土在破坏过程中的抵抗扭矩、排土水压力等参数,通过这些参数直接定量地评价地层工程性质。

8. 声波测试法

用声波检测仪以一定的间隔逐点检测声波的声学参数,通过对这些数据的处理、分析、判断,确定注浆体是否有缺陷,缺陷的位置、范围、程度,检测其质量和效果。

6.6 工程实例

6.6.1 【实例1】土表面压密灌浆

1. 工程概况

某大厦由A座及B座楼相连组成,原设计A座地上21层,B座地上16层,中间由狭窄的13层过街楼相连。均设三层地下室,采用天然地基,对厚约7m的表层粉土和黏性土不做任何处理。基础为有桩帽的筏板基础,底板连成一体无沉降缝,仅过街楼中部留有一后浇带。

出于某些原因,建设方要求将A座加高至29层,B座则降低到12层,而此时地下室已全部施工完毕。根据变形电算资料,A座增至29层后地基的最大沉降量为27.23cm,B座的最大沉降量为15.07cm,总沉降量超过了有关规范的规定,因而必须对地基进行补充加固处理。

2. 地基加固要求

(1) 地基加固后,A、B两楼的最终沉降量均不得大于12cm。
(2) 建筑物封顶后一个月,A、B座的沉降值不得大于5cm±10%。
(3) 在施工和使用过程中,A、B两座之间及本栋楼内任意两点之间的倾斜度均不得大于1.5‰。
(4) 地基补充加固工作必须与上部建筑物施工同步进行。

3. 加固方法

当时建筑物地下三层已经完成,地下部分的后浇带也已浇整,正准备进行上部结构的施工,补充加固工作的难度是可想而知的。地基工程公司经过反复研究后,采用了"土表面压密注浆"方案,即在建筑上升过程中,经常在筏板下面的某些部位进行水泥注浆,注入筏板底面与土表面之间的浆液一方面使地基发生固结沉降,另一方面浆液凝固后又顶托基础底板使之不随土层的固结而发生沉降变形,从而把地基的总沉降量和沉降差调控到有关规范的规定之内。

钻孔注浆是通过预埋在混凝土底板内的 $\phi 60$ 铁管进行。浆液采用四高(高浓度、高强度、高流动性、高稳定性)水泥浆。注浆压力控制在1.5~2.0MPa压强,由于是单孔注浆,故这种注浆压力不会对上部建筑物产生有害的影响,而只对下部土层的固结沉降有利。为了严密监控地基的沉降情况,专门在基础底板和外墙上埋设了近50个沉降观测点。此外,还在不同部位布设了5个分层沉降观测孔,监测地基各层土体固结变化情况。

4. 效果评价

(1) 在整个注浆过程中及上部建筑物封顶后的半年内,基础不但没有下沉,反而有微量的回升。

(2) 钻孔取样查明,整个底板下面都布满了高强度水泥结石(厚度为7~15cm),这说明在注浆压力作用下,地基土发生了7~15cm的不均匀沉降。

(3) 基础底板的倾斜度极小,变化在(0.05~0.29)‰之间(表6.11),几乎处于水平状态。

(4) 注浆前底板多被地下水渗湿,注浆后则完全变干,说明地下水已被底板下的水泥石隔断。

表 6.11 典型测点倾斜度

测点	两点间距 (m)	第 5 次测量		第 19 次测量	
		变形差(mm)	两点倾斜度(‰)	变形差(mm)	两点倾斜度(‰)
A21—B10	34.0	1.1	0.032	5.6	0.16
A3—B5	80.0	2.2	0.028	9.2	0.11
A3—A6	9.5	0.1	0.011	2.8	0.29
A3—A7	35.0	0.7	0.02	5.7	0.16
A3—A2	8.0	0.8	0.01	0.4	0.05
A10—A23	10.0	0.5	0.05	2.4	0.24
A23—B5	37	0.7	0.02	3.7	0.10

6.6.2 【实例2】延安东路越江隧道浦西引道段106A—104地基注浆加固

1. 工程地质条件

根据资料得知,该地区以前是一条洋泾浜,6~8m以上的土质情况较为复杂,有木桩和残留的大石块、条石等,还有一层2m多厚的灰色粉砂层,6~15m为灰色淤泥质黏土,15m以下为灰色黏土。据钻孔揭露该地区地层大致可划分为三层:

(1) 杂填土:厚度为4.3~4.5m,主要由沥青、块状花岗岩抛石、碎石、砖瓦、废钢板围填土等组成。

(2) 淤泥质粉质黏土:厚度为7.5~8.5m,灰色,饱和,流塑,局部含有少量薄层粉细砂和贝壳,含水率为32.8%,孔隙比为0.85。

(3) 淤泥质黏土:灰色,软塑,局部含少量夹薄层粉细砂、贝壳和植物根茎,含水率达50.7%,孔隙比为1.39。

2. 工程概况

延安东路越江隧道是上海第二条穿越黄浦江底的公路隧道,全长2261m,主体部分是圆形隧道,直径为11m,采用盾构法施工。在1号井以西的引道段用地下连续墙施工。当引道段接近河南路时,分成两条独立的车道,因此在106A段的跨度达21.4m,而且在其北侧约10m处是一幢六层的亚洲大楼,南侧又是一幢综合贸易楼;西侧就是交通要道河南路。由于在市区施工,交通不能中断,而且106－105段的开挖深度又达11m,因此如何在开挖过程中减少地下连续墙的位移,保护周围的建筑物,保证交通的畅通,是非常迫切的问题。经研究后,决定采用软土分层注浆方法(套管注浆)来进行深层的土体加固。

3. 方案设计和施工方法

(1) 两侧地下连续墙的深度为28～29m,土体加固的范围是－10～－25m(图6.13)。

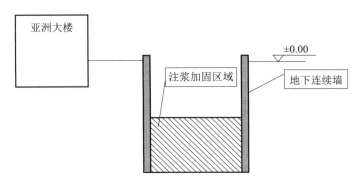

图6.13 106A－104注浆加固纵剖面图

(2) 加固区分成4个区域:Ⅰ区长度为16m,Ⅱ区长度为3m,Ⅲ区长度为3m,Ⅳ区长度为4m。

(3) 注浆孔孔距为1.5m,排距为1.5m,孔深25m。

(4) 该工区由于原本属洋泾浜,土层复杂,－2～－8m中含有花岗岩、玄武岩、条基、块石、木桩、碎石及较厚的混凝土路面,这样给钻孔带来了极大困难。

(5) 在104段施工中遇到两根300煤气管及一根电话电缆管,给钻孔注浆带来了很大的困难和危险性,为了确保施工时的安全,根据有关图纸,在煤气管南北两端分别布设了观测点,及时测得数据并指导注浆,防止地面过高隆起,沉降基本控制在管线允许范围内。

(6) 注浆加固面积为414m^2,体积为7245m^3,布置钻孔212只,总进尺51300m,注入浆液近2000m^3。

4. 注浆效果和质量检验

(1) 开挖后实地观察。

注浆加固后约两个月,当开挖到注浆加固深度时,可见成层10～20mm厚度的薄片状浆液凝固分布在土体中,孔隙与薄弱处都充满了浆液的凝固体,特别是在地下连续墙与软土的接触部位,有大量的浆液凝固体,提高了地下连续墙与土体的摩擦力。

(2) 在上海软土中,地下连续墙基坑开挖时一般位移量在50～100mm,如果支撑不及时,甚至可达200mm。由于在106A底部进行了注浆加固,提高了土体的强度,增加了其被动土压力,因此其最大位移量只有25mm。

(3) 地下连续墙基坑开挖后,由于墙体的位移和基坑底部土体的隆起等原因,会引起周围土体的沉降。由于注浆加固后,土体的强度得到提高,墙体的位移量减少,基坑底部隆起也小,因此,对周围土体的影响也小。根据现场实测的结果,周围最大的沉降量为25mm。

(4) 标准贯入度。

未加固前:$N=0\sim1$;

注浆加固后：$N=3\sim5$。

(5) 声波波速测定。

用跨孔法测定声波的横波速度，注浆后有明显提高。横波速度(v_s)提高 29%～45%；动弹性模量(E_d)提高 68%～138%；动剪切模量(G_d)提高 52%～138%。

6.6.3 【实例3】桩底注浆法提高桩基承载力

1. 工程概况

本溪钢铁公司某厂由于生产工艺进行技术改造，原厂房需接跨延长，厂房内增加重型吊车。原厂房桩基承载力不能满足接跨的要求，需加固处理。

2. 工程地质条件

根据工程地质勘察资料提供，场地属太子河冲积阶地，地层由上而下依次为：

(1) 杂填土：主要由矿渣、碎石等组成，一般粒径为 40～60mm，中密，厚度为 4.8～5.9m。

(2) 粉质黏土：灰黑色，含植物根系，湿、可塑，厚度为 0.3～0.6m。

(3) 粉砂：灰褐-黄褐色，均粒，中密，饱和，厚度为 1.5～3.9m。

(4) 卵石：由结晶岩组成，亚圆形，一般粒径 30～60mm，最大粒径 150mm，充填约 30%的混粒砾砂，中密，为主要含水层。该层可做桩基持力层，其桩端土承载力特征值为 4500kPa。厂房内现有 50t 吊车进行生产作业，并有炽热高温，柱基荷载大，周围施工场地狭窄，空间高度低，施工时要保证不影响厂房内的正常生产作业。

3. 方案设计

(1) 注浆对桩基承载力的影响。

为了了解注浆对桩基竖向承载力的影响，通过模拟试验，测得 21 根桩径为 48～74mm、桩长为 510～680mm 的模型桩注浆前后的荷载-沉降曲线，其中部分试桩的尺寸及注浆情况见表6.12，试验结果见图6.14～图6.16。

表 6.12 试桩尺寸及灌浆资料表

桩号	桩径(mm)	桩长(mm)	地基土类	灌浆部位	浆液种类	灌浆量(mL)
1	64	600	砂土		水泥浆 $W/C=1:1$	0
2	64	600	砂土	桩尖		3300
3	64	600	砂土	桩尖		4600
4	74	510	黏性土		化学浆 SK-1	0
5	74	510	黏性土	桩尖		300
6	74	510	黏性土	桩尖		700
7	64	600	黏性土		化学浆 SK-1	0
8	64	600	黏性土	桩尖及侧壁		2800
9	48	680	黏性土			0
10	48	680	黏性土	桩尖及侧壁		2800

图 6.14 中各桩尺寸相同。1 号桩未注浆,2 号、3 号桩灌注了普通水泥浆。

图 6.15 中各桩尺寸相同,4 号桩未注浆,5 号、6 号桩灌注了聚氨酯化学浆。

图 6.16 中 7 号、8 号桩尺寸相同,7 号桩未注浆,8 号桩在桩尖及侧壁处灌注了聚氨酯化学浆;9 号、10 号桩尺寸相同,9 号桩未注浆,10 号桩在桩尖及桩侧处灌注了聚氨酯化学浆。

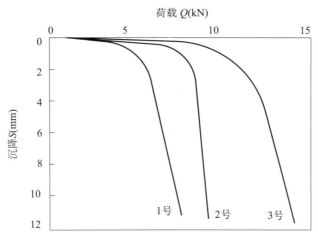

图 6.14　试桩荷载-沉降曲线图(一)

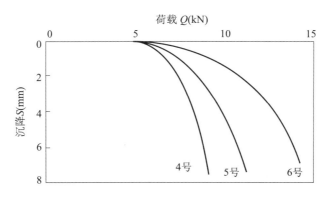

图 6.15　试桩荷载-沉降曲线图(二)

试验得出的模型桩荷载-沉降曲线表明:注浆明显地改善了模型桩的竖向承载性能;当桩顶承受相同的荷载时,经过注浆的模型桩其桩顶沉降变形大幅度降低;当控制相同的桩顶沉降时,经过注浆的模型桩的承载力显著提高。由试桩曲线还可得出:经过桩尖注浆处理后,模型桩的承载力可提高 40%～100%。在桩尖及桩侧均进行注浆的模型桩的承载力提高幅度更大,可达未注浆桩的承载力的 1～2 倍。

(2) 设计计算。

根据地层和场地实际施工条件,设计中决定采用桩式基础托换进行柱基处理,将原柱基与桩基的新承台(图 6.17)锚固在一起,按灌注桩基础设计与施工的有关规程,要满足承载力和场地条件要求,决定采用注浆扩底钢管灌注桩进行加固。

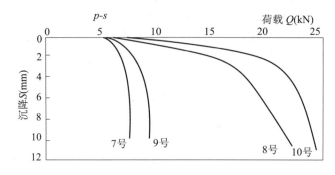

图 6.16　试桩荷载-沉降曲线图(三)

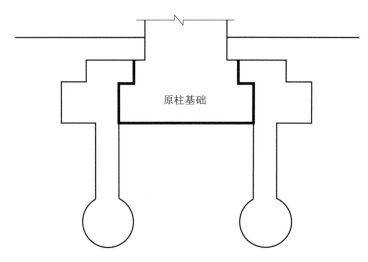

图 6.17　原柱基础与桩基的新承台

在不同位置的柱基边缘分别进行布桩(图 6.18、图 6.19)。为保证地基土在施工时减少扰动,设计桩为 $\phi 425$ mm 钢管护壁,钻孔灌注成桩,其单桩承载力应达到 784kN。

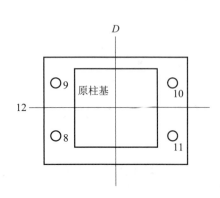

图 6.18　J-2 基础布桩平面图(一)

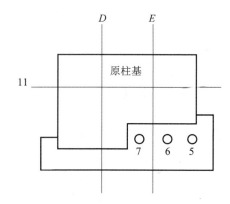

图 6.19　J-2 基础布桩平面图(二)

设计卵石层为桩端持力层并进入其中 0.5m 以上,端承桩承载力按下式计算:

$$R_k = q_p A_p = \frac{4500 \times \pi \times 0.425^2}{4} = 638\text{kN}$$

式中,q_p——桩端土承载力特征值,按 4500kPa 计;

A_p——桩身横截面面积。

计算结果单桩承载力为 638kN,不能满足设计要求,在桩端处注浆,形成扩大头。桩头体积应在 0.4m³ 以上(注浆扩大头按近似球体计算 $V=0.5236d^3$),则可满足设计要求。其注浆量为:

$$Q = V \cdot n \cdot \beta \cdot (1+\alpha) = 0.173\text{m}^3$$

式中,Q——注浆量,m³;

V——受注体体积,按 0.4m³ 计;

n——卵石层孔隙率,按 40% 计;

β——可灌率,按 90% 计;

α——浆液损失量,按 20% 计。

钢管内灌注的混凝土可作为止浆垫。为保证注浆扩底效果,注浆深度每增加 1m 注浆压力增加 20~70kPa,但最终的注浆压力应小于 780kPa。注浆材料为水泥浆,水灰比为 0.75~1.0。

(3) 根据注浆量来确定桩端扩大头体积,按孔隙率计算,体积可达 0.4~1.4m³(按近似球形体积计算),扩大头直径在 0.7m 以上。

4. 施工方法

为适用场地条件,桩基施工中不影响厂房内正常生产作业,钻孔时选用 DPP-100 型汽车钻,冲击成孔,采用 φ425mm 钢管护壁,跟管打入至卵石层。终孔后,下钢筋笼,浇筑 C20 混凝土。浇筑至设计标高,待混凝土初凝后,向桩端处注入水泥浆,扩大桩头,并增加卵石层的地基承载力(图 6.20)。

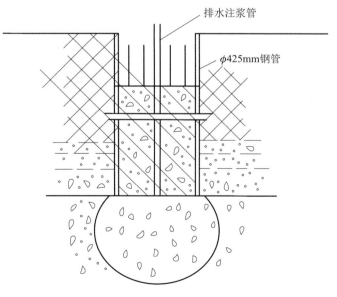

图 6.20 注浆扩底桩剖面图

注浆采用BW-150型泥浆泵,泵注浆流量为32~125L·min^{-1},压力为0~780kPa。

5．质量检验

灌注桩施工后,采用动测法对部分桩的垂直极限承载力和桩身进行了检测。检测结果：混凝土弹性应力波波速范围为3360~3920m·s^{-1},单桩极限承载力为1450~1825kN,混凝土浇筑质量和承载力均满足设计及使用要求。厂房接跨建成后,投产2年多来使用良好。

注浆扩底桩用于基础托换工程,这是一种地基处理的综合方法,将桩基和注浆有效地结合成一体。单一的施工方法有时很难满足工程中的技术要求,本工程解决了以下几个问题：

(1) 钢管护壁减少了施工对桩周土的扰动,减少了基础处理施工中造成的柱基沉降,保证了加固过程中上部建筑的安全,并且不影响生产。

(2) 在有地下水的地层中,将水下浇筑混凝土变为干孔浇筑,减少了水下浇筑混凝土中的导管拆装。

(3) 注浆扩底可使孔底沉渣与桩端持力层胶结,除增加持力层的强度外,还减少了孔底沉渣造成沉降量大的难题。

(4) 采用注浆扩大桩头,有效地利用了桩体强度,可减少桩数,降低造价。

(5) 在场地条件受限时,使用简单、小巧的机械解决了大型施工机械难以解决的难题。

本工程可作范例。

思考题与习题

1．何种情况下可以选择注浆加固法？

2．注浆材料可以分为哪些类别？选择浆液材料时主要考虑哪些性质？

3．注浆工艺所依据的理论主要可归纳为哪几类？

4．注浆设计的主要内容包括哪些？

5．注浆的有效范围如何确定？

6．注浆质量与注浆效果是同一概念吗？其主要的区别是什么？

7．注浆效果如何检测？

8．某建筑基础采用条形基础,宽1.2m,深1.0m,基底压力100kPa,场地土层从上至下分布为：

① 杂填土,厚度为4.0m,以建筑垃圾为主;

② 砂土,厚度约15m,未修正地基承载力特征值为110kPa;

③ 粉质黏土,未钻穿。

拟采用注浆法处理杂填土地基,试完成该地基处理方案设计,并对注浆的施工和检测提出要求。

第 7 章 微型桩加固法

7.1 概述

微型桩的概念最早由意大利的 Lizzi 在 20 世纪 50 年代提出,并由 Fondedile 公司对微型桩进行开发和利用。微型桩,也称迷你桩,是一种桩径在 70～300mm,长细比大于 30 的小直径桩。长度一般小于 30m。桩身由压力灌浆的水泥砂浆或小石子混凝土与加筋材料(钢筋笼、钢管等)组成。微型桩可以是竖直或倾斜,成排或交叉网状配置的,交叉网状配置的微型桩由于桩群形如树根状,故亦被称为树根桩或网状树根桩,日本简称为 RRP(reticulated roots pile)工法。

微型桩加固按桩型、施工工艺可分为树根桩法、预制桩法、注浆钢管桩法。微型桩加固适用于新建建筑物的地基处理,也可用于既有建筑地基加固。微型桩可以应用于场地狭小,大型设备不能施工的情况,因此对大量的改建工程具有很强的适用性,在工程质量事故的处理、路基后处理工程中具有其独特的作用和加固效果。

微型桩加固根据《建筑地基处理技术规范》(JGJ 79—2012),设计和施工一般应符合下列规定。

微型桩加固后的地基,当桩与承台整体连接时,可按桩基础设计;桩与基础不整体连接时应按复合地基设计。按桩基础设计时,桩顶与基础的连接应符合现行行业标准《建筑桩基技术规范》(JGJ 94—2008)的有关规定,按复合地基设计时,应符合《建筑地基处理技术规范》(JGJ 79—2012)的有关规定,褥垫层厚度宜为 100～150mm。

根据环境的腐蚀性、微型桩的类型、荷载类型(受拉或受压)、钢材的品种及设计使用年限,微型桩中钢构件或钢筋的防腐构造应符合耐久性设计的要求。钢构件或预制桩钢筋保护层厚度不应小于 25m,钢管砂浆保护层厚度不应小于 35mm,混凝土灌注桩钢筋保护层厚度不应小于 50mm。

对于软土地基采用微型桩加固的设计施工,应符合下列规定:

① 应选择较好的土层作为桩端持力层,进入持力层深度不宜小于 5 倍的桩径或边长。

② 对不排水抗剪强度小于 10kPa 的土层,应进行试验性施工;并应采用护筒或永久套管包裹水泥浆、砂浆或混凝土。采取上述措施的目的是降低微型桩的负摩阻力。

③ 应采取间隔施工、控制注浆压力和速度等措施,减小微型桩施工期间的地基附加变形,控制基础不均匀沉降及总沉降量。

④ 在成孔、注浆或压桩施工过程中,应监测相邻建筑和边坡的变形。

7.2 树根桩

树根桩是一种小直径钻孔灌注桩,设桩时,先利用钻机钻孔,达到设计深度后,放入钢筋或钢筋笼,同时放入注浆管,用压力注入水泥浆或水泥砂浆而成桩,也可放入钢筋笼后再灌入碎石,然后注入水泥浆或水泥砂浆而成桩。树根桩适用于淤泥、淤泥质土、黏性土、粉土、砂土、碎石土及人工填土等地基处理。近年来,树根桩在特殊土地区建筑工程的地基处理中取得了较好的加固效果。树根桩不仅可承受竖向荷载,还可承受水平荷载。

7.2.1 树根桩的构造要求

（1）树根桩的直径宜为150～300mm,桩长不宜超过30m,对新建建筑宜采用直桩型或斜桩网状布置。

（2）桩身材料混凝土强度不应小于C25,灌注材料可用水泥浆、水泥砂浆、细石混凝土或其他灌浆料,也可用碎石或细石充填,再灌注水泥浆或水泥砂浆。

（3）树根桩主筋不应少于3根,钢筋直径不应小于12mm,且宜通长配筋。

7.2.2 树根桩的设计计算

树根桩加固地基设计计算内容与树根桩在地基加固中的效用有关,应视工程实际区别对待。

1. 桩与承台整体连接时的桩基础设计

当树根桩桩顶嵌入承台,加固后的承载力和变形计算一般情况下采用桩基础的设计原则。单桩承载力可以根据载荷试验的结果确定。当无试验资料时,可以按照《建筑桩基技术规范》(JGJ 94—2008)的经验公式确定单桩承载力。

$$Q_{uk} = u_p \sum q_{sik} l_i + q_{pk} A_p \tag{7.1}$$

式中,Q_{uk}——树根桩单桩竖向极限承载力标准值(kN);

q_{sik}——桩侧第 i 层土的极限侧摩阻力标准值(kPa);

q_{pk}——桩端土的极限端阻力标准值(kPa)。

采用经验公式计算时,考虑到树根桩是采用压力注浆而形成的桩,一般为摩擦桩,其桩端阻力可忽略不计。根据上海使用树根桩的经验,当树根桩作单桩竖向抗压设计时,其桩侧摩阻力可取灌注桩侧摩阻力的上限值,而当树根桩作单桩竖向抗拔设计时,其桩侧摩阻力可取灌注桩桩侧摩阻力的下限值。由于树根桩的长径比较大,在计算树根桩桩侧摩阻力时,宜只计算有效桩长(或称临界桩长)部分的摩阻力。

2. 桩与基础不整体连接时的复合地基设计

当树根桩与承台之间有褥垫层时,加固后的承载力和变形计算按刚性桩复合地基进行设计。需要充分发挥微型桩承载力时,垫层厚度应不大于1/2桩径,材料应选择级配砂石。刚性桩树根桩复合地基承载力按《建筑地基处理技术规范》(JGJ 79—2012)推荐公式计算,即

$$f_{spk} = \lambda m \frac{R_a}{A_p} + \beta(1-m) f_{sk} \tag{7.2}$$

式中，f_{spk}——复合地基承载力特征值(kPa)；

R_a——树根桩单桩承载力特征值(kN)；

f_{sk}——处理后桩间土承载力特征值(kPa)，可视加固的具体土层选取，可取天然土的承载力特征值，如果采用注浆微型桩，由于注浆对桩间土产生了加固作用，一般可取天然土的承载力(即为勘察报告中天然地基承载力)的1.1~1.3倍，对砂性土和杂填土取高值，对软弱土取低值；

λ——树根桩单桩承载力发挥系数；

m——面积置换率；

A_p——单桩截面积(m^2)；

β——桩间土承载力发挥系数，可按地区经验确定，取值范围为0.8~1.0。

桩土承载力发挥系数，当置换率较低、垫层厚度较大时，微型桩单桩承载力发挥系数取较低值，桩间土承载力发挥系数则取高值；反之，当单桩承载力发挥系数取较高值时，桩间土承载力发挥系数则取低值。

树根桩与桩间土组成复合地基共同承担荷载，树根桩的承载力发挥度取决于桩土的应力比，还取决于建筑物所能容许承受的最大沉降值。容许的最大沉降值越大，树根桩承载力发挥度越高，反之亦然。在承担同样荷载的情况下，如果树根桩承载力发挥度低，就需要增加树根桩的桩数。

树根桩复合地基的变形计算与一般有黏结强度增强体复合地基相同。

树根桩与土形成挡土结构，承受水平荷载时，树根桩挡土结构不仅要考虑整体稳定，作为增强体的树根桩还需进行树根桩复合地基内部的强度和稳定性验算。

树根桩做托换加固时，承载力特征值的选择应考虑原有建筑物的地基变形条件的限制。具体设计方法可参考第8章8.1.4节。

7.2.3 树根桩的施工步骤和注意事项

1. 施工步骤

(1) 定位和校正垂直度：桩位偏差应控制在20mm以内，直桩的垂直度偏差应不超过1%，斜桩的倾斜度应按设计要求作相应调整。

(2) 成孔：采用地质钻机成孔。钻孔时可采用泥浆护壁或清水护壁，不用套管时应在孔口附近下一段套管；作为端承桩时必须下套管成孔。钻孔到设计标高后清孔，直至孔口溢出清水为止。

(3) 吊放钢筋笼和注浆管：分别吊放钢筋笼，节间钢筋搭接焊缝长度双面焊不小于5倍钢筋直径，单面焊不小于10倍钢筋直径。注浆管可采用直径20m铁管或PVC管，直插孔底。施工时应尽量缩短吊放和焊接时间。

(4) 填灌碎石或细石：碎石应用水冲洗后，计量填放，填入量应不小于计算体积的0.8~0.9倍。在填灌过程中应始终利用注浆管注水清孔。

(5) 注浆：宜采用能兼注水泥浆和砂浆的注浆泵，最大工作压力应不小于1.5MPa。注浆时应控制压力，使浆液均匀上冒，直至泛出孔口为止。

(6) 拔注浆管、移位：拔管后按质检要求在顶部取混凝土制成试块，然后填补桩顶混凝土至设计标高。

2.注意事项

(1)树根桩施工如出现缩颈和塌孔的现象,应将套管下到产生缩颈或塌孔的土层深度以下。

(2)树根桩施工时应防止出现穿孔和浆液沿砂层大量流失的现象。

树根桩的额定注浆量应不超过按桩身体积计算的3倍,当注浆量达到额定注浆量时应停止注浆。可采用跳孔施工、间歇施工和增加速凝剂掺量等措施来防止上述现象。

(3)用作防渗堵漏的树根桩,允许在水泥浆液中掺入不大于3%的磨细粉煤灰。

7.2.4 树根桩的质量检验

(1)施工过程中应做好现场验收记录,包括钢筋笼制作、成孔和注浆等各项工序指标考核。

(2)每3~6根桩做一组试块(150mm×150mm×150mm),测定抗压强度,以便验算桩身强度是否符合设计要求。

(3)对承受垂直荷载的树根桩,应采用载荷试验方法来检验其承载能力和沉降特性,各种动测法常用于检验桩身质量,如检查裂缝、缩颈、断桩等情况。

7.3 预制桩法

7.3.1 概述

预制桩法,就是特指采用不超过300mm直径的预制桩进行地基加固的微型桩加固。预制桩桩体可采用边长为150~300mm的预制混凝土方桩、直径300mm的预应力混凝土管桩、断面尺寸为100~300mm的钢管桩、型钢等。施工方法包括静压法、打入法、植入法等,也包含传统的锚杆静压法、坑式静压法。预制桩法适用于淤泥、淤泥质土、黏性土、粉土、砂土和人工填土等地基处理。

预制桩的设计按照桩基础设计原则进行,可以参照《建筑桩基技术规范》(JGJ 94—2008)的规定执行。预制桩的单桩竖向承载力或复合地基承载力应通过静载荷试验确定;无试验资料时,初步设计也可按《建筑桩基技术规范》(JGJ 94—2008)或《建筑地基处理技术规范》(JGJ 79—2012)的规定估算。

预制桩的施工除应满足现行行业标准《建筑桩基技术规范》(JGJ 94—2008)的规定外,还应符合下列规定:

(1)型钢微型桩截面刚度不大,对型钢微型桩应保证压桩过程中计算桩体材料最大应力不超过材料屈服强度值(抗压强度标准值)的0.9倍;

(2)对预制混凝土方桩或预应力混凝土管桩,所用材料及预制过程(包括连接件)、压桩力、接桩、截桩等,应符合现行行业标准《建筑桩基技术规范》(JGJ 94—2008)的有关规定;

(3)除用于减小桩身阻力的涂层外,桩身材料及连接件的耐久性应符合现行国家标准《工业建筑防腐蚀设计标准》(GB/T 50046—2018)的有关规定。

施工质量应重点防止打桩、压桩、开挖过程中桩身开裂、破坏、倾斜。对型钢、钢管作为桩身材料的预制桩,还应重点考虑其耐久性的要求。

由于静压桩施工质量容易保证，经济性较好，微型静压桩复合地基加固方法在工程中得到了大量的推广应用。故下面主要介绍静压预制桩的施工方法。

7.3.2 静压预制桩法

静压预制桩法（以下简称"静压桩法"）是桩基沉桩施工的一种方法，有别于锤击沉桩，它借助专用桩架自重和配重或结构物自重，通过压梁或压柱将整个桩架自重和配重或结构物反力，以卷扬机滑轮组或电动油泵液压方式施加在桩顶或桩身上，当加给桩的静压力与桩的入土阻力达到动态平衡时，桩在自重和静压力作用下逐渐压入地基土中。静压法沉桩具有无噪声、无振动、无冲击力、施工应力小等特点，可减少打桩振动对地基和邻近建筑物的影响，桩顶不易损坏，不易产生偏心沉桩、沉桩精度较高，节省制桩材料和降低工程成本，且能在沉桩施工中测定沉桩阻力为设计施工提供参数，并预估和验证桩的承载能力。但由于专用桩架设备的高度和压桩能力受到一定限制，较难压入 30m 以上的长桩。微型预制桩一般桩长不超过 30m，故静压法施工既能满足微型桩的长度要求，又能减少锤击施工对建筑周边环境的影响，在既有建筑加固和补强方面，相对其他施工方式优势明显。

1. 静压桩法的原理和适用范围

采用静压法沉桩，在沉桩过程中，桩尖直接使土体产生冲切破坏，桩周孔隙水受此冲切挤压作用形成不均匀水头，产生超孔隙水压力，扰动了土体结构，使桩周约一倍桩径范围内的一部分土体抗剪强度降低，发生严重软化（黏性土）或稠化（粉土、砂土），出现土体重塑现象，从而可容易地连续将静压桩送入很深的地基土层中。压桩过程中如发生停顿，一部分孔隙水压力会消失，桩周土会发生径向固结现象，使土体密实度增加，桩周的侧壁摩阻力也增长，尤其是受扰动而重塑的桩端土体强度得到恢复，致使桩端阻力增长较大，停顿时间越长，扰动土体强度恢复增长越多。因此，静压沉桩不宜中途停顿，必须接桩停留时，宜考虑浅层接桩，还应尽量避开在土质好的土层深度处停留接桩。

静压预制桩通常适用于高压缩性黏土层或砂性较轻的软黏土层等软土地基。当需贯穿有一定厚度的砂性土中间夹层时，必须根据砂性土层的厚度、密实度、上下层的力学指标，框架的结构、强度、型式和设备能力等综合考虑其适用性。

2. 静压桩分类

静压桩有顶承静压桩、自承静压桩、锚杆静压桩和预试桩。顶承静压桩亦称压入桩。自承静压桩是利用静压桩机械加配重作反力，通过油压系统，将预制桩分节压入土中，桩身接头可采用硫黄砂浆连接。锚杆静压桩是锚杆和静力压桩两项技术巧妙结合而形成的一种地基加固新技术。该法是利用锚固于原有基础中的锚杆固定压桩架，以建筑物所发挥的自重荷载作为压桩反力，用千斤顶将桩段从基础中预留或开凿的压桩孔内逐段压入土中，再将桩与基础连接在一起。预试桩的设计和施工是针对顶承静压桩施工中存在的不足而改进的，即为阻止顶承静压桩施工中在撤出千斤顶时压入桩的回弹，在撤出千斤顶之前，在被顶压的桩顶与基础底面之间加进一个楔紧的工字钢柱。

3. 静压桩法施工工艺

1) 机械设备（压桩机）

静压桩沉桩机械设备有桩架、压梁或液压抱箍、桩帽、卷扬机、钢索滑轮组或液压千斤顶等。压桩机按驱动动力可分为机械式和液压式，目前多为液压式。机械式静力压桩机是利用桩架的自重和压重,通过卷扬机牵引滑轮组,将整个压桩机的重力经压梁传至桩顶,以克服桩身下沉时与土的摩阻力,将桩压入土中。液压式静力压桩机由压桩机构、行走机构和起吊机构组成。图 7.1 为 QYZ600 型全液压静力压桩机示意图。

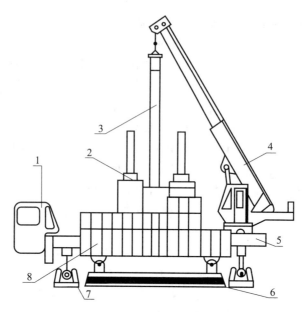

1—操作室;2—压桩门架;3—预制桩;4—吊车;5—工作平台;6—短船行走结构;7—长船行走结构;8—配重

图 7.1　全液压静力压桩机示意图

2) 静压桩施工工艺流程

静压桩的施工一般采用分段压入、逐段接长的方法。其施工流程为:测量定位→压桩机就位→吊装喂桩→桩身对中调直→压桩→接桩→再压桩→(送桩)→终止压桩→切割桩头。静压预制桩柱节长度一般在 12m 以内,可直接用压桩机上的工作调机自行吊装喂桩,也可以配备专门吊机进行吊装喂桩。第一节桩(底桩)应用带桩尖的桩,当桩被运到压桩机附近后,一般采用单点吊法起吊,采用双千斤(吊索)加小扁担(小横梁)的起吊法可使桩身竖直进入夹桩的钳口中。当接桩采用硫黄胶泥接桩法时,起吊前应检查浆锚孔的深度,并将孔内的杂物和积水清理干净。

压桩是通过主机的压桩油缸伸程之力将桩压入土中,压桩油缸的最大行程因不同型号的压桩机有所不同,一般为 1.5~2.0m,因此每一次下压,桩入土深度约为 1.5~2.0m,然后松夹具→上升→再夹紧→再压,如此反复进行,方可将一节桩压下去。当一节桩压到其桩顶离地面 80~100cm,可进行接桩或放入送桩器将桩压至设计标高。

静压桩的终压条件:

(1) 压桩至设计标高,压力值达到或大于桩承载力设计值,可终压;

(2) 压桩至设计标高,压力值未达到桩承载力设计值,应立即将情况报设计人员,由设计人员决定是否继续压桩;

(3) 压力值达到桩承载力设计值的 2 倍,桩未压至设计标高,应根据该桩场地勘察资料与设计单位协商决定是否继续施压。

锚杆静压桩利用锚固于原有基础中的锚杆提供的反力实施压桩,压入桩一般为小截面桩,故该法非常适合微型预制桩的加固施工,常用于既有建筑的加固和托换,具体设计和施工方法可参考第 8 章 8.1.4 节。

7.3.3 型钢预制微型桩

1. 类型

型钢预制微型桩相对直径较大的混凝土灌注桩,具有桩体强度高、贯入土层能力强、布置形式灵活、易拼接、对施工场地面积要求低、对周边地形环境破坏程度小、施工噪声小等特点。

型钢微型桩常用类型为 H 型和 I 型钢桩。长桩常采用 H 型。H 型微型桩断面大多呈正方形,截面尺寸有 200mm×200mm,250mm×250mm,300mm×300mm 等。规格的选用取决于桩的长度、单桩承载力的大小,以及沉桩穿越土层的难易程度。H 型钢桩一次轧制成型,与钢管桩相比,其挤土效应更小、割焊与沉桩更便捷、穿透性能更强。H 型钢桩的不足之处是侧向刚度较弱,打桩时桩身易向刚度较弱的一侧倾斜,甚至产生施工弯曲。

2. 施工要点

(1) 确定桩的单节长度时应能满足桩架的有效高度、制作场地条件、运输与装卸能力,避免在桩尖接近或处于硬持力层中时接桩,且不宜大于 15m。

(2) 型钢预制微型桩可以采用对焊连接、钢板连接、螺栓连接。采用焊接时,焊接质量应符合国家现行标准《钢结构工程施工质量验收标准》(GB 50205—2020)和《钢结构焊接规范》(GB 50661—2011)的规定,每个接头除应按规范规定进行外观检查外,还应按接头总数的 5% 进行超声或 2% 进行 X 射线拍片检查,对于同一工程,探伤抽样检验不得少于 3 个接头。

(3) H 型钢桩或其他异型薄壁钢桩,其断面与刚度较小,为保证原有的刚度和强度不致因焊接而削弱,一般接头处应加连接板,可按等强度设置。

(4) 型钢微型桩的沉桩可以采用锤击和静压的方式。当对场地的环境和邻近建筑物有影响时可以采用锚杆静压桩。

锤击 H 型钢桩时,因为其刚度不如钢管桩,且两个方向的刚度不一,很容易在刚度小的方向发生失稳,所以要求锤重不宜大于 4.5t 级(柴油锤),且在锤击过程中桩架前应有横向约束装置以便顺利沉桩。H 型钢桩送桩时,锤的能量损失 1/3～4/5,故桩端持力层较好时,一般不送桩。大块石或混凝土块容易嵌入 H 型钢桩的槽口内,随桩一起沉入下层土内,如遇硬土层则使沉桩困难,甚至继续锤击会导致桩体失稳,应事先清除桩位上的障碍物。

(5) 型钢微型桩桩基施工时应避免桩的扭转,即打入过程中出现绕其弱轴弯曲问题,可以采取以下措施防止桩的扭转:

① 在桩机导杆底端装活络抱箍。沉桩初始阶段强制 H 型钢桩沿着预定的轨迹沉入;
② 桩机运行时,履带与桩轴线平行;
③ 扭转过大的桩,可采取激震法将桩逐节拔出,重新插打桩;
④ 精心作业,控制沉桩精度,以确保工程质量和总体进度。

7.4 注浆钢管桩法

7.4.1 适用条件

微型钢管桩是在微型桩和钢管桩的基础上发展而来的,它是以钢管作为加筋材料的微型桩。大直径的钻孔灌注桩或预制桩,不仅要求施工空间宽阔而且需要很多大型的施工设备,对于一些场地狭窄、净空低矮的工程现场和对公害受到严格控制的市区,施工会受到很大的限制。而微型钢管桩施工周期较短,施工场地不需要大面积开挖、刷坡,微型钢管桩施工机具小,施工振动、噪声小,而在承载力方面,与同等桩径的普通灌注桩相比,二次注浆的微型桩承载力表现得更高,基于以上特点,近年来,注浆微型钢管桩在现有工程的基础加固、增层改造、建筑物纠倾与防震等施工场地狭小的工程、基坑和边坡加固方面得到了广泛应用。注浆钢管桩法主要适用于淤泥质土、黏性土、粉土、砂土和人工填土等地基处理。

7.4.2 加固机理

注浆钢管桩是将注浆技术、钢管桩、微型桩技术组合而成的一种钻孔桩,在预先打好的小型钻孔之中插入钢管并配置钢筋,再直接灌注混凝土或通过压力进行注浆,最后在桩顶浇筑混凝土联系梁将各桩连接,使各桩之间构成空间钢架体系,在浆液凝固后形成桩与岩土体的复合体,由桩-土复合体共同承受荷载。这种组合结构融合了钢管桩与注浆技术各自的优点,钢管桩起主体支撑作用,所注浆液可使地基内松散的岩土体相结合,将一部分松散岩土体加固,并改变了土体的承载能力。另外,浆液固结后可将桩周部分土体与桩身相连接,形成一个新的整体,其抵抗竖向和水平荷载的能力也会大大增加。

7.4.3 设计计算

1. 钢管直径的确定

钢管直径的确定主要依据两个参数,即上部软弱土层强度和下部坚硬土层强度的比值及设计要求的承载力标准值。上部土层越软,钢管越容易夯入,下部土层越硬(如密实的中砂、粗砂、卵砾石等),大管径桩的强度发挥越充分。设计要求的承载力标准值越高,桩体强度要求越高,越应采用大管径。处理松散的粉细砂,在桩端持力层强度较高,设计承载力标准值要求较高的情况下,宜采用大桩径70~100mm。其他情况下可采用小桩径40~70mm。

2. 注浆压力

注浆压力视被加固土层的不同而定,对于松散的粉细砂第一次注浆压力应为0.20~0.40MPa,当压力超过0.40MPa时,应停止注浆,将钢管夯入至设计深度后进行第二次注浆。第二次注浆压力应为0.30~0.50MPa,当压力超过0.50MPa时可停止注浆,进行下一步工序。

3. 桩长的选择

钢管桩桩长的选择主要取决于桩端持力层的埋藏深度,一般情况下钢管桩应进入坚硬土层300~500mm,钢管桩进入坚硬土层的深度越大,其单桩承载力越高,钢管桩强度发挥得越充分。

4. 承载力计算

注浆钢管桩复合地基的承载力可以按式(7.2)进行计算。其单桩承载力的设计计算，可按现行国家及行业有关技术标准的规定执行，当采用二次注浆工艺时，桩侧摩阻力特征值取值可乘以系数1.3。二次注浆对桩侧阻力的提高系数除与桩侧土体类型、注浆材料、注浆量和注浆压力、方式等密切相关外，还与桩直径有关。一般来说，相同压力形成的桩周压密区厚度相等，小直径桩侧阻力的增加幅度大于同材料相对直径较大的桩，因此，注浆钢管柱侧阻力增加系数与树根桩的规定有所不同，提高系数1.3为最小值，具体取值可根据试验结果或经验确定。

7.4.4 注浆钢管桩的施工要点

（1）钢管桩可采用静压、植入等方法施工。施工方法包含了传统的锚杆静压法、坑式静压法，对新建工程，注浆钢管桩一般采用钻机或洛阳铲成孔，然后植入钢管再封孔注浆的工艺，采用封孔注浆施工时，应具有足够的封孔长度，保证注浆压力的形成。

（2）水泥浆的制备应符合下列要求：

① 水泥浆的配合比应采用经认证的计量装置计量，保证材料掺量符合设计要求；

② 选用的搅拌机应能够保证搅拌水泥浆的均匀性；在搅拌槽和注浆泵之间应设置存储池，并应进行搅拌以防止浆液离析和凝固。

（3）水泥浆灌注应符合下列要求：

① 应尽可能缩短桩孔成孔和灌注注水泥浆之间的时间间隔；

② 注浆时应避免空气和孔液的影响，以保证灌注充分，并应采取可靠方法保证桩长范围内完全灌满水泥浆；

③ 注浆泵和注浆系统应与选定的灌注方法相适应，注浆泵与注浆孔口距离不宜大于30m，以减小灌浆管路系统阻力，应尽可能地靠近浆点来测量灌浆压力，以保证实际的灌浆压力；

④ 当采用桩身钢管进行注浆时可通过其底部进行一次或多次灌浆，也可以将桩身钢管加工成花管进行多次灌浆；

⑤ 采用花管灌浆时，可以通过花管进行全长段多次灌浆，也可通过花管及阀门进行分段灌浆，或通过互相交错的后注浆管进行分步灌浆。

（4）注浆钢管桩钢管的连接应采用套管焊接，焊接强度与质量应满足现行有关标准的要求。

7.5 典型案例

1. 微型灌注桩对桩基加固（王彦忠等，2016）

1）工程概况

山东省潍坊市某企业综合楼，结构层数24层，结构形式为框架-核心筒结构，基础形式为桩筏基础。场地土层条件见表7.1。设计桩径700mm，桩长35m，单桩竖向抗压承载力特征值为2750kN。在对该工程桩基项目进行的桩身完整性低应变动力检测中，检测218号桩时域信号在19m左右存在明显的缺陷反射，为Ⅲ类桩（缺陷桩），如果不做处理，后期地基可能出现不均匀沉降，建筑物倾斜的严重后果，因此需要进行加固处理。

2) 微型桩设计

本工程桩基施工已全部完成,加固区域要在深度12m的基坑底部进行,现场不具备大型施工机械施工的场地条件。原桩基虽然受桩身缺陷影响,承载力有所下降,但还有约一半的承载力值可以利用,对其加固,如果采用同样规格的桩,要在桩周边对称位置补两根,并不经济,而且补桩后基础刚度也不均匀。微型灌注桩直径一般在150~300mm,可在1.5m×2.5m的狭小场地空间施工,满足本工程加固的施工条件,出于以上考虑,采用微型灌注桩加固。

(1) 估算缺陷桩承载力值。

218号桩在桩顶测试面以下深19m处桩身存在明显缺陷,估算该缺陷桩的极限值时,出于安全考虑,不计19m以下桩段桩侧摩阻力和桩端土的端承力,将该段桩长产生的承载力留作安全储备。19m以上桩段的桩身承载力值按摩擦桩计算,根据公式(7.1),由勘察单位提供的土层力学参数(表7.1),计算得到缺陷桩的单桩竖向抗压极限承载力标准值为2680kN,取安全系数2,得到单桩竖向抗压承载力特征值为1340kN。

表 7.1 土层参数表

土 层	层厚(m)	极限侧阻力标准值(kPa)	极限端阻力标准值(kPa)
④粉质黏土	1.85	75	
⑤细砂	3.5	65	750
⑥粉质黏土	2.0	60	650
⑦细砂	5	60	1150
⑧粉质黏土	9	65	1100
⑨粉质黏土	2.5	70	1200
⑨-1粗砂	5.60	80	1200

(2) 计算微型桩的单桩承载力特征值。

设计微型灌注桩桩径为220mm,有效桩长为25m,混凝土设计强度等级C30。微型灌注桩直径小,按摩擦桩考虑,参考场地土层参数按式(7.1)计算得到的微型桩单桩竖向抗压极限承载力标准值为1130kN,单桩竖向抗压承载力特征值为560kN。

按照桩身材料计算单桩承载力特征值为400kN。综合考虑桩身材料承载力和桩周土对桩的支承力,设计微型灌注桩单桩竖向抗压承载力特征值取400kN。

(3) 确定桩数。

原设计单桩竖向抗压承载力特征值为2750kN,缺陷桩的预估承载力特征值为1340kN,不足部分由微型灌注桩提供,由此计算出缺陷桩附近布置4根微型桩进行加固。

2.静压注浆微型钢花管桩在高层建筑加固纠倾中的应用(许庆仁,2018)

(1) 工程概况:某工程建筑物11层,呈长条形,长约80m,宽约18m,高为34.2m,剪力墙结构,地下室1层,呈东西向分布,地下室底板板面标高约为29.271m,地下室埋深3.50~4.00m,如图7.2所示。采用天然地基片筏基础(底板厚400mm),基底下地基土主要为软-可塑状的粉质黏土层,标贯击数$N=3~7$击,$f_{ak}=100~200$kPa。由于建筑形心及重心存在向北偏心现象,地基土承载力值差异也较大,建筑物基础出现了较明显的不均匀沉降,南北向沉降差60.6～87.8mm,东西向沉降差112.1～139.3mm,接近国家危房标准,且房屋的沉降还没有稳定。因此,必须要及时进行沉降变形控制处理,需对基底下存在相对软弱地基土地段进行地基加固纠倾调整,使其沉降差值达到设计及规范允许范围。

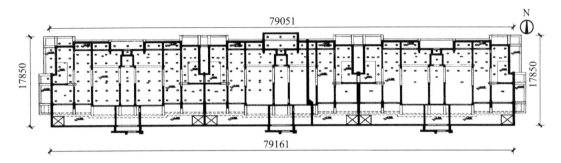

图7.2 建筑平面及注浆孔布置图

（2）发生倾斜的分析：主要原因是地下室南侧底板埋深及外伸面积大,而北侧底板埋深浅及外伸面积小,基底地基土所受的附加应力呈南侧小、北侧大,当地基土出现局部土质偏软,承载力差异大时,压缩变形量倍增,导致差异沉降过大,建筑物倾斜度超出规范要求。其他原因为建筑形心与重心不重合,存在稍向北偏心现象,施工时北侧盖土加大了基底土体的附加应力等,进一步加大了沉降量。

（3）加固方案选取：地下室埋深有4m左右,基底下地基土主要为软-可塑状的粉质黏土层,加固土体位于底板以下,且加固在底板施工完毕后进行,本项目施工工期短,综合考虑拟采用可调性静压注浆的方式,形成树根状微型钢管桩,即基于原静压注浆加固基础,保留注浆钢管形成复合地基微型桩,如图7.2所示。微型桩加固能与未完工的上部土建结构同时实施,可以大大提高工作效率,同时降低工程成本。

本项目注浆孔布设于基础底板下方软弱地基土分布区域,并呈网格条带状均匀分布,各注浆孔间距离1.2～2.0m,成孔直径为110mm,如图7.3所示。注浆孔的深度应至硬塑状黏性土层。结合理论计算及施工经验,注浆方法的影响半径约为1.0m。

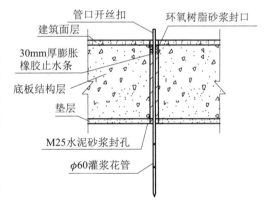

图7.3 预埋灌浆管大样图

3.锚杆静压微型预制桩对地基加固（邓永山等,2000）

（1）工程概况。

武汉市轮胎厂办公楼地处汉口香港路与惠济路交会处,为5层(局部6层)砖混加1层地下室建筑物,地下室底板为肋板基础,基础板厚400mm,内外墙为三七砖墙,该建筑物1979年4月动工,1980年6月完工。自建成之时起就发生倾斜,至1996年10月,建筑物累计向南最大倾斜率达到23.4‰,倾斜达到480mm,沉降观测结果表明,日沉降值仍有0.1～0.2mm,尚未完全稳定,须进行加固处理。

根据轮胎厂提供的勘察资料,在勘察揭示深度范围内,场地土自上而下可分为:

第一层:杂填土,多为建筑垃圾、煤渣等,厚 1.7~2.0m。

第二层:粉质黏土,灰褐色,可塑状,$f_k=90\text{kPa}$,$E_s=4.1\text{MPa}$,平均厚度为 3.0m,$p_s=0.6\text{MPa}$,属中等压缩性土。

第三层:淤泥质土,灰色,流塑状,$f_k=60\text{kPa}$,$E_s=2.4\text{MPa}$,平均厚度为 3.5m,$p_s=0.4\text{MPa}$,属高压缩性土。

第四层:粉质黏土,灰褐色,可塑状,$f_k=80\text{kPa}$,$E_s=3.5\text{MPa}$,平均厚度为 4.5m,$p_s=0.6\text{MPa}$,属高压缩性土。

第五层:粉砂夹粉质黏土,$f_k=130\text{kPa}$,$E_s=5.0\text{MPa}$,平均厚度为 2.5m,$p_s=1\text{MPa}$,属中等压缩性土。

第六层:砂土,$f_k>200\text{kPa}$,$E_s>5.0\text{MPa}$,刚触入,p_s 值为 5MPa 左右。

(2) 加固方案的选择。

加固方案的选择目的必须能控制原建筑物的沉降量及不均匀沉降,且能托换部分荷载以满足加层要求,由地质资料可以看出,场地地质情况较差,且建筑物有 1 层地下室,其底板埋深 3.2m,限制了一些方法的使用。

第一种方案采用微型灌注桩(树根桩)加固地基,由于灌注桩所提供的承载力不明确,且施工质量较难保证桩身质量,故不宜采用。

第二种方案采用压力注浆加固地基,同样由于地基土太差,在灌浆压力作用下,淤泥质土灵敏度高,结构强度丧失,加大建筑物沉降和不均匀沉降,且由于上部加层,加固效果难以控制,不易量化,也不宜采用。

第三种方案采用微型预制桩,采用锚杆静压法施工,锚杆静压桩施工设备简单,适合狭小空间作业,其压桩力反映直观,托换值易控制且准确可靠,施工速度快,工期短,符合建设方提出的施工工期,且成本不高,故而采用。

最终加固设计用锚杆静压桩截面 250mm×250mm,桩身强度为 C30,桩身长度在 14~17m 之间,桩尖进入砂土,布桩 63 根,如图 7.4 所示。压桩时以压桩力控制。

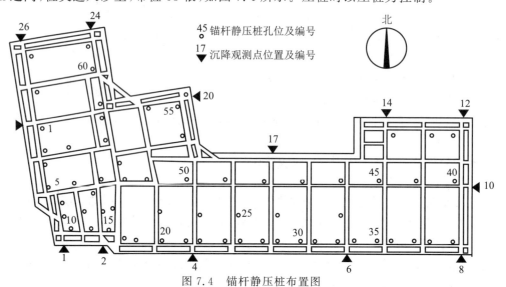

图 7.4 锚杆静压桩布置图

微型预制桩施工过程中沉降较小,建筑物交付使用后一段时间内,沉降已趋于稳定,其沉降如表 7.2 所示,加固效果达到要求。

表 7.2 沉降观测值

观测日期	测点												
	1	2	4	6	8	10	12	14	17	20	24	26	28
	沉 降 量(mm)												
1997.08.08	1.0	0.5	1.0	1.5	2.5	2.5	3.0	1.5	1.5	1.5	1.0	1.5	1.0
1997.08.13	2.5	2.0	2.0	3.0	4.5	4.5	6.0	4.0	3.5	4.0	3.0	3.5	2.5
1997.08.21	4.0	3.5	3.5	4.0	5.06	4.5	7.0	5.0	5.5	7.0	6.0	6.0	4.5
1997.09.03	4.5	4.0	4.5	4.5	6.0	5.5	8.0	5.5	6.5	8.0	7.5	7.0	5.0
1997.10.15	8.5	7.0	8.0	8.0	10.0	10.5	12.0	11.5	12.5	13.0	14.5	11.0	9.5
1997.12.20	11.5	11.0	—	12.5	13.0	14.5	16.0	15.5	—	17.0	18.5	—	12.0
1998.02.16	13.5	12.0	—	13.5	15.0	—	18.5	19.0	—	21.0	21.5	—	14.0
1998.05.16	14	12.5	—	14.0	15.5	—	20.5	21.0	—	22.5	—	—	14.5

注:表中数据为累计沉降值。

思考题与习题

1. 微型桩加固有哪些方法?简述微型桩的适用范围。
2. 软土地基采用微型桩加固的设计施工,应符合哪些规定?
3. 树根桩按桩基础设计时,如何确定单桩承载力?
4. 如何进行树根桩的施工?
5. 微型预制桩的单桩承载力与树根桩有何区别?
6. H 型钢桩如何避免压入过程中的扭曲问题?
7. 简述注浆钢管桩的加固机理。
8. 简述注浆钢管桩的施工要点。

第8章 既有建筑物地基加固、纠倾和迁移法

既有建筑物地基基础加固是指解决既有建筑物的地基基础安全问题的技术总称。

从建造年代看,我国需要进行地基基础加固的既有建筑物,除少数古建筑和中华人民共和国成立前建造的建筑,绝大多数是中华人民共和国成立初期至20世纪70年代末建造的建筑;改革开放以来建造的建筑,虽然建造时间不长,但也有一部分需要进行加固改造。这些建筑由于下列原因需进行加固改造:

① 建(构)筑物沉降或沉降差超过有关规定,出现裂缝、倾斜,影响建(构)筑物的正常使用。一般认为建(构)筑物倾斜超过1‰时需要进行纠倾,但也不能一概而论,是否需要对倾斜建(构)筑物进行纠倾和加固应以是否影响安全使用为准则。

② 为了增加使用面积和提高使用质量,既有建筑物需要进行增层改造,或既有建筑物的使用功能发生变化,原有地基承载力和变形不能满足要求。

③ 因周围环境改变而需要进行地基基础加固,如在既有建筑物附近深开挖基坑,修建地下铁道或地下车库。

④ 古建筑物或其他重要建筑物需进行加固或移动位置。

与新建工程相比,既有建筑物地基基础加固是一项技术较复杂和风险较高的工程,必须遵循下列原则和规定:

① 既有建筑物在进行加固设计和施工前,应先对地基和基础进行鉴定,根据鉴定结果,才能确定加固的必要性和可能性。

② 应根据加固的目的,结合地基基础和上部结构的现状,并考虑上部结构、基础和地基的共同作用,初步选择采用加固地基,或加固基础,或加强上部结构刚度和加强地基基础相结合的方案。

③ 加固施工中应进行专门的监测。在加固施工期和施工期结束后应对既有建筑物、邻近建筑物和地下管线进行沉降观测,直至沉降稳定为止。

既有建筑物地基加固技术包括基础加宽技术、墩式托换技术、桩式托换技术、地基加固技术和综合加固技术。

建筑物纠倾方法主要有两类:一类是对建筑物沉降小的一侧进行促沉以达到纠倾的目的,称为促沉纠倾;另一类是通过对沉降大的一侧进行顶升来达到纠倾的目的,称为顶升纠倾。

此外,还有建筑迁移技术,即通过对既有建筑物实施整体位移,使得具有较大使用价值或保留价值的建筑物得以保留,产生重要的社会经济效益。

本章围绕以上三类技术进行介绍。

8.1 既有建筑物地基加固

8.1.1 概述

既有建筑物地基加固技术又称为托换技术(underpinning),是指解决既有建筑物的地基需要处理、基础需要加固或改建,或解决既有建筑物基础下需要修建地下工程,包括地下铁道要穿越既有建筑物,或解决因邻近需要建造新建工程而影响到既有建筑物的安全等问题的技术总称。

基础加宽技术是通过增加建筑物原有基础的底面积,减小基底压力,降低地基土中的附加应力水平。

墩式托换技术是通过在原基础下设置墩式基础,并使墩式基础的墩底位于较好的土层中,将荷载直接传给较好的持力层。

桩式托换技术是通过在原基础下设置桩,使桩承担或桩与地基共同承担上部结构荷载,可分为静压桩托换、树根桩托换和其他桩式托换。

地基加固技术是通过地基处理改良原地基土体或地基中部分土体,常用的有灌浆法和高压喷射注浆法。

综合加固技术是综合运用上述四种方法中的两种或三种方法,对既有建筑物地基进行加固,如基础加宽和桩式托换相结合,或桩式托换和地基加固技术相结合等。

既有建筑物地基加固常用技术分类,如图 8.1 所示。

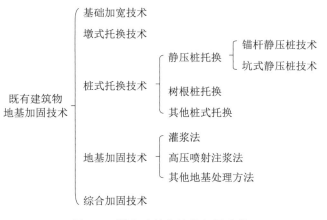

图 8.1 既有建筑物地基加固分类

8.1.2 基础加宽技术

对许多既有建筑物或改建增层中,常因基础底面积不足而使地基承载力和变形不满足要求,导致建筑物开裂或倾斜。此时,托换方法之一就是可采用基础加宽技术,这种托换技术施工简单、造价低廉、质量容易保证,工期较短。

基础加宽技术有加混凝土套、加钢筋混凝土套、利用基础挑梁传递墙身荷载、改变浅基础形式等。

1. 加混凝土套

对刚性基础(砖或块石基础)采用混凝土套加固时,基础加大后应满足混凝土刚性角 α 要求,如图 8.2 所示。

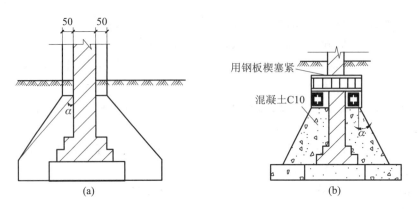

图 8.2 砖基础加宽

为了使新旧基础牢固联结,在灌注混凝土前应将原基础凿毛并刷洗干净,再涂一层高标号水泥砂浆,沿基础高度每隔一定距离应设置锚固钢筋;也可以在墙脚处或圈梁处钻孔穿钢筋,再用环氧树脂将钻孔填满,穿孔钢筋需要与加固钢筋焊牢,如图 8.3 所示。

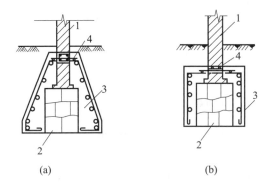

1—原有墙身;2—原有块石墙基;3—基础加宽部分;4—钻孔穿钢筋

图 8.3 块石基础加宽

2. 加钢筋混凝土套

对钢筋混凝土基础采用钢筋混凝土加套时,基础加大后应满足抗弯要求,为了使新旧钢筋混凝土基础牢固联结,同样需在灌注混凝土前将原基础凿毛并刷洗干净,见图 8.4。

加混凝土套或钢筋混凝土套时,如原基础承受中心下压荷载,可采用对称加宽。如,对条形基础,采用双面加宽的方法;对单独柱基,沿其底面四边扩大加宽。当原基础承受偏心荷载时,或受相邻建筑物基础条件限制时,或沉降缝处的基础,或不影响室内正常使用时,可以采用单面加宽(即不对称加宽)。加宽部分应设置与原基础相同的垫层,使得加套后的基础与原基础的基底标高和应力扩散条件相同,且变形协调。

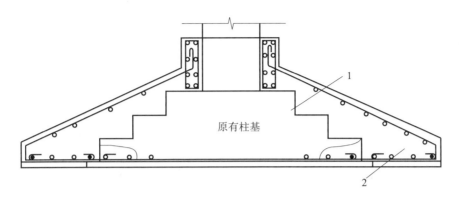

1—凿毛刷洗干净；2—基础加宽部分
图 8.4　钢筋混凝土柱基加宽

3. 利用基础挑梁传递墙身荷载

刚性基础加宽，也可按基础挑梁的方式进行加固，见图 8.5。

4. 改变浅基础形式加大基底宽度

当不宜采用上述加混凝土套或钢筋混凝土套来加大基底面积时，可以将原独立基础改成条形基础，或将原条形基础改成十字交叉条形基础或筏形基础，或将原筏形基础改成箱形基础，也可以将柔性基础改为刚性基础。以下对常用的抬梁法和斜撑法加以介绍。

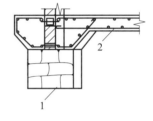

1—原有块石条基；
2—由条基改成筏基
图 8.5　刚性基础按基础挑梁的方式进行加宽

（1）抬梁法

抬梁法是在原基础两侧挖坑并做新基础，通过钢筋混凝土梁将墙体荷载部分转移到新基础上的一种加大基础底面积的方法。新加的抬梁应设置在原地基梁或圈梁的下部，这种加固方法具有对原基础扰动小、设置数量较灵活的特点。

在原基础两侧新增条形基础抬梁的方法，如图 8.6 所示；在原基础两侧新增独立基础抬梁的方法，如图 8.7 所示。

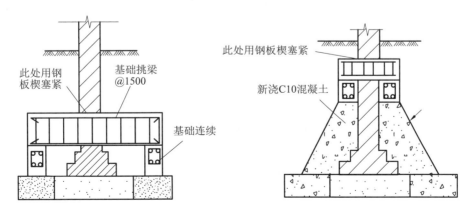

图 8.6　原基础两侧新增条形基础抬梁

（2）斜撑法

与上述抬梁法不同之处是，斜撑法是将抬梁改为斜撑，新加的独立基础不是位于原基础两侧，而是位于原基础之间，如图 8.8 所示。

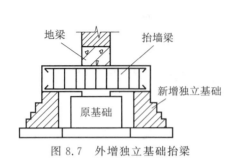

图 8.7 外增独立基础抬梁

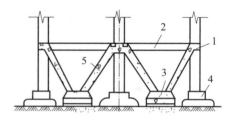

1—整体圈梁或框架；2—楼板整体区段；
3—附加基础；4—原有基础；5—斜支柱

图 8.8 斜撑法加大基础底面积

8.1.3 墩式托换技术

如验算地基承载力和变形不能满足规范要求，除了可采用上述第 8.1.2 节将基础底面加宽外，尚可将基础埋深加深至较好的持力层上，以满足上部结构对地基承载力和变形的要求，这种加深基础的方法国外称为墩式托换（pier underpinning）或坑式托换（pit underpinning）。

1. 墩式托换施工步骤

（1）在贴近原基础外侧，由人工开挖一个长×宽为 1.2m×0.9m 竖向的导坑区段，对坑壁不能直立的砂土或软弱地基要进行坑壁支护，竖坑底面比原有基础底面深 1.5m，如图 8.9 所示。

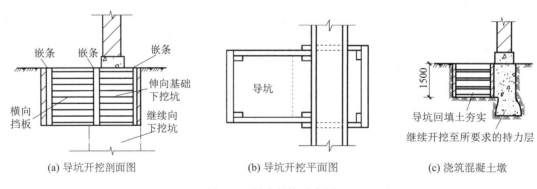

图 8.9 墩式托换示意图

（2）再将竖向导坑横向扩展到基础底面下，并继续在基础下面向下开挖到所要求的持力层标高。

（3）用微膨胀混凝土浇筑基础下的坑体（或砌砖墩），注意振捣密实并顶紧原基础底面（图 8.9）。若没有膨胀剂，则应在离原基础底面 80mm 处停止浇筑，待养护 1 天后，再用 1∶1 水泥砂浆填实这个空隙，并用铁锤敲击木条挤密所填砂浆，充分振实成填充层。

(4) 按上述的同样步骤,再间隔跳挖坑与修筑墩子,直至完成全部托换基础的施工。

2. 墩式托换的适用范围及特点

墩式托换深度一般不大,适用于易开挖的土层;开挖深度范围内无地下水,或虽有地下水但采取降低地下水位措施较为方便者;既有建筑物的基础最好是条形基础。墩式托换对于软弱地基,特别是膨胀土地基的处理是较为有效的。

墩体可以是间断的,也可以是连续的,主要取决于原基础的荷载和地基土的承载力。采用间断的墩式基础应满足上部结构荷载对坑底土层地基承载力的要求,当间断墩的底面积不满足承载力要求时,则可设置连续墩式基础。连续墩式基础施工时,应首先设置间断墩以提供临时支承,当开挖间断墩间的土时,可先将坑的侧板拆除,再在挖掉墩间土的坑内灌注混凝土及干填砂浆,形成连续的混凝土墩式基础。

对于许多大型建筑物托换基础时,由于墙身内应力的重分布,有可能在要求托换的基础下直接开挖小坑,而不需要在原有基础下加临时支撑,也就是说在托换前,局部基础下短时间内没有地基土的支承是容许的,但切忌相邻墩基础同时施工;墩式基础施工时,基础内外两侧土体高差形成的土压力足以使基础产生位移,原因是墩式基础不能承受水平力,侧向位移将导致建筑物的严重开裂,因此,需在墩式基础和坑壁之间设置横撑(图 8.8)。

墩式托换的优点是费用低、施工简便,施工期间不影响建筑物的正常使用。缺点是工期较长、托换后建筑物将会产生一定的附加沉降。实际工程中,墩式托换应用相对较少。

8.1.4 桩式托换技术

在既有建筑物基础下设置桩基础以达到地基加固的目的称为桩式托换,桩式托换技术是既有建筑物地基加固最常用的加固技术。若原基础是浅基础,通过桩式托换可形成桩基础或桩体复合地基;原基础是桩基础,通过桩式托换可使桩的数量增加,或增加部分长桩以提高桩基础的承载力;原基础是复合地基,通过桩式托换可使原复合地基加强。

工程中常用的桩式托换方法有:锚杆静压桩、树根桩和坑式静压桩托换技术。下面对这三种桩式托换技术分别予以介绍。

1. 锚杆静压桩托换技术

锚杆静压桩托换技术是锚杆和静力压桩两项技术巧妙结合而形成的一种地基加固新技术,它是在既有建筑物基础上按设计要求开凿压桩孔和锚杆孔,用黏结剂埋好锚杆,然后安装压桩架与建筑物基础连成一体,并利用既有建筑自重作反力,用千斤顶将预制桩段逐段压入土中,桩段间用硫黄胶泥或焊接连接。当压桩力、压入深度均达到设计要求后,再将桩头与原基础用微膨胀混凝土浇筑在一起,桩即可迅速受力,从而达到提高地基承载力和控制沉降的目的(图 8.10)。

1) 锚杆静压桩设计

(1) 锚杆静压桩的单桩竖向承载力特征值 R_a 应通过单桩载荷试验确定;当无试验资料,初步设计时可按式(8.1)进行估算:

$$R_a = q_{sa}A_p + u_p \sum q_{sia}l_i \tag{8.1}$$

式中,R_a——单桩竖向承载力特征值;

q_{sa}、q_{sia}——桩端端阻力特征值、桩侧阻力特征值(kPa),由当地静荷载试验结果统计分析算得;

A_p——桩底端横截面面积(m^2);

u_p——桩身周边长度(m);

l_i——第 i 层岩土的厚度(m)。

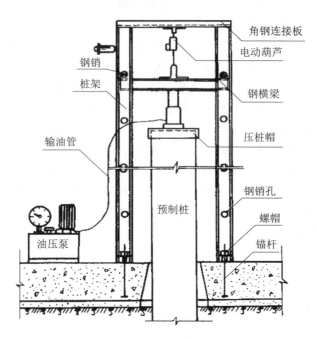

图 8.10 锚杆静压桩装置示意图

(2) 根据上部结构荷载 F_k 和原基础自重 G_k 来计算锚杆静压桩的数量。初步确定桩数时,桩数 n 应满足式(8.2)的要求:

$$n \geqslant \mu \frac{F_k + G_k}{R_a} \tag{8.2}$$

式中,F_k——相应于荷载效应标准组合时,作用在原基础顶面的竖向力(kN);

G_k——原基础自重及基础上土自重标准值(kN);

μ——系数,轴心竖向荷载作用下,$\mu=1.0$;偏心竖向力作用下,$\mu=1.1 \sim 1.2$。

(3) 桩位布置应靠近墙体或柱子,必须控制压桩力不得大于该加固部分的结构自重;压桩孔宜为上小下大的正方棱台状,其孔口宜比桩截面边长大 50~100mm(图 8.11、图 8.12)。

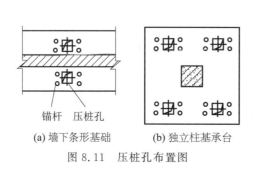

图 8.11 压桩孔布置图

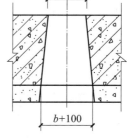

图 8.12 压桩孔剖面图

(4) 当既有建筑基础承载力不满足压桩要求时,应对基础进行加固补强。

(5) 桩身材料及桩节构造设计。

桩身材料可采用钢筋混凝土或钢材;钢筋混凝土桩宜采用方形,其边长为 200~350mm;每段桩节长度应根据施工净空高度及机具条件确定,一般宜为 1.0~2.5m;桩内主筋应按计算确定。当方桩截面边长为 200mm 时,配筋不宜少于 $4\phi10$;当边长为 250mm 时,配筋不宜少于 $4\phi12$;当边长为 300mm 时,配筋不宜少于 $4\phi16$;桩身混凝土强度等级不应低于 C30。

当桩身承受拉应力时,应采用焊接接头,其他情况可采用硫黄胶泥连接。当采用硫黄胶泥接头时,其桩节两端应采用焊接钢筋网片,一端埋插筋,另一端应预留插筋孔和吊装孔。当采用焊接接头时,桩节的两端应设置预埋连接铁件。

(6) 锚杆及锚固深度确定。

锚杆可用光面直杆粗螺栓或焊箍螺栓,并应符合下列要求:

① 当压桩力小于 400kN 时,可采用 M24 锚杆;当压桩力为 400~500kN 时,可采用 M27 锚杆;当压桩力大于 500kN 时,可采用 M30 锚杆;

② 锚杆螺栓的锚固深度可采用 10~12 倍螺栓直径,并不应小于 300mm,锚杆露出承台顶面长度应满足压桩机具要求,一般不应小于 120mm;

③ 锚杆螺栓在锚杆孔内的黏结剂可采用环氧砂浆或硫黄胶泥;

④ 锚杆与压桩孔、周围结构及承台边缘的距离不应小于 200mm。

(7) 下卧层地基强度及桩基沉降验算。

当持力层不太深处存在较厚的软弱土层时,需进行下卧层地基强度及桩基沉降验算。为简化计算,可按新建桩基考虑。当验算地基强度不能满足要求或桩基沉降超过允许值时,需修改静压桩的设计参数。

(8) 承台设计要求。

原基础承台除应满足抗冲切、抗弯和抗剪切承载力要求外,还应符合下列规定:

① 承台周边至边桩的净距不宜小于 200mm,承台厚度不宜小于 350mm;

② 桩顶嵌入承台内长度应为 50~100mm,当桩承受拉力或有特殊要求时,应在桩顶四角增设锚固筋,伸入承台内的锚固长度应满足钢筋锚固要求;

③ 压桩孔内应采用 C30 微膨胀早强混凝土浇筑密实;

④ 当原基础厚度小于 350mm 时,封桩孔应用 $2\phi16$ 钢筋交叉焊接于锚杆上,并应在浇筑压桩混凝土的同时,在桩孔顶面以上浇筑桩帽,厚度不得小于 150mm(图 8.13)。

2) 锚杆静压桩施工

(1) 做好施工前各项准备工作。

① 在被托换的基础上标出压桩孔和锚杆孔的位置,清理压桩孔和锚杆孔的施工工作面;

② 采用风动凿岩机或大直径钻孔机开凿压桩孔,并将孔壁凿毛,清理干净压桩孔;将原承台钢筋割断后弯起,待压桩后再焊接;

③ 采用风动凿岩机开凿锚杆孔,待锚杆孔内清洁干燥后再埋设锚杆,并以黏结剂封固。

(2) 压桩施工。

① 根据压桩力大小选定压桩设备,对触变性黏性土,压桩力可取 1.3~1.5 倍的单桩承

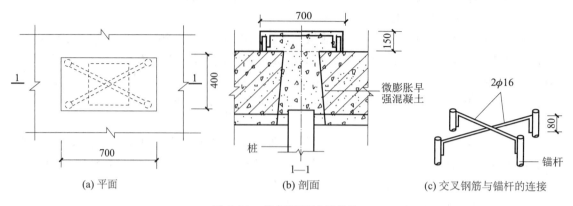

图 8.13 桩与基础连接构造

载力特征值;对砂土,压桩力可取 2 倍的单桩承载力特征值;

② 压桩架应保持竖直,锚固螺栓的螺母或锚具应均衡紧固,压桩过程中应随时拧紧松动的螺母;

③ 就位的桩节应保持竖直,使千斤顶、桩节及压桩孔轴线重合,不得偏心加压,压桩时应垫钢板或麻袋,套上钢帽后再进行压桩,桩位平面偏差不得超过±20mm,桩节垂直度偏差不得大于 1% 的桩长;

④ 整根桩应一次连续压到设计标高。当中途必须停压时,桩端应停留在软弱土层中,且停压的时间间隔不宜超过 24h;

⑤ 压桩施工时应对称进行,不应数台压桩机在同一个独立基础上同时加压;

⑥ 焊接接桩前应对准上、下桩的垂直轴线,清除焊面铁锈后进行满焊;

⑦ 采用硫黄胶泥接桩时,上节桩就位后应将插筋插入插筋孔内,检查重合度及间隙均匀性后,将上节桩吊起 10cm,装上硫黄胶泥夹箍,浇筑硫黄胶泥,并立即将上节桩保持垂直放下,接头侧面应平整光滑,上、下桩面应充分黏结,待接桩中的硫黄胶泥固化后(一般固化时间为 5min),才能开始继续压桩施工。当环境温度低于 5℃时,应对插筋和插筋孔做表面加温处理。熬制硫黄胶泥的温度应严格控制在 140~145℃范围内,浇筑时温度不得低于 140℃;

⑧ 压桩一般采用双控制,即桩尖应达到设计持力层深度,且压桩力应达到单桩竖向承载力特征值的 1.5 倍,压桩力持续时间不应少于 5min;并以压桩力控制为主。

(3) 封桩。

封桩前应凿毛和刷洗干净桩顶侧表面后再涂混凝土界面剂。封桩可分为不施加预应力法和施加预应力法。

① 当封桩不施加预应力时,在桩端达到设计压桩力和设计深度后,即可使千斤顶卸载,拆除压桩架,焊接锚杆交叉钢筋,消除压桩孔内杂物、积水和浮浆,然后与桩帽梁一起浇筑 C30 微膨胀早强混凝土;

② 当施加预应力时,应在千斤顶不卸载条件下,采用型钢托换支架,清理干净压桩孔后立即将桩与压桩孔锚固,当封桩混凝土达到设计强度后,方可卸载。

(4) 质量检验。

锚杆静压桩的最终压桩力和桩压入深度应符合设计要求,桩身试块强度和封桩混凝土试块强度应符合设计要求,硫黄胶泥性能应符合《地基与基础工程施工及验收规范》的有关规定。

2. 树根桩托换技术

树根桩(root piles)是一种小直径的钻孔灌注桩,其桩径通常为 100～300mm,又称为钻孔喷灌微型桩、小桩或微型桩。根据工程需要,树根桩托换可以设计成垂直或倾斜的、单根或成排的、端承桩或摩擦桩。当布置成三维结构的网状体系时,称为网状结构树根桩。树根桩的桩基因其形状似树根而得名,英美等各国都将树根桩列入地基处理中的加筋法(soil reinforcement)范畴。

在既有建筑物基础下设置树根桩以达到地基加固的目的,称为树根桩托换。树根桩托换技术适用于软土、黏性土、无黏性土、湿陷性黄土、膨胀土和人工填土等地基上既有建筑物地基加固、地下铁道穿越时既有建筑物加固、桥梁工程的地基加固等,有时也用于岩土边坡稳定加固等,几类工程采用树根桩加固示意图如图 8.14 所示。

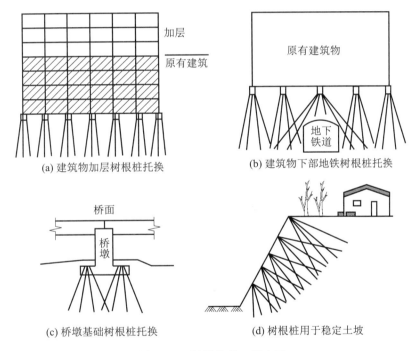

(a) 建筑物加层树根桩托换
(b) 建筑物下部地铁树根桩托换
(c) 桥墩基础树根桩托换
(d) 树根桩用于稳定土坡

图 8.14 树根桩的工程应用

树根桩施工过程大致如下:先利用钻机成孔,当桩孔深度满足设计要求后,放入钢筋或钢筋笼(钢筋数量从一根到数根,视桩径而定),同时放入注浆管,再用压力注入水泥浆或水泥砂浆,边灌、边振、边拔管(升浆法)而成桩。也有成孔后放入钢筋笼再放碎石,然后注入水泥浆或水泥砂浆而成桩。国外是在钢套管的导向下用旋转法钻进,国内绝大多数地区施工时是不带套管的。

1) 树根桩的特点

① 所有施工操作都可在地面上进行,因此施工比较方便;施工引起的噪声和振动很小,

适合于市区作业,且不会对既有建筑物的稳定带来危害。

② 由于使用小型钻机,所需施工场地较小,只要有平面尺寸 1m×1.5m 和净空高度 2.5m 即可施工。

③ 由于孔径很小,故而对墙身和地基土都不产生任何次应力,仅仅是在灌注水泥砂浆时使用了压力不大的压缩空气,因此树根桩托换加固不会影响建筑物的正常使用。

④ 压力灌浆使桩的外表面比较粗糙,桩和桩周土的附着力增加,从而使树根桩与地基土紧密结合,结构整体性得到大幅度改善。

⑤ 由于在地基的原位置上进行加固,竣工后的加固体不会损伤原有建筑的外貌和风格,这对遵守古建筑的修复要求的基本原则尤为重要。

⑥ 处于设计荷载下的桩沉降很小,可应用于建筑物对沉降限制较严的工程。

2) 树根桩的设计

树根桩加固地基设计计算与树根桩在地基加固中的效用有关,应视工程情况区别对待。下面分别加以介绍。

(1) 单桩承载力。

树根桩单桩承载力可根据单桩载荷试验确定。

树根桩一般是摩擦桩,其桩端阻力忽略不计。由于树根桩是采用压力注浆而形成的桩,其桩侧摩阻力要大于一般钻孔灌注桩和预制桩的桩侧摩阻力,树根桩的长径比较大,因此,在计算树根桩单桩承载力时应考虑其有效桩长的影响。

树根桩的创始人意大利 F.Lizzi 认为单根树根桩的设计方法应按如下的思路考虑:先按图 8.15 求得树根桩载荷试验的 P-s 曲线;再根据被托换建筑物的具体条件,如建筑物的强度和刚度、沉降和不均匀沉降、墙身或各种结构构件的裂损情况,判断估计经托换后该建筑物所能承受容许的最大沉降量 s_a,在 P-s 曲线上求得对应的单桩使用荷载 P_a 后,按一般桩基设计方法进行。

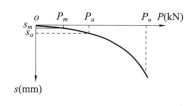

图 8.15 单根树根桩桩顶荷载-桩顶沉降(P-s)曲线

当建筑物的沉降 s_m 小于 s_a 时(相应的荷载为 P_m),则意味着建筑物的部分荷载传递给了桩,而部分荷载仍为既有建筑物基础下地基土所承担。因此,较 P_a 值大很多的极限荷载 P_u 并不重要。由此可见,用于托换时的树根桩是不能充分发挥桩身承载能力的。

当进行树根桩托换加固时,原有地基土的安全系数较小但大于 1。由于树根桩在建造时不会使安全储备量消失,因此由树根桩所托换建筑物的安全系数为:

$$K = K_s + K_p \tag{8.3}$$

式中,K_s——原有地基土的安全系数($K_s > 1$);

K_p——树根桩的安全系数,$K_p = \dfrac{P_u}{P_a}$。

由此可见,经树根桩托换的工程,其安全系数并不等于加固后建筑物下桩的安全系数,实际上要比桩的安全系数大。

树根桩与桩间土共同承担荷载,树根桩承载力的发挥取决于建筑物所能承受的容许最大沉降值。容许最大沉降值愈大,树根桩承载力发挥度高;容许最大沉降值愈小,树根桩承载力发挥度低。承担同样的荷载,当树根桩承载力发挥度较低时,则要求设置较多的树根桩桩数。

(2) 树根桩复合地基。

树根桩复合地基是由树根桩和改良后的桩间土共同构成的,属刚性桩复合地基。

由于树根桩的刚度远比桩间土大,当桩间土共同承受基底压力时会产生应力向树根桩集中的现象,根据实际工程的静荷载资料,仅占承压板面积约 10% 的树根桩承担了总荷载的 50%~60%。

树根桩复合地基的承载力应通过静荷载试验确定。当无静荷载试验资料时,树根桩的复合地基承载力特征值 f_{spk} 按式(8.4)计算

$$f_{spk} = m\frac{R_a}{A_p} + \beta(1-m)f_{sk} \tag{8.4}$$

式中,m——树根桩的面积置换率;

R_a——单桩竖向承载力特征值(kN),应按单桩静荷载试验确定;

A_p——树根桩的截面积(m^2);

β——桩间土承载力发挥系数,桩端为软土时,取 $\beta=0.6$~1.0;桩端为硬土时,取 $\beta=0.1$~0.5;若不考虑桩间土的作用,取 $\beta=0$;

f_{sk}——处理后桩间土承载力特征值(kPa),由于施工压力注浆的影响,桩间土承载力 f_{sk} 值高于桩间土的天然承载力,有经验的地区可根据土质不同提高 10%~30%。

(3) 树根桩托换设计要点。

① 桩的几何尺寸。树根桩的直径宜为 150~300mm,桩长不宜超过 30m,桩的布置可采用直桩型或网状结构斜桩型。

② 桩身设计。桩身混凝土强度等级应不小于 C20,钢筋笼外径宜小于设计桩径 40~60mm。主筋不宜少于 3 根。对软弱地基,主要受竖向荷载时的钢筋长度不得小于 1/2 桩长,主要承受水平荷载时应全长配筋。

③ 单桩竖向承载力。树根桩的单桩竖向承载力可通过单桩载荷试验确定,当无试验资料时,也可按式(8.1)估算;树根桩的单桩竖向承载力的确定,还应考虑既有建筑物地基变形条件的限制和桩身材料的强度要求。

上海市一般按摩擦桩计算树根桩单桩承载力,其桩端阻力忽略不计,桩侧摩阻力取灌注桩侧摩阻力的上限值。当树根桩按抗拔桩设计时,桩侧摩阻力则取灌注桩侧摩阻力的下限值。

④ 桩顶承台设计。应对既有建筑物的基础进行有关承载力验算,当不满足计算要求时,应对原基础进行加固或增设新的桩承台。

3) 树根桩的施工

(1) 定位和校正垂直度。

桩位平面允许偏差 ±20mm,直桩垂直度和斜桩倾斜度偏差均按设计要求不得大于 1%。

(2) 成孔。

可采用钻机成孔穿过原基础混凝土。在土层中钻孔时宜采用清水或天然泥浆护壁,也

可用套管。钻斜孔时,套管应随钻跟进。

(3) 吊放钢筋笼和下注浆管。

钢筋笼宜整根吊放。当分节吊放时,节间钢筋搭接焊缝长度,双面焊不得小于5倍钢筋直径,单面焊不得小于10倍钢筋直径。注浆管应直插到孔底。需二次注浆的树根桩应插两根注浆管,施工时应缩短吊放和焊接时间。

注浆管可采用1或2根外径20~25cm的铁管。注浆管最下端一节可在管底1m范围内加工成花管状,以利于注浆。

(4) 填灌碎石。

碎石粒径宜在10~25mm范围内,用水冲洗后定量投放。填入量应不低于计算空间体积的0.8~0.9倍。当填料量过小时应分析原因,采取相应措施。在投放碎石过程中,应利用注浆管继续冲水清孔。

(5) 注浆。

注浆材料可采用水泥浆液、水泥砂浆或细石混凝土。当采用碎石填灌时,所注浆液应采用水泥浆。

当采用一次注浆时,泵的最大工作压力不应低于1.5MPa。开始注浆时,需要1MPa的起始压力将浆液经注浆管从孔底压出,接着注浆压力宜为0.1~0.3MPa,使浆液逐渐上冒,直至浆液泛出孔口即停止注浆。采用二次注浆时,泵的最大工作压力不应低于4MPa,待第一次注浆的浆液初凝时方可进行第二次注浆,浆液的初凝时间根据水泥品种和外加剂掺量确定,可控制在45~60min;第二次注浆压力宜为2~4MPa,二次注浆不宜采用水泥砂浆和细石混凝土。

注浆施工时应采用间隔施工、间歇施工或增加速凝剂掺量等措施,以防止出现相邻桩冒浆和串孔现象。树根桩施工不应出现缩颈和塌孔。

拔管后应立即在桩顶填充碎石,并在1~2m范围内补充注浆。

4) 树根桩质量检验

一般每3~6根桩应留一组试块,测定其抗压强度,桩身强度应符合设计要求。

应采用静载荷试验检验树根桩的竖向承载力,有经验时也可采用动测法检验桩身质量。

3. 坑式静压桩托换技术

坑式静压桩(jacked piles)托换技术是在已开挖的基础下托换坑内,利用建筑物上部结构自重作支承反力,用千斤顶将预制好的钢管桩或钢筋混凝土桩段接长后逐段压入土中的托换方法(图8.16),又称为压入桩,或顶承静压桩。

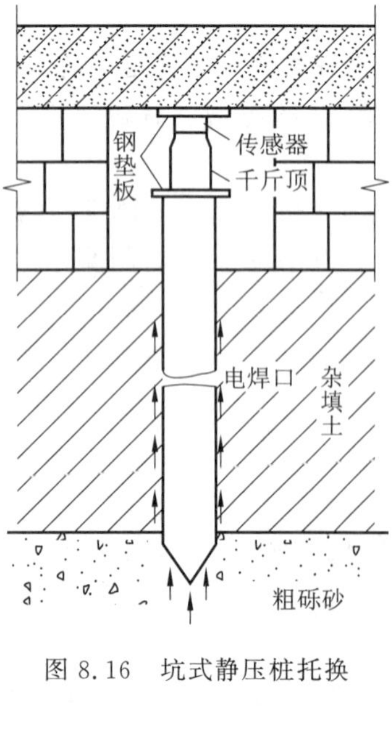

坑式静压桩托换技术是将千斤顶的顶升原理和静压桩技术融为一体的托换技术新方法,适用于地下水位较深的软土、黏性土、粉土、湿陷性黄土和人工填土地基,且有埋深较浅的硬持力层。当地基土中含有较多的大块石、坚硬黏性土或密实的砂土夹层时,由于将桩压入较困

图8.16 坑式静压桩托换

难,应根据现场试验确定其适用与否。

1) 坑式静压桩分类

(1) 按基础型式分类。

有对条形基础梁、独立柱基、基础板、砖砌体墙及桩承台梁下直接托换加桩。

(2) 按施工顺序分类。

有先压桩加固基础,后加固上部结构;也有先加固上部结构,后压桩加固基础。如果承台梁的底面积或强度不够,则可先加固或加宽承台梁后再压桩托换加固。

(3) 按桩的材料分类。

分为钢管桩和预制钢筋混凝土小桩两类,有时为节省工程造价,经过试验合格,也可利用废旧钢管或型钢作为桩的材料。

2) 坑式静压桩设计

(1) 桩的材料和尺寸规格。

桩身可采用$\phi 150 \sim \phi 300$mm 无缝钢管,一般常用$\phi 219$mm 无缝钢管,也可采用型钢代替钢管。桩底端可用平口,也可加工成 60°锥角。桩管内应灌满素混凝土(如遇难压入的砂层、硬土层或硬夹层时,可采用开口压入钢管,或边压入钢管边从管内掏土,达设计深度后再向管内灌注混凝土成桩),钢管外应作防腐处理。桩段与桩段间用电焊接桩,为保证垂直度,可加导向管焊接。

桩身材料也可采用钢筋混凝土方桩,断面尺寸一般为 200mm×200mm 或 250mm×250mm,底节桩尖制成 60°的四棱锥角。下节桩长一般为 1.3～1.5m,其余各节一般为 0.4～1.0m。接桩方法可对底节桩的上端及中间各节预留孔和预埋插筋相装配,再采用硫黄胶泥接桩;也可用预埋铁件焊接成桩。

(2) 单桩承载力的确定。

单桩承载力标准值可通过现场单桩竖向静载荷试验及其他原位测试方法确定,如无试验资料,可按式(8.1)进行预估。

(3) 桩的平面布置。

桩的平面布置应根据原建筑物的墙体和基础型式,以及需要增补荷载的大小而定,应避开门窗等墙体薄弱部位,设置在结构受力节点位置。一般可布置成一字形、三角形、正方形或梅花形。

长条形基础下可布置成一字形,对荷载小的可布置成单排桩(桩位布置在基础轴线上),对荷载大的可布置成等距离的双排桩;独立基础下桩可布置成正方形或梅花形;在工程实践中,如遇需要纠倾调整不均匀沉降或对地基强度加固要求不一样时,还可将桩布置成桩距疏密程度不一样。

(4) 当既有建筑基础结构的强度不能满足压桩反力时,应在原基础的加固部位加设钢筋混凝土地梁或型钢梁,以加强基础结构的强度和刚度,确保施工安全。

3) 坑式静压桩施工

坑式静压桩施工难度较大且有一定的风险性,因此施工前应进行详细的施工组织设计,制定严格的施工程序和具体的施工操作方法。

(1) 开挖竖向导坑和基础下托换坑。

① 施工时先在贴近被托换既有建筑物的一侧,由人工开挖一个长×宽约为 1.5m×

1.0m的竖向导坑,直至挖到比原有基础底面下再深1.5m处;

② 再将竖向导坑朝横向扩展到基础梁、承台梁或基础板下,垂直开挖长×宽×深约为0.8m×0.5m×1.8m的托换坑;

③ 对坑壁不能直立的砂土或软弱土,坑壁要适当进行支护;

④ 为保护既有建筑物的安全,托换坑不能连续开挖,必须进行间隔式的开挖和托换加固。

(2) 托换压桩。

利用千斤顶压预制桩段,逐段把桩压至地基中,压桩时应以压桩力控制为主。

对钢管桩,其各节的连接处可采用套管接头。当钢管桩很长或土中有障碍物时需采用焊接接头。

对预制钢筋混凝土方桩,桩尖可将主筋合拢焊在桩尖辅钢筋上,在密实砂和碎石类土中可在桩尖处包以钢板桩靴。桩与桩间接头可采用焊接或硫黄胶泥接头。

压桩过程中,应随时记录压入深度及相应的桩阻力,并须随时校正桩的垂直度;桩位平面偏差不得大于±20mm,桩节垂直度偏差应小于1%的桩节长度。

(3) 封顶和回填。

桩尖到达设计深度,压桩力达到单桩竖向承载力特征值的1.5倍,持续时间不少于5min,即可进行封桩。

封桩可根据要求采用非预应力法施工。对钢筋混凝土方桩,顶进至设计深度后即可取出千斤顶,再用C30微膨胀早强混凝土将桩与原基础浇筑成整体。当施加预应力封桩时,可采用型钢支架,再浇筑混凝土。

对钢管桩,应根据工程要求在钢管内浇筑早强混凝土,最后用C30混凝土将桩与原基础浇筑成整体。

桩材试块强度应符合设计要求。

4) 坑式静压桩检验

检验内容包括单桩承载力静荷载试验、压桩深度和最大的桩阻力的施工记录、钢管桩的焊口或混凝土桩接桩的质量,以及桩的垂直度等。

8.1.5　地基加固技术

对既有建筑物地基进行加固也可采用下述地基加固方法进行:注浆法、高压喷射注浆法、灰土桩法、石灰桩法等。在上述地基加固方法中以注浆法和高压喷射注浆法应用较多。

1. 注浆法加固

在采用注浆法加固既有建筑物地基时,应根据工程地质条件和建筑物情况合理选用注浆形式和注浆压力。

(1) 对砂性土地基、杂填土地基可以采用渗入性注浆加固,采用的注浆压力和注浆速度以不能对建筑物产生不良影响为控制标准。

(2) 对饱和软黏土地基采用注浆法加固效果不好,在注浆过程中地基土体中产生超孔隙水压力,注浆产生的注浆力很容易抬升建筑物造成不良后果;而且注浆完成后,饱和软黏土地基中超孔隙水压力消散,将造成较大的工后沉降。

注浆加固还可应用于补偿性加固。在既有建筑物周围开挖基坑或进行地下工程施工,基坑开挖或地下工程施工形成的土体侧向位移可能使建筑物产生不均匀沉降。通过在建筑物外侧地基中进行补偿性注浆加固,可减小周围土体侧移造成对该建筑物的不良影响。补偿性加固也适用于保护地基中市政管线免受周围施工扰动的影响。另外,地下水位下降,特别是井点水造成地下水位差异可能引起对建筑物的影响也可以通过补偿性注浆来减小。

2. 高压喷射注浆法加固

采用高压喷射注浆法加固是在既有建筑物地基下设置旋喷桩,通过形成水泥土桩复合地基以提高地基承载力、减小地基沉降。

高压旋喷桩加固既有建筑物地基时在高压旋喷形成的水泥土桩未达到一定强度这段时间内,地基强度是降低的,因此应重视施工期间可能产生的附加沉降。

8.1.6 典型案例(傅旭东,2014)

1. 工程概况

某危险废物焚烧车间由办公楼、进料室、回转窑、余热锅炉和二燃室、烟气急冷塔等组成。焚烧车间呈多边形布置,总用地面积约 11893m², 主要建构筑物占地面积 3831m², 建筑面积 3789m², 如图 8.17 所示。

图 8.17 焚烧车间办公楼和设备分布图

工程场区位于丘陵地区,原始地形为山体斜坡地带,经人工整平后现为平缓场地,总体东高西低,东侧最高处高程为 224.47m,西侧最低处高程为 223.77m,高差 0.7m。根据工程完工后 2013 年 12 月—2014 年 1 月厂区内设备基础的沉降观测资料:回转窑基础最大沉降量为 12.2mm,最大沉降差值为 3.3mm;进料装置基础最大沉降量为 10.9mm,最大沉降差值为 2.9mm;设备基础的沉降、不均匀沉降现象明显。

如不及时进行地基处理,上述设备的沉降及不均匀沉降会加剧,对基础板的受力将产生不利影响,且严重影响设备的正常运行。

2. 产生不均匀沉降原因分析

根据地形地貌、岩土层分布和不良地质现象,设备基础产生不均匀沉降原因如下:

(1) 勘察对土洞漏判和忽视。勘察报告揭示,场地主要不良地质现象为地面塌陷和溶洞。根据当地工程实践经验,下伏基岩为灰岩的岩层面倾斜较大,地表水向下渗流时,产生较大的水力坡降,易将粉质黏土层中的细小颗粒通过岩溶裂隙带走,一般在粉质黏土与灰岩交界面易形成土洞。土洞的直径一般不大(仅数米),其几何尺寸远小于勘探孔的间距,因此利用钻孔查明分布于粉质黏土中的土洞较为困难。

(2) 素填土层具有膨胀性。场区位于丘陵地区斜坡地带,经人工整平,表层为素填土,厚度不均,为 0.5~6.5m。根据当地建设经验,该土层可能具有膨胀性,不宜作为基础的持力层。进料装置基础、回转窑基础、余热锅炉及二燃室基础、烟气急冷塔基础,宜以沉降控制为原则来进行基础的设计,不适合采用独立浅基础方案。

(3) 施工过程中未做好排水、防水工作。场坪表层为素填土层,具有膨胀性,要求施工时做好地面防水和排水工作,避免雨水渗入地层中。据反映,一场暴雨后,雨水汇集于基坑中,且积水很快不见踪影,随后设备基础发生明显的不均匀沉降。

由于本工程设备基础已经浇筑完成,可利用设备及基础的自重作为锚杆静压桩的压桩反力,通过预先开凿的压桩孔将预制桩逐段压入地基中,从而达到提高地基承载力和控制沉降的目的。锚杆静压桩的受力明确,加固质量有保证;施工扰动小,抗弯刚度较好;压入过程中碰到碎石等沉桩困难,可以采用钢管桩。因此,采用锚杆静压桩对本工程地基进行加固。

3. 地基加固设计

(1) 地基处理加固方案。

各设备基础的锚杆静压桩数量及主要设计参数见表 8.1。

表 8.1 设备基础锚杆静压桩数量及主要设计参数

基础类别	进料装置基础	回转窑基础	余热锅炉、二燃室基础(1)	余热锅炉、二燃室基础(2)	烟气急冷塔基础	急冷喷淋泵组基础	急冷碱罐基础
桩数设计值(根)	5	8	7	8	4	3	3
桩类别	C30预制桩	ϕ219mm钢管桩	C30预制桩	ϕ89mm钢管纤维桩	ϕ89mm钢管纤维桩	ϕ89mm钢管纤维桩	ϕ89mm钢管纤维桩
单桩承载力设计值(kN)	450	500	450	120	120	120	120

注: 余热锅炉、二燃室基础(1)为其西北方向的筏板基础;余热锅炉、二燃室基础(2)为其东南方向的独立基础。

C30 预制桩截面尺寸为 25cm×25cm,压桩力为 600kN,桩长为 14~20m;钢管桩 ϕ219mm,壁厚 $\delta=6$mm,压桩力为 600kN,桩长为 12~15m;钢管纤维桩 ϕ89mm,壁厚 $\delta=5$mm,压桩力为 160kN,桩长 19~21m。桩端均压至基岩面,采取以压桩力为主、桩长为辅的双控原则。

钢管桩和钢管纤维桩压桩到预定位置后,用 ϕ22 的 PVC 灌浆管伸至钢管桩端进行低压灌浆,注入水灰比为 0.45~0.55 的纯水泥浆或水泥砂浆,逐步拔管,边拔边灌,灌浆管埋入浆液中的深度始终不小于 3m。待钢管桩灌浆液至管顶时,在桩孔上部设封浆堵头,用低压压入水泥浆或注水泥砂浆,浆液通过钢管与混凝土板的孔隙向桩周土层中扩散,填塞钢管桩外侧的空隙。

(2) 锚杆静压桩的设计。

① 初步设计时可按下式估算单桩竖向承载力特征值：

$$R_a = q_{sa}A_p + u_p\sum q_{sia}l_i$$

当 25cm×25cm 混凝土预制桩 $R_a=450$kN 时,初步设计桩长为 12～20m;ϕ219mm 钢管桩 $R_a=500$kN 时,初步设计桩长为 12～15m;ϕ89mm 钢管纤维桩 $R_a=120$kN,初步设计桩长为 19～21m。

② 根据基础自重和设备竖向荷载,可计算锚杆静压桩的数量,基础自重荷载标准值和设备使用时作用于桩基础承台顶面的竖向力计算结果见表 8.2、表 8.3。

当初步确定桩数,基础轴心受压时,可按下式进行试算,桩数 n 应满足下式要求:

$$n \geqslant \frac{F_k + G_k}{R_a}$$

式中,F_k——相应于荷载效应标准组合时,作用于桩基础承台顶面的竖向力;

G_k——桩基础承台及承台上土自重标准值。

表 8.2 各设备基础的荷载设计值(单位:kN)

编号	基础类别	荷载		总荷载 F_k+G_k
		基础自重标准值 G_k	承台顶竖向力 $1.5F_k$	
1	进料装置基础	600.3	105	670.3
2	回转窑基础	2638.7	1815	3848.7
3	余热锅炉、二燃室基础(1)	1332.8	2320	2879.5
4	余热锅炉、二燃室基础(2)	241.8	940	868.5
5	烟气急冷塔基础	141.8	320	355.2
6	急冷喷淋泵组基础	22.9	4	25.6
7	急冷碱罐基础	19.7	70	66.4

表 8.3 各设备基础的锚杆静压桩参数

编号	基础类别	桩数量	桩截面尺寸	单桩承载力设计值(kN)	备注
1	进料装置基础	5	25cm×25cm	450	C30 预制桩
2	回转窑基础	8	$\phi=219$mm,$\delta=6$mm	500	钢管桩
3	余热锅炉、二燃室基础(1)	7	25cm×25cm	450	C30 预制桩
4	余热锅炉、二燃室基础(2)	8	$\phi=89$mm,$\delta=5$mm	120	钢管纤维桩
5	烟气急冷塔基础	4	$\phi=89$mm,$\delta=5$mm	120	钢管纤维桩
6	急冷喷淋泵组基础	3	$\phi=89$mm,$\delta=5$mm	120	钢管纤维桩
7	急冷碱罐基础	3	$\phi=89$mm,$\delta=5$mm	120	钢管纤维桩

压桩力 $P_P(L)$ 的控制标准为:

$$P_P(L) = K \times R_a$$

式中,K——压桩力系数,黏性土中桩长小于 20m 时,$K=1.2$～1.5。

因此,C30 混凝土预制桩、ϕ219mm 钢管桩、ϕ89mm 钢管纤维桩对应的压桩力分别为:600kN、600kN、160kN。

(3) 各设备基础锚杆静压桩加固平面布置图、剖面布置图分别见图 8.18～图 8.21。

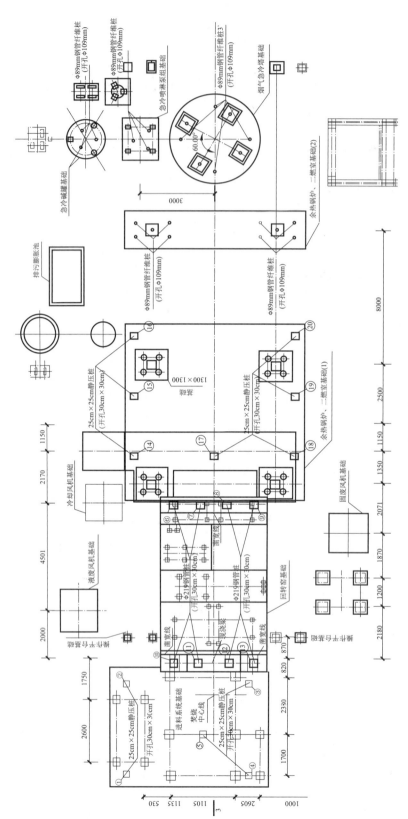

图8.18 锚杆静压桩布置平面图

第8章 既有建筑物地基加固、纠倾和迁移法

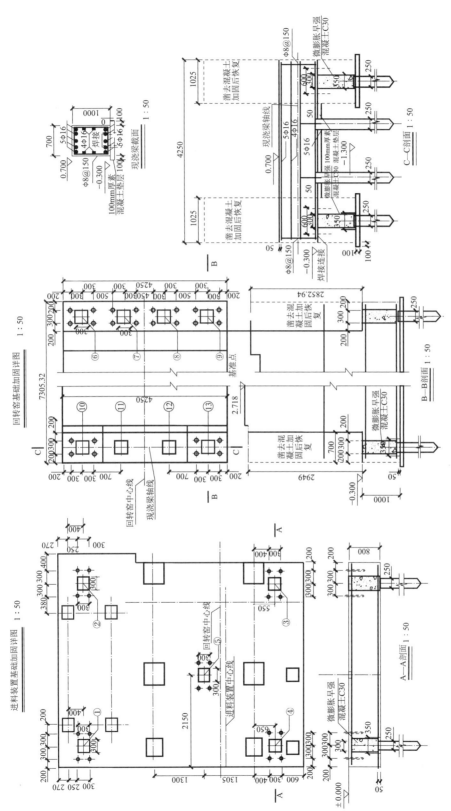

图8.19 进料装置和回转窑基础的锚杆静压桩布置图

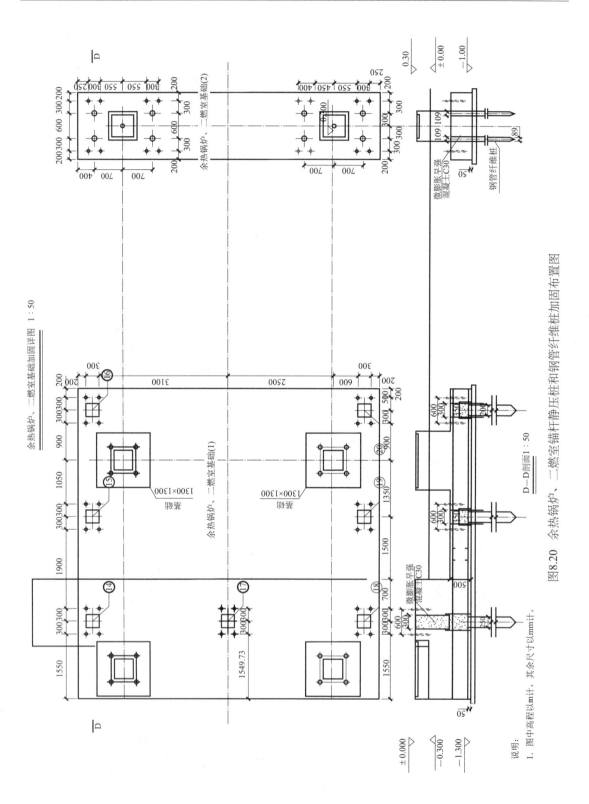

图8.20 余热锅炉、二燃室锚杆静压桩和钢管纤维桩加固布置图

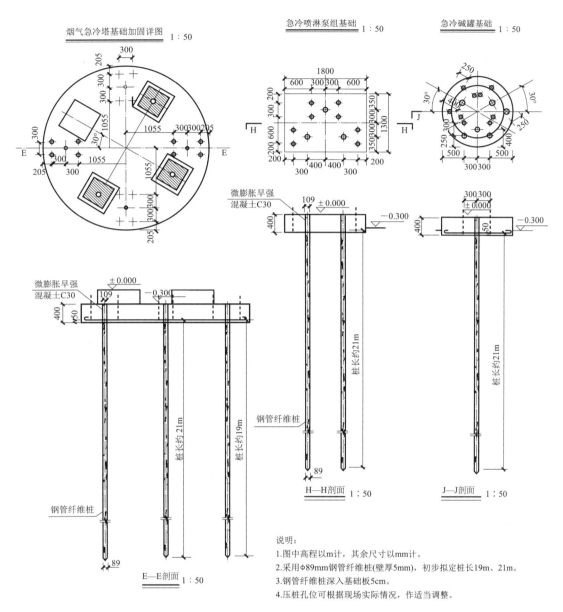

图 8.21 烟气冷却塔的钢管纤维桩加固布置图

8.2 建筑物纠倾技术

8.2.1 概述

建筑物产生不均匀沉降,将导致上部结构产生倾斜,有时建筑物的上部还会产生裂缝,严重的可导致上部结构破坏,甚至产生建筑物地基整体失稳破坏。当建筑物倾斜超过有关规定值,影响其安全使用时,应对建筑物进行纠倾或拆除。

我国《建筑地基基础设计规范》（GB 50007—2011）规定了建筑物的地基变形允许值。建筑物实际发生的倾斜值超过规定的允许值，应加强对建筑物变形的监测。

对产生倾斜的既有建筑物是否需要进行加固和纠倾，通常认为需要考虑下述三个方面的情况，综合分析后再做决定：

（1）既有建筑物的倾斜度和上部结构裂缝发展情况。

一般认为建筑物倾斜超过1%时需要对倾斜建筑物进行纠倾，但也不能一概而论。是否需要对倾斜建筑物进行纠倾和加固应以是否影响安全使用为准则。建筑物的不均匀沉降可能引起上部结构产生裂缝，所产生裂缝的分布及性质对于是否需要纠倾至为重要。如存在结构性裂缝，应对上部结构进行补强。

（2）建筑物沉降和裂缝的发展趋势。

应详细研究和分析倾斜建筑物产生的沉降和裂缝的现状以及发展趋势，重点分析建筑物沉降的稳定性；对于沉降还未稳定的建筑物，分析不采取加固、纠倾措施达到稳定所需时间，以及最终沉降和不均匀沉降大小。还需对建筑物上部结构裂缝的发展趋势进行深入分析。建筑物沉降是否稳定对于纠倾的判别具有重要影响。

（3）原设计和施工质量是否存在隐患。

应仔细审查倾斜建筑物的有关资料，主要包括工程地质勘察报告、设计文件和施工记录及验收报告等，分析建筑物产生不均匀沉降的原因。如必要，可在建筑物四周对地基进行补勘。

通过对上述三方面情况的综合分析，确定该倾斜建筑物是否需要纠倾，上部结构和地基是否需要补强和加固，是否应该拆除。

建筑物产生过大不均匀沉降主要有下述原因：

（1）对建设场地工程地质情况了解不全面。

建筑物产生倾斜过大的工程事故多数是由于设计人员对建设场地的工程地质情况了解不全面造成的；了解不全面的原因主要来自客观因素，如：勘探孔分布密度未能满足全面监测地基土层性质变异情况的需求，导致工程地质勘查报告未能准确反映地基中软土层分布情况，但亦有可能存在人为因素，如：设计人员未认真阅读工程地质勘查报告等。

（2）设计经验和设计能力不足。

建筑物产生倾斜过大的另一方面原因是设计人员对非均质地基上建筑物地基设计经验不足。对于地基土层分布不均匀，特别是存在暗浜、古河道，以及建筑物上部荷载分布不均匀等情况，设计人员未能足够重视并做认真处理是建筑物产生不均匀沉降的主要原因之一。另外，设计人员对软土地基上建筑物基础的设计，只重视地基承载力的验算，不重视或忽略控制建筑物的沉降，也会造成建筑物倾斜过大。

（3）施工质量方面原因。

有一些建筑物产生过大倾斜是施工质量未能满足设计要求造成的。

8.2.2 深掏土-地基应力解除纠倾技术

对倾斜建筑物进行纠倾的方法主要有两类：一类是通过对沉降少的一侧进行促沉以达到纠倾的目的，称为促沉纠倾；另一类是通过对沉降多的一侧进行顶升来达到纠倾的目的，称为顶升纠倾。促沉纠倾又可分为掏土促沉、加载促沉、降低地下水位促沉、湿陷性黄土地基浸水促沉等方法;顶升纠倾又可分为机械顶升、压浆顶升等方法。

对倾斜建筑物进行纠倾是一项技术难度较大的工程,需要详细了解倾斜建筑物的结构、基础和地基,以及相邻建筑物的情况。对倾斜建筑物进行纠倾需要综合岩土工程、结构工程以及施工工程知识,需要岩土工程和结构工程技术人员的合作,对技术人员的综合分析能力具有较高要求。在建筑物纠倾过程中,建筑物结构的应力和位移有一个不断调整的过程。因此对倾斜建筑物进行纠倾不能急于求成,应有组织、有计划地进行。在对倾斜建筑物进行纠倾的过程中需要对建筑物及地基沉降进行监测,实现信息化施工。对倾斜建筑物实施纠倾前,多数情况下需要对倾斜建筑物的地基进行加固。

深掏土-地基应力解除纠倾技术的基本工作原理是单边迫降法。该法是利用土力学基本原理,即土受扰动后其强度会降低,变形模量也随之降低的性质,在原沉降少的一边,采用设置"地基应力解除孔",上设 4～6m 钢套管,专门作孔中深掏土,依靠吸拔软土所产生的真空吸力,使孔周软土向孔内集中,孔周土强度和变形模量均有下降趋势,地基应力随之调整,有利于软土向孔排连续运移,形成土质流场,带动建筑物扶正纠倾。

其中的技术关键是如何做到可控性和有效性。多年的实践证明该法最大的优点是完全可控。不怕矫枉过正,只怕纠不动。纠正到位以后,无论是倾斜率,还是沉降速度都迅速趋于停止。至于有效性问题,是指该法是否普遍适用,对土类是否有限制,能否用于复合地基和桩基础,结论是该法适用于有软弱土层埋藏的天然地基,如淤泥和淤泥质粉质黏土。若软土呈夹层状或透镜状者,只要其厚度足够纠倾需要,同样可以使用。对于柔性桩(如砂桩、碎石桩、石灰桩和灌浆软土地基等)复合地基,都曾有大量的成功应用经验。刚性短桩复合地基或摩擦桩复合地基(包括粉喷桩、湿喷深层搅拌桩、旋喷桩等在内),只要桩的深度在 12m 以内,深掏土的位置能接近桩端部位,深掏土-地基应力解除技术都有可能使带桩的软土复合地基得到压缩变形,而桩向下卧层产生刺入位移。

典型例子是武汉市杨汊湖地区一栋 6 层楼房,采用筏基加 12m 粉喷桩,地面以下 6m 内为黏土硬壳层。纠倾工程原设计地基应力解除孔深 10～11m,使之接近桩端。但后来在试掏土时只入土 7～8m,就出现良好的纠倾效果。分析原因是 6m 硬壳层以下即遇到淤泥。它被掏出后,硬壳层底面的接触压力骤减。硬壳层的下降会引起桩上部侧壁对硬黏土的负摩擦力,带动桩一起沉降,房屋得以纠倾成功,见图 8.22。该楼前后一共只用了 4 天半的工期即告完成纠倾。

深掏土-地基应力解除纠倾技术的最大优点如下:

(1) 最节省。由于它主要利用倾斜房屋或其他建筑物的自重作为纠倾的动力源,因此不需要太多的耗材和能源,就能达到纠倾目的。

(2) 最安全。几乎没有什么风险。在需要迫降的一侧,设置好了足够数量的地基应力解除孔,打入保护性套管之后,即可从容不迫地、安全可控地、按计划地向孔内分别掏土。掏多少、掏多深完全由施工期在线跟踪观测(沉降和倾斜)的信息来决定。可以比喻为拧螺丝钉的动作一样,拧多少是多少,可以微调。

(3) 不会矫枉过正,不留后患。多年的工程实践经验表明,该技术纠倾至某一预定的剩余倾斜率 i_r 后,基本上维持不变,最大的"自然纠倾量"仅 1‰ 以内。

(4) 工后沉降量很小,且沉降速率骤减,很快达到基本稳定的状态。因此,该技术可兼收"纠倾""限沉"的双重效益。武汉某军队学校的一栋 7 层楼房纠倾前后的沉速可在工后一

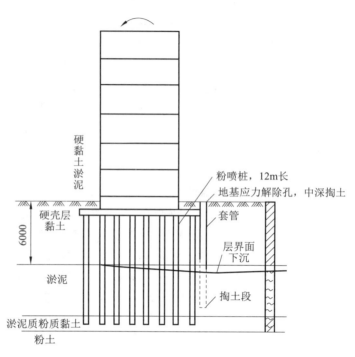

图 8.22 地基应力解除法(中深掏土)在复合地基中纠倾成功

年的时间内衰减100倍以上。从大于1mm/d迅速降低到0.01mm/d以内。

(5) 灵活性好。该技术可配合应用多种促进地基应力解除的辅助措施,大大拓宽了该技术的应用范围,大幅度提高了纠倾的工效。主要的辅助措施:孔内短时间抽降水位(减少孔壁水压力,促进孔周地下水向孔内的渗流,形成一定动水应力,使土更容易流动)、堵塞孔口抽气抽水(形成真空吸土)、振动掏土(使土更容易流动)、孔间插入刀片(切开孔排内外土体,减少剪切应力,所谓"邮票孔效应")、孔间插入注水管(将土体致裂)、压载促沉等。我们曾在多个工程中采用信息化施工的原则,根据测量信息反馈情况,不断地改变纠倾措施或增加一种或多种促沉方法,灵活机动。

8.2.3 广义地基应力解除纠倾技术

纠倾工程经常遇到施工前对基础底下土层埋藏情况及其他障碍物了解不够全面的问题。特别在老城区,百年乃至百年间城建历史变迁频繁,地基中常埋藏有古代建筑垃圾,近代断墙残壁、砖瓦乱石、条石基础、生物残骸等。事先设计的纠倾方案往往不可能完全实施。纠倾项目必须做出随机应变、应付自如的多种预案。一案不成,当机立断地改方案,甚至几管齐下,多种预案一起上。

一般说来,用上述经典意义上的"地基应力解除法"纠倾,最简便快捷,但不一定能顺利实施。当各种附加的辅助措施都采用了,也不见显著效果时,一种广义的地基应力解除法纠倾技术需要在工程实践中应用,那就是打"地道战"。如乌鲁木齐某局住宅管理中心4层楼房(包括一层地下室)倾斜24‰,倾斜原因是屋基1/3置于坚硬黄土状粉质黏土层之上(该层很深厚,勘探20m未揭穿),另2/3置于原排水沟渠的回填土上,土质松散有大孔隙。原纠倾设计为基础边缘挖槽至5m深以下,横向钻数十个水平孔,灌水浸湿,靠自重湿陷来纠倾。后发现紧邻的8层住宅楼中大量地下室早已下陷脱空,若再灌水,将首先损害8层大楼的安全。经反复研究决定用"地道战"的战术处理(图8.23):先挖空各开间的地板下部分土体,将承重墙下方的保留,再将承重墙下的土埂分段切开,留有土墩,用土工织物袋装土扎紧成土包,塞在土墩之间的空隙中,作临时托换支护的缓冲体,然后细心削土墩顶面,使建筑物迫降,土包受力压紧,再削土包堆叠体顶面使迫降,为此反复多次,建筑物最终得以纠正。这一技术也称为"浅掏土纠倾技术"。

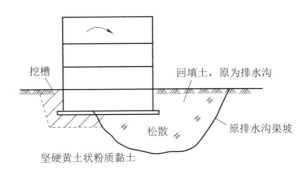

图8.23 乌市坑道式掏土纠偏技术示意图

  有的工程即使也曾应用过类似技术纠倾,但也并非都能一帆风顺。武汉市某饭店地处汉口闹市区,整日车水马龙,楼外无一处施工场地。其也以"地道战"方式进行纠倾,曾挖空了所有地板底下基土、扩大式基础及柱间底连梁,地下水池底板底下也全部挖空了,最后留下122根木桩,用钢锯依次截断。断口呈楔状,并使上下段之间留有一定空隙(约1cm),作缓冲和调整结构内应力用。直到122根桩全部截断呈悬空状,仍未见纠倾有明显效果。究其原因:基底埋深2.2m,四周侧摩阻力τ_s达40kPa,而楼房已有90年历史,结构极为单薄,自重轻。边柱向下传递的荷载不足以克服侧摩阻力。后经从坑道内向外上方凿开回填土,方使该楼顺利迫降纠倾,见图8.24。人行道路面自动弯曲陷落40cm,做到"鬼使神差",令人惊疑,历时十天。

  湖北赤壁市某一榀排架高18m,地处河谷,有淤泥质土埋藏,因后建道路经过,将排架压歪。纠倾方法仍以地基应力解除法深掏土为主。掏土孔仅$\phi200$,效果差、速度慢。后用钢丝绳斜向加载和基础上偏心施加压载,再将孔顶塞紧,用真空泵抽气产生负压,以及水冲法等综合措施最终得以纠正,见图8.25。

  地基处理技术中淤泥质土的地基较多采用复合地基形式。问题突出的是有深厚软土地基上复合地基用桩长度偏短招致新建筑的倾斜,事故频频发生。有的情况则是建筑物使用期已很长(10~20年),天然地基或复合地基逐年发生不均匀沉降。遇到这类情况,通常面临两种地基处理方案的抉择:一是深掏土(即复合地基以下土体的应力解除);二是浅掏土(即截去部分柔性桩、半柔性桩或刚性桩的桩头,以解除基底压力,调整地基反力形心位置)。更直观有效的方案往往是浅掏土法。只要地下水位较低,浅掏作业面易形成者,浅掏土法优势较大。如武汉汉口某小区8层楼房东单元向西倾斜11.2‰,与其他单元挤紧,墙已产生竖向裂缝,必须予以纠倾复位,两楼脱开接触,且要保证长治久安。鉴于原地基处理系采用

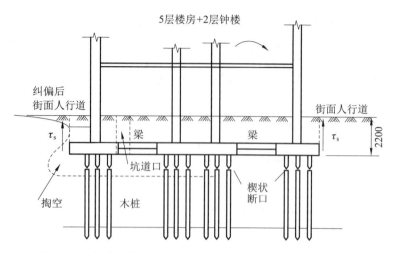

图 8.24　坑道内截木桩并消除建筑周边土侧摩阻力纠倾成功

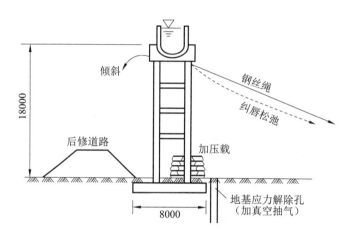

图 8.25　倾斜渡槽排架综合治理式纠倾示意图

密集的砂桩套湿喷深层水泥搅拌桩复合地基,桩端有的进入中砂持力层,有的则尚未达到该层,可判定用地基应力解除法深掏土技术难以奏效,后果断地采用截部分桩头实施浅掏土法纠倾。其中两个关键技术:第一,完全可控性、每截一个桩头,应注意边截边用土包塞紧断口,断口高不超过 20cm,随时测量控制点沉降和倾斜率。以信息反馈指导后续施工进程。第二,永久稳定性。纠倾到位后,用泵送混凝土(C15 或 C20)将地下开挖空间(约 50m³)全部灌满。整个纠倾工程实际历时一个月左右(图 8.26)。

在经典的地基应力解除法——深掏土技术中有两个关键问题:第一,地基应力解除孔排轴线应尽量靠近基础底板边缘,能更有效地触发基础下方的软土被吸出而"激活、扰动"。武汉市武昌区沙湖湖滨地区某住宅楼纠倾中的困难正是由孔排离待纠楼过远而产生的(图 8.27)。在条基外挑宽度过大的情况下,有必要将孔排设置在条基向外悬挑部分板面上,这时必须凿穿底板钻孔。如武昌紫阳路某住宅楼采用此法。第二,基土被掏出的可持续性需要得到保证。这对极软土不存在问题。反之,则要配备其他措施来达到这一要求。

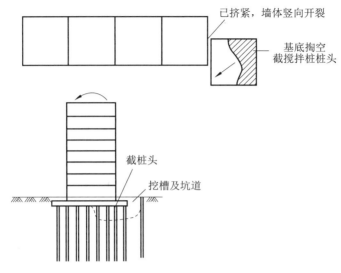

图 8.26　广义地基应力解除法纠偏

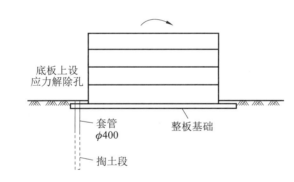

图 8.27　基础底板上设地基应力解除孔以提高掏土纠偏效率

8.2.4　桩在纠倾防倾工程中的应用

倾斜建(构)筑物要实现纠正,必须使高的一侧促沉,低的一侧限沉甚至顶升,或者两者兼用,或只用其一。桩的应用主要是为了低的一侧限沉(控制沉降)或者作为顶升的反力支点。但是如何合理选型、正确设置、优化施工,还存在许多问题需要考虑。

虽然有的倾斜事故发生的根源来自设计不当,但是也不完全是设计者本身的责任。较常遇到的情况:设计者对建筑物地基的设计,往往偏重地基承载力的校核,而对其沉降和不均匀沉降的验算则由于影响因素较多,成熟计算方法缺乏,结果精度不高。虽然一定的倾斜不会酿成失稳的危险,但依然会影响建筑物的正常使用。因此,在软土地区建设12层以下亚高层楼房或多层住宅时,有的设计单位为业主经济上的考虑,仍倾向于采用较低廉的桩基形式和复合地基,只是附加增设一种"倾斜预防措施"。这一般由设计单位与岩土工程施工单位通过协商来实现,即在基础混凝土浇筑时预留锚杆静压桩孔,并把锚杆支座也一起浇到基础混凝土内。一旦在建造上层结构的过程中出现有害的过量沉降或不均匀沉降时，就可以根据纠倾或限沉需要，在这些预留的锚杆静压桩孔内压入适量的桩，以增加地基承载力并防止不良的沉降继续发展。在浙江、湖北某些软土地区使用较多，经验较成熟，取得良好效果。但是，这种措施对于深厚软弱地基，风险性过大，经济上也不一定有优越性。

隔离桩在建筑物防倾处理中也占重要的一席之地。它是指一种能够使邻近新建建筑物荷载各自所产生的地基应力隔离开来的结构构件，使二者不相重叠和不相互影响。它的设置可有效地防止两栋邻近房屋发生对倾或一栋后建的压歪另一栋先建的楼房。

本节中还介绍了截桩纠倾法、应力转移桩防倾法、自动桩式纠倾系统、被动承载桩（钢管纤维桩或微型钢管桩）和限沉桩等内容。

1. 基于信息化施工法原则上的"纠倾预防措施"

首先，应该明确一个重要概念：既有建筑物的地基加固与限制沉降区别于待建新建筑物的地基加固与防沉的主要标志是既有建筑物的全部自重和主要活载基本上都施加到位。一切后续的加固限沉措施的选择，必须尽量减少对软弱地基土的扰动、减强和破坏。这一区别标志往往被人们忽略和漠视。有的盲目地误认为加固比不加固总要好些。殊不知，不正确的加固方案会导致倾斜的加剧和地基的破坏。湖北省黄石市某学校住宅楼曾因原来地基软弱、地层分布不均匀、施工清基和地基处理方案不佳而在纵轴方向产生较大不均匀沉降，它与新建楼房之间沉降缝宽度小，相互挤紧，结构受损，开裂严重。事后请某单位加固处理，方法却是在淤泥地基中直接注浆，结果事与愿违，倾斜益增，结构破坏日趋严重。又如江西某火车站两栋7层楼房发生倾斜开裂，某单位提出加固纠倾方案是：沉得多的一侧用旋喷加固，沉得少的一侧用压力注浆加固。第一栋楼实施后结果是注浆一侧土受扰动后，倾斜率有所下降。接着在另一侧旋喷过程中发现倾斜重新抬头，逐渐超过原来值，而且楼房西侧南半边楼的范围内外纵墙上普遍出现窗户下斜缝数十条，房屋呈扭曲状。事实上，注浆初衷是加固，而实际效果是纠倾。另一侧的旋喷原来用意也是加固，但实际效果却是严重扰动软弱灵敏土，在荷载存在的情况下实际上是一种"过程性"的破坏。它的加固作用要到后期才发挥起来，故出现事与愿违的情况。

另一个重要概念：任何软土加固措施必然对基土产生施工扰动，都会产生"施工附加沉降"。加固方案不同，可能引起的"施工附加沉降"大小不同。此部分附加沉降应该在纠倾效果定量指标值中反映出来。方案的选择原则之一就是它引起的施工附加沉降是否最小。上述江西某车站的住宅楼纠倾中的最大教训在于：未认真考虑旋喷工艺会引起建筑物原来沉降偏大的一边再产生过大的附加沉降，因此难怪越加固，越倾斜，越开裂。

实践经验表明：用旋喷法加固倾斜楼房沉降较大一侧是可以奏效的，但是有个先决条件，即：尽量设法减少"施工附加沉降"。方法就是贯彻"两个跳开"的原则。所谓"两个跳开"，是指"时间跳开"和"空间跳开"。切忌顺着次序一个挨一个地搞旋喷桩施工，尤其不能赶进度，否则非坏事不可。正确的做法是尽可能大距离地跳开间隔施工，并且每施工一个桩要适当给予间歇时间，使旋喷水泥土获得初强度（如1～2MPa的抗压强度）后，才允许在其附近继续施工。例如：武汉市某写字楼深基坑深10.5m，但坑边不到1m处有一栋5层住宅楼，条形基础。虽然用钻孔灌注桩排支护基坑，并有内支撑，但周围粉土层厚，即使用了2排以上的粉喷桩隔渗，仍有水土流失的风险。决定采用摆喷（180°）对住宅楼近坑一侧予以软性托换。桩深11.5m，比坑深仅多1m，摆喷形成连续墙。11m范围内设了8根旋喷桩，采取

$1^\#\to 8^\#\to 4^\#\to 6^\#\to 2^\#\to 5^\#\to 7^\#\to 3^\#$ 的次序施工。每桩作业加间歇期共 3 天,24 天全部完成。若桩位数很多,则建议分 3 至 4 序轮流跳开施工。浆液配比建议水泥含量不小于 15%,添加必要的速凝剂。类似的方法在武汉市中级人民法院扩建楼也应用成功,只是旋喷工艺改为劈裂槽段注浆工艺。

无论何种加固工艺,实施过程中必须用实时跟踪监测成果指导施工。锚杆静压桩施工也不例外。除此之外,锚杆静压桩施工应注意不宜压到不可压缩的坚硬岩石、卵砾层和紧砂层中。应按摩擦端承桩或端承摩擦桩设计,不应按端承桩设计,是因为各桩的工作压力很难在端承桩上受到有效的控制。武汉某一工程抢救时,用 250mm×250mm 的锚杆静压桩(入紧密中粗砂层),压桩力控制为 80t。但随着危楼继续倾斜沉降,各桩实际受力差距越来越显著,有的桩压力泵指示器表明,压力自动迅速上升大于 100t。结果压一根断一根,最后前功尽弃。因此,合理地选择压入深度、压入土层种类和压桩力控制值三者的有机统一是至关重要的。建议按塑性设计(即极限设计)原则办事。持力层应该是可压缩土层,试桩资料应证实桩极限下压承载力出现时桩还可产生新的沉降,这时桩的出力贡献还可保持不变或稍有增长,即在出现较大的强迫沉降增量情况下仍能保持锚杆静压桩的桩身不被压断失稳。这种塑性设计在少桩基础、短桩基础和控沉桩基础设计中大有用武之地。

为了准确估计极限承载力,可先打入一个静力触探孔,测定比贯入阻力沿深度变化曲线 $Ps\text{-}Z$,然后大致以 $P_u\approx 1.2P_s$ 的关系确定桩极限阻力与深度关系。寻找比较稳妥而合理的压入深度来保持桩反力贡献的相对稳定。千万不能"压死"。

同样地,锚杆静压桩的压入地层必定也会在有限范围内对地基土产生扰动,从而导致沉降大的一侧产生附加沉降,也有必要采用"两个跳开"的原则安排施工顺序。据实践经验,这种加固方式所引起的"施工附加沉降"是多种加固模式中最小的。

2. 隔离桩在纠倾防倾工程中的多种功用

隔离桩的适用条件:当淤泥或淤泥质软土层底板埋藏不太深(如不大于 12m),而下卧有较好持力层,如可塑黏性土层或中密以上粉土和中细砂层,隔离桩桩端就进该持力层内 1~2m 深;若淤泥过深,则隔离桩可能悬浮在软土层内,在应力传递作用下会产生过大沉降,起不了有效的隔离作用。

众所周知,新建楼房平面布置形式多种多样,若在天然地基或稍差的复合地基上,两栋多层楼房相互距离过近,则极有可能因地基应力叠加而产生对倾、扭曲现象,或者新房使邻近老房拖带变形、压歪等事故。举例如下:现有两栋待建 7 层楼房,平面布置大概情况如图 8.28 所示。A 楼的西山墙与 B 楼的东侧外纵墙中到中距离仅 2.5m,实际两楼的条基边缘间空隙已不足 1m。经研究,最终决定采用隔离桩处理。在邻近条基范围内设计了 10 根 $\phi 400@100$ 的通长配筋的应力隔离桩。桩顶与任何一栋楼基础都不接触,与地面齐平。随着施工不断进展,荷载增大,地基应力分布使桩排两侧侧壁都产生可观的下曳力(即负摩擦力),带动桩排下沉。但由于有较好持力层顶托,使桩排不下沉或少沉。于是,桩排反过来对地基土就起了向上的摩擦抗力,使间隙两侧的建筑物不致再向接触处对倾。

3. 截桩纠倾法及综合加固措施

福建省闽南沿海地区某亚高层建筑(12 层加两层塔与 1 个水箱,总高 56m),全框架结构。地层分布极不均匀,向南倾斜,钻孔桩长度普遍没有进入强风化花岗岩层,只进入残积土层,且沉渣厚,端承力不够。该楼单桩($\phi 650\sim\phi 850$ 钻孔桩)的承台及底连梁均极单薄。

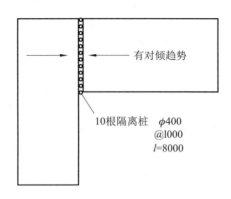

图 8.28　隔离桩在防倾中的应用

楼房投产一年后即向南偏东倾斜,12 层楼顶倾斜距离 440cm($i=10‰$)。后曾用锚杆静桩 62 根加固,但因开挖、扩底、加梁和压桩等工序,地基土受扰动,倾斜几乎增一倍。至二次纠倾前 $i\approx 20‰$,但结构基本完好。

经过专家论证,认为有如下 6 种纠倾加固方案可供选择,即:

① 减层调正重心纠倾法;
② 截柱顶升纠倾法;
③ 截桩迫降纠倾法;
④ 截桩顶升纠倾法;
⑤ 截桩迫降(促沉)纠倾法;
⑥ 减少北侧桩群侧阻及端阻法。

最后决定用截桩迫降纠倾法施工。施工程序如下:

底层设置临时加固桁架(四榀)→抽地下积水→加固承台及连梁,形成上格构框架→北侧继续挖坑至 2.9m 深→浇筑第二层承台及二层地下连梁形成下格构框架→在两层格构框架之间安装保护截桩段两端桩体的缓冲墩→信息化施工,轮流截桩头下方桩体,纠倾(桩身荷载与缓冲墩上荷载交替逐步转移)→纠倾到位,用现浇混凝土加固桩头→由下层格构框架向下压入锚杆静压桩→两层格构框架之间用剪切墙连成一体,形成多个封闭的地下室(未利用)→回填砂土分层夯实,浇筑室内地坪→纠倾加固竣工退场后持续沉降和倾斜观测两年。

此纠倾方法的关键技术在于如何确保整个纠倾过程中不出现上部结构损坏(开裂、破损等)。尽可能缓慢地、精凿细雕地逐步削弱待截桩段,同时调整螺杆千斤顶缓冲器上螺母位置,使桩顶荷载逐步向缓冲墩上转移,并始终保持螺杆式千斤顶缓冲器能自由调节,使建筑物平稳地、按比例地迫降。如图 8.29~图 8.31 所示。

整个截桩迫沉纠倾过程必须统一指挥、加强监测、确保安全。工期五个半月,截桩促沉的关键工序历时 40 天。效果良好。竣工已 7 年,结构完整,沉降已完全终止。

4. 应力转移桩防倾法

众所周知,大面积堆载作用在欠固结黏土地基上,一方面会引起大量的单向压缩固结沉降,另一方面堆载的周边土体会产生严重的侧移和上挤。如何防止这些不良现象的产生,必须慎重考虑。再者,在较深厚淤泥地层上建设厂房仓库,一般先建排架式厂房,其柱下基础

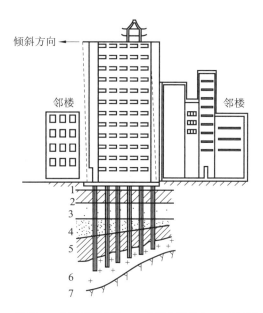

1—杂填土；2—粉质黏土；3—淤泥；4—含卵石砾砂层；5—残积砂质黏土；6—强风化花岗岩；7—微风化花岗岩

图 8.29　南北向地质剖面及桩长分布示意图

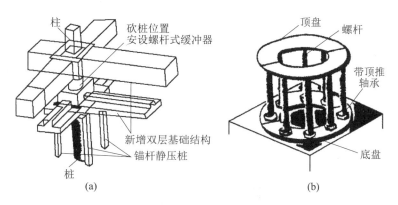

图 8.30　加固结构细部与缓冲结构

必有桩。厂房建成之后再处理厂内地坪。堆载可能引起的侧向挤推力和桩侧的负摩擦力问题常常困扰设计人员。如果厂内设备基础需挖深基坑更易诱致厂房柱列东倒西歪，行车脱轨卡轨。

处理的方法，不可能再用大型施工机械进入厂房，一是厂房净空不够；二是大型机械靠近柱列也可能推挤桩基并产生负摩擦力。必须设计一种应力转移桩，既能在厂房内的空间条件下施工，又能消除上述各种困难，使地坪与厂房结构的沉降相协调。

现举三个例子说明。

第一例：华东地区某饲料仓库长 120m，宽 20m；室内净空 8m，沿纵长方向 3 排排架。地层埋藏地面以下为 3.5～4.0m 淤泥质粉质黏土，下卧层依次为可塑粉质黏土和中密砂土，

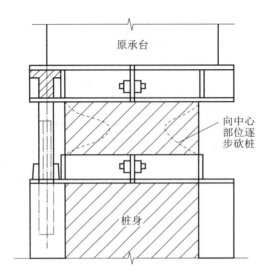

图 8.31 混凝土桩砍桩方法示意图

强度较高,变形模量大。厂房已竣工验收,准备投产时,发现周边桩基下的桩抗水平推力的承载能力不够。而堆载区设计地面荷载达 70kPa,压在浅层粉质黏土上已超出软土承载力标准值,还可能压歪柱基下的桩。

经咨询决策,采用素混凝土短桩解决此问题。洛阳铲成孔 ϕ300mm,深 4.0~4.5m,桩端入粉质黏土层。C15 或 C20 素混凝土灌注桩群,形成短桩复合地基,其上设置碎石层和地坪结构。桩-土充分发挥共同作用,短桩基础上地坪与厂房柱列下的承台应该脱离,使承台不受堆载的压力,保证厂房结构不变形。使用后证明此法效果良好,见图 8.32。

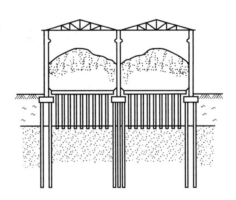

图 8.32 应力转移桩示意图

第二例是我国南方某电子公司(外贸)总装车间,总面积 9300 余平方米,纵横 11×5 柱列,划分为 40 块 12m×19m 的矩形地坪,厂房结构为轻钢屋架有排水天沟。每柱下有承台及 2~3 根高强预应力管桩 ϕ300×70 厚,地坪筏板为加肋薄板,四角与柱基承台不脱开。设计中错误地把地板自重和其上活荷载视为单独由强夯处理的板下地基承担,实际上因下卧有 12~15m 深厚欠固结海相淤泥,其上 5~6m 厚的新近回填土在自重作用下不断产生沉降,板底与填土脱开,最大脱空量超过 300mm。于是,228m² 大筏板重全部由四角柱基承担,造成局部地坪下陷(最大沉降 390mm)、开裂、挠曲、柱基超载、多根边桩压断的现象。多次检测、分析、加固,历时 2 年 8 个月,未见解危。

经咨询,决定采用锚杆静压桩加固柱基,另采用微型钢管桩(ϕ89mm×4mm)托换地坪筏板,使其自成系统承载,减少对柱基的负担。钢管桩施工先钻探成孔 ϕ119,压入钢管桩,下部开孔注浆,浆从管内到管外返升至填土的底板高程附近为止,以减少负摩擦力,桩头与加肋薄板中的肋部连接,设计承载力为 10t/根桩,实际检测有 12～16t/根。局部区域活荷载过大者,另设单独承载钢管桩,与地板完全脱离。实施效果良好,见图 8.33。

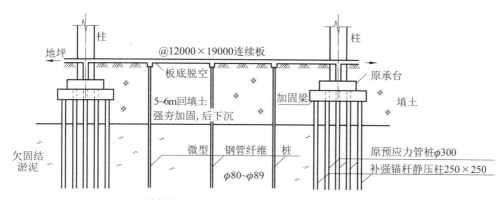

图 8.33　9300m² 一层厂房地坪下沉板底脱空引起柱基破坏

在本例中,微型钢管桩就是起到了应力转移的作用。

第三例,武汉市某电器开关公司主厂房为两栋各 1 万 m² 的排架式厂房,全部为钢结构,屋面为轻质泡沫塑料复合面板。在厂房地坪尚未整平的情况下,为了赶工期,抢先将厂房建起,然后再大面积填土。幸亏柱基均用人工挖孔墩形式将其坐落在坚硬老黏土层之上,牢固可靠。场地原地貌高低不平,且有大量水域种殖莲藕或为鱼塘,淤泥层厚度变化在 0～4m。有的则为低垄岗,用推土机铲平。回填土厚度为 0～5m,未压实。整个厂房地坪填土高,还未到位。如果不及早对地坪下地基作加固处理,预料难免投产后出现地坪起伏不平,并出现大量开裂,影响正常生产。原设计用石灰桩(4～5m 长)加固,但松土依旧,将来会附加沉降;且桩长不够,有的 5m 以下还有 3m 淤泥未处理。后考虑经济安全及工期三大因素,决定采用先对原地面重锤夯实(2t 重,落高 2m);再用机械式洛阳铲冲击成孔(ϕ250);随后灌注素混凝土桩;最后用振动碾对后续填土进行多遍碾压后铺设地坪。工作原理和桩的形式与第一例相同,只是针对大量新近填土特点,对工序作了调整。为了防止后续填土(0.8～2.3m 不等)施工期及运行期对现存墩式基础产生负摩擦力,在墩周相应高程范围内用两油一毡涂层予以隔离,并且使地坪结构也与墩基脱离,如图 8.34 所示。

5.半逆作法锚杆静压桩加固地基

这是针对湖北省广阔的江汉平原地区湖、河冲积相软土地基的特点开展研究的。天然地基承载力标准值一般低于 80kPa,但又大于 60kPa,对于建造 6～8 层的多层楼房,承载力总是欠缺 20～40kPa。为了降低成本,考虑采用半逆作法锚杆静压桩加固处理方法。施工

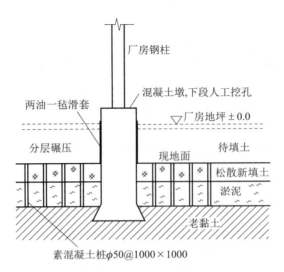

图 8.34 应力隔离转移桩防沉法示意图

步骤:先在天然地基上建造 3~4 层房,并在整板基础或条基上预留压桩孔,将锚杆与基础混凝土浇筑在一起。房屋建至 3~4 层后,按计划安排依次压入锚杆桩并封口,再建后续的 3~4 层房。

万一出现建设过程中,房屋发生少量倾斜,也可以调整封桩时间和次序。曾对湖北省洪湖市 YHY 小区两栋 8 层楼房进行了试验。由于工程赶进度,建设各方不统一协调,楼房建到 5 层半,尚未压桩。房屋开始出现少量倾斜(平均<4‰)后,才开展压桩工序。建成投产后,房屋倾斜率略大于 4‰,不符合国家规范要求,市质监部门不予通过验收。处理的办法就是把某些部位的桩的桩头打开,任其产生附加沉降。待纠倾到位后,重新封桩。效果良好。

武汉市某栋 8 层商品房建成 5 年后也曾发生类似倾斜情况。同样也是半逆施工锚杆静压桩的做法,经打开桩头仍未见效。究其原因:桩数偏多,有的设在室内,不便入室施工扰民。后配合以室外打设地基应力解除孔,深层掏土,迅速纠倾达标。

6. 限沉桩的选择原则

只要有效地提供纠倾所需的支托反力,并能使实施过程中所引起的不良施工附加沉降尽量减少,几乎所有的刚性桩和柔性桩都能使用。如锚杆静压桩、小直径钻孔灌注桩、树根桩、微型钢管桩、深层搅拌桩、石灰桩、两灰(水泥与石灰)桩以及旋喷桩柱等都曾使用过,都有成功经验的报道,但也不乏失败或有缺陷的事例。

使用最多、施工简便和造价适中的方法是锚杆静压桩。它可以在室内、地下室或半地下室内施工作业,这是其突出优点,但它的尺寸偏小,一般限于 300mm×300mm 以内。常用的是 250mm×250mm 和 200mm×200mm 两种,单根桩所能提供的支托反力有限。它的另一缺点是桩段偏短(2m 左右),整根桩身内接头太多,难免不直,增大了桩出现过大初始挠度的概率,也影响了整桩的完整性和抗压曲能力,在深厚淤泥层内必须慎用。相反地,在塑性指数 $I_p \leqslant 12$ 的淤泥质轻粉质黏土或粉土层中,锚杆静压桩的压入可使周围这种具有一定剪胀性的软土挤密变硬,对多接头、多桩段的锚杆桩起到侧向支承的作用。

小直径($\phi \leqslant 500$mm)钻孔灌注桩和树根桩均属刚性桩,支托能力比锚杆静压桩大,但其施工操作一般需要在室外进行,它所产生的施工附加沉降也较大,是其不利之处,必须采取预防措施,例如在空间和时间上跳开间隔施工。

微型钢管桩对托换技术来说,发展相对较晚,但截至1981年国际土力学与基础工程十届学术年会时,瑞典斯德哥尔摩一城就已应用了10万延米。在欧洲旧城维护和古老建筑抢救工程中也曾普遍使用过。它较轻便灵活,一般直径小于10cm,8cm居多,个别为$\phi 48 \sim \phi 50$mm的脚手架管也能使用,可在一块扩大或独立基础底板上钻孔后打入数以十计的纤维桩,总的可能提供的地基承载力可达百吨以上。但直径太小,抗纵向压曲的能力太小,因此深厚淤泥地区宜慎用。这种微型桩桩侧本身摩擦力很小,最好在预钻孔灌以水泥浆后塞入桩,或直接打入花管后注水泥浆,如图8.35～图8.38所示。

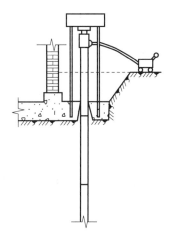

图 8.35 锚杆静压桩防倾

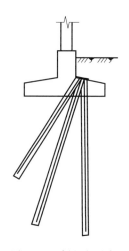

图 8.36 树根桩防倾

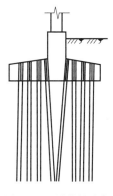

图 8.37 纤维桩防倾

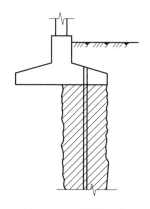

图 8.38 柔性桩防倾

深层搅拌桩、石灰桩、两灰桩和旋喷桩等柔性桩在纠倾工程中特别要注意其施工附加沉降可能过大。此外,还要注意基础底板拓宽时新加部分基础底板与倾斜楼房原有基础底板相连结的结构构造处理和施工顺序等问题。在湖北荆州原沙市市区曾在加宽某倾斜楼房整板基础的拓展过程中,由于受拉钢筋头失去握力而发生过原底板沿外墙根部折断的严重事故,十分危险。

7. 室外堆载引起大面积环境不均匀沉降对纠倾工程的影响

这里主要涉及带有桩基的多层建筑纠倾问题。在楼建成之后,室外搞小区园林建设,大面积堆填土石料,建人造景观,有假山小溪、深壑瀑布。各栋建筑物,虽然设计中考虑了环境对建筑性状的影响,认为有了桩基就万无一失。殊不知具体情况相差悬殊。云南昆明滇池路某小区有数栋6~7层楼房倾斜,究其产生原因时发现:虽然普遍有20m以上深的沉管灌注桩(ϕ500摩擦桩),但其倾斜方向大致与地面土石方堆高不均匀有关。例如小区共15栋楼,周围均未填土,小区内堆高不一。堆得越高处,地面沉得越多,楼房倾斜方向也随之而向该处集中。自2002年6月开始纠倾,曾采用调整内外侧堆载大小,内侧挖、外侧填,还曾用小钻孔斜掏土,期望所谓流态的泥炭土(含水量高达500%)能掏出孔外,后又改用ϕ400大直径地基应力解除孔竖向深掏土,水池蓄水加压,内侧增设37根锚杆静压桩,外侧抽水等多种措施,仍收效甚微。只能大致维持原来倾斜率不变或少变,但不能根本解决问题。2003年进行了三种调研工作:收集地质资料,掌握深层地质埋藏条件;对全小区大面积(约5万m^2)地面进行地形动态测量,即掌握大环境地面下沉情况;对泥炭土工程特性进行一些研讨。发现该场地第四系河湖冲积层厚300余米,在100m范围内有10层泥炭土,小区地面环境沉降严重不均匀。两年左右的时间内,有的增沉400mm,有的则仅40mm,且存在西侧和南侧两个较大的沉降盆,所有倾斜房屋都处在沉降变化剧烈的部位,趋势完全一致。更有意义的是,所谓泥炭土,实为乌黑松软的干木渣(或草渣),但经酒精烧灼9次,其含水量可超过250%,性质根本与流态相去甚远。找到问题症结所在后,如何实现纠倾,尚在争议中,本书仅提供一些素材,供专家们会诊。

总之,带桩基础楼房的纠倾,必须事先评析调查研究倾斜产生的根本原因,不能贸然决策,以防被动。图8.39~图8.41表示大环境地面不均匀沉降对带桩多层建筑纠倾工程的影响和地面沉降实测动态资料。

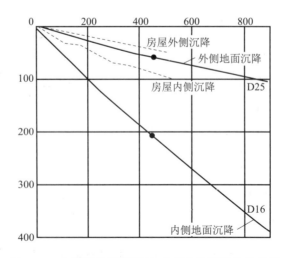

图8.39 大环境地面沉降与9#楼内外沉降差的关系

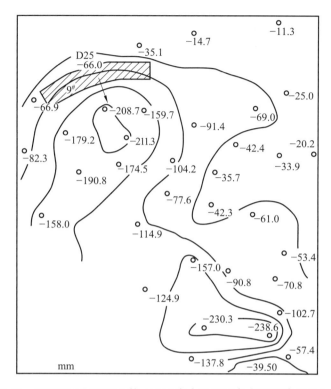

图 8.40　020523 至 030813 的 446 天中小区地面各点的沉降增量(mm)

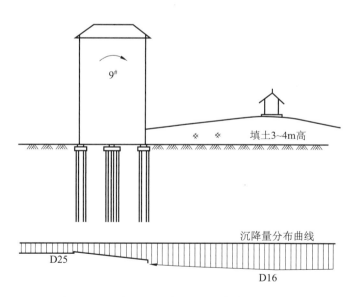

图 8.41　因小区地面填土引起 9# 楼向内侧倾斜

8. 自动桩式纠倾系统模式

其基本原理与以上关于限沉桩的机理相同。具体操作方法：先在基础底板上留孔,根据建筑建造过程中和运行期间的沉降和不均匀沉降动态观测结果信息反馈系统(D—A),采用电液伺服自动控制系统对已压入地层具一定承载能力的桩系进行自动加压(包括卸载)。建筑物连同基础底板的水平位置也就得到自动调整,实现信息反馈到决策(A—D)的新飞跃。桩式纠倾自动化系统示意图见图8.42。

软托换的设计,就是要根据环境变异情况的类型和可能的严重程度来选取软托换结构型式、构件种类、数量和布置范围,以及是否要求结合防水措施等。软托换与支护结构两者的关系也要因地制宜,该脱钩的脱钩,该连接的连接,该合二而一的合二而一,见图8.43~图8.45。

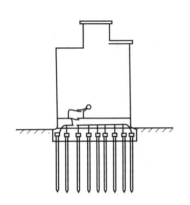

图8.42 桩式纠倾自动化系统

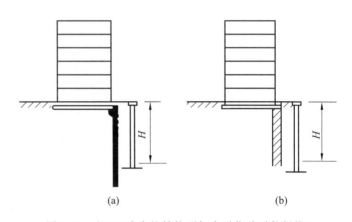

图8.43 坑口(或支护结构顶部水平位移时软托换)

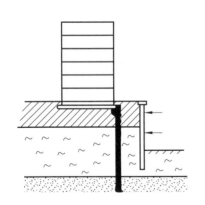

图8.44 基底隆起支扩踢脚的危险性较大时软托换构件深入持力层

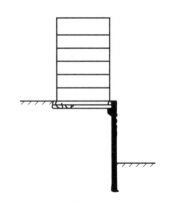

图8.45 软托换与支护桩合二为一方案

软托换构件的类型很多,基本上都是桩式的,但分刚性桩和柔性桩。刚性桩:有人工挖孔桩、小直径钻孔灌注桩、树根桩和锚杆静压桩等。柔性桩:高压旋喷摆喷桩、锚管(花管)注浆桩、静压注浆桩和粉喷桩等。设计中采用对邻房软托换时,必须注意两大要点:第一,静压注浆桩和锚管注浆桩托换在施工中易产生扰动,使土体减强变软;第二,无论埋设哪一种软托换桩,刚性桩还是柔性桩,都要跳开施工。"跳开"的意思有双重含义:一是空间的跳开,使软托换桩的施工间隔若干根分批实施;二是时间的跳开,间隔一段时间分批实施。

实践证明，坑外邻近建（构）筑物经精心设计的软托换顶托后，一般都获得成功，避免了大量潜在的倾斜和开裂危险。

本节仅就防止基坑外邻近建（构）筑物发生过量沉降与不均匀沉降的软托换技术概念设计问题提出若干建议。具体设计计算方法可据实情灵活选用。

8.3 建筑物迁移技术

8.3.1 概述

建筑物迁移是在保证功能完整性和结构安全性的前提下，将建筑物从原位置整体移动到新位置。建筑物迁移技术的基本内容一般包括建造建筑物规划新址的基础及移位轨道；对原建筑物在其基础顶面进行托换改造，在承重墙（柱）下面或者两侧浇筑混凝土托换梁，形成钢筋混凝土托换底盘，同时对上部结构进行加强；结合建筑物原基础和沿途基础设置轨道体系，其上铺上钢垫板；在钢板上设置滚动或滑动支座；将建筑物与原基础分离，分离后的建筑物通过托换底盘放置于滚动或滑动支座上；施加水平或顶升力，使分离后的建筑物沿所设轨道整体移位至指定位置；将整体移位后的建筑物承重结构与新建基础进行可靠连接，并进行必要的加固处理；恢复建筑物外观和室内外地面。建筑物迁移技术按移位方式可分为平移、转动、顶升；按移位装置分为滚动式、滑动式、轮动式和组合式。

建筑物整体迁移技术起源于国外，发展至今已超过百年历史。世界上第一例建筑迁移工程位于新西兰新普利茅斯市的一所一层农宅。1901年，美国爱荷华大学由于校园扩建，将重约60000kN、高3层的科学馆进行移位。为了绕过另一栋楼房，在移动过程中还采用了转向技术，将其旋转了45°。其移位实施方法：先采用800个螺旋千斤顶将建筑物顶起，用木梁托换；然后设置675个直径150mm的圆木滚轴，用30个螺旋千斤顶提供水平推力。该建筑物至今仍在使用，已经历了上百年的考验，如图8.46所示。该建筑物的成功平移标志着现代建筑物平移技术的正式起步。此后，越来越多的国家把该技术应用于实际工程之中，特别是在一些历史建筑的保护上，如，英国Warrington市教学楼、捷克的圣母玛利亚教堂、美国明尼苏达州的Shubert剧院，丹麦哥本哈根候机厅等。

我国在20世纪90年代开始应用该项技术。福建省于1992年9月首先完成了国内第一项整体移位工程——闽侯县交通局移位工程。该建筑为3层砌体结构，水平旋转62°。近30年来，国内累计完成的各类建筑移位工程已有数百个。这些工程中包括了框架结构、砌体结构等；移位的建筑物有住宅、办公楼、酒店、纪念馆、历史文物建筑，也有塔和桥梁；移动方向有纵向、横向、斜向和水平旋转移位，以及竖向顶升移位。从移动的数量、距离、房屋高度及最大荷载等工程角度来看，目前我国的房屋整体移位技术已处于世界先进水平。2011年4月，我国颁布了《建（构）筑物移位工程技术规程》(JGJ/T 239—2011)，进一步促进和规范了我国移位工程的发展。国内完成的典型工程如：上海外滩天文台（平移24.5m，1993年）、上海音乐厅（顶升平移66.46m，2003年，图8.47）、河南省慈源寺（平移400m，2006年）、山东莱芜高新管委会综合楼（平移72.7m，15层，2006年）、老天津西站（平移175m，2009年）、南浦大桥东主引桥（最大顶升5.91m，2009年）、武当山遇真宫（顶升15m，2012年）等。

图 8.46 爱荷华大学科学馆移位

图 8.47 上海音乐厅移位

目前,国内外建筑物迁移技术主要发展趋势是,规模由多层向高层发展,结构形式由简单向复杂发展,体量由小向大发展,移动轨迹由简单的直线移位向折线(转向)、曲线、组合移位发展,移位控制由人工操作向自动化、智能化控制发展,移位结构装置由一次性向可重复利用发展。

建筑物迁移技术之所以在我国得到快速发展,主要原因是该技术有以下优点:可解决古建筑或文物与现代城市规划之间的矛盾,保护有价值的历史建筑;可避免因拆迁而产生的社会矛盾,保持社会安全,不扰乱人们正常的生活工作秩序;具有良好的经济效应,一般移位工程的造价只占拆除重建的 1/3~1/2,且工期更短;可避免因建筑物拆除重建而产生的大量建筑垃圾,节约资源和能源。

8.3.2 技术介绍

以水平滚动移位为例,建筑物迁移的基本原理如图 8.48 所示。

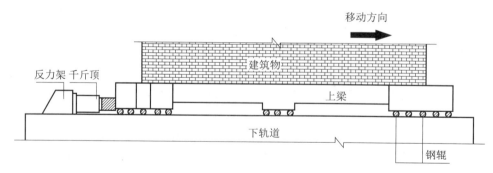

图 8.48 建筑物迁移的基本原理

建筑物迁移加固技术包括平移前上部结构加固、上部结构托换、平移轨道设置、上部结构与原基础切割分离、同步移动控制、上部结构与新基础就位连接、实时监测等关键环节。建筑物迁移工程的实施流程如图 8.49 所示。

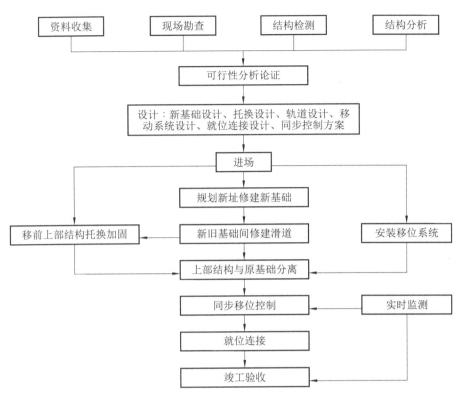

图 8.49 建筑物迁移工程的实施流程

8.3.3 工程实例（冯思雨等，2016）

1. 工程概况

江苏泰兴市庆云禅寺敬先堂建于 1993 年，平面为矩形，东西向 29.35m，南北向 14.65m，建筑面积 1600m²。建筑为 3 层现浇框架结构，东西 7 跨，南北 3 跨，主要框架柱为钢筋混凝土圆柱，底层外廊为木柱。基础为筏板，厚 350mm，双向设置基础梁。一层地坪采用架空板结构，基础梁上设地垄墙，墙顶设圈梁和预制板。根据新的规划，要求将该建筑先向西平移 100m，再向南平移 60m。建筑原貌如图 8.50 所示。

图 8.50 庆云禅寺敬先堂原貌图

该工程的特点:建筑物结构较复杂,结构强度偏低;平移距离长,且为双向移动,对施工要求高;不允许破坏第一层楼板,施工作业空间狭小;场地土质条件较差,为淤泥质土。

2. 建筑物迁移方案

该迁移工程的整体思路:先修建新址基础和平移轨道;再对上部结构加固托换,施工托盘梁;逐步在结构与基础之间分离并安装移动装置;然后顶推或牵引平移;最后,到位后就地连接。具体实施要点如下:

(1) 轨道梁施工。轨道梁作为建筑移动时的基础,根据位置分为原址段、过渡段和新址段,如图 8.51 所示。原址段利用原有筏基和基础梁,新址段与新的筏板基础结合,过渡段采用梁板式筏基。新筏基下铺设 500mm 厚碎石垫层。

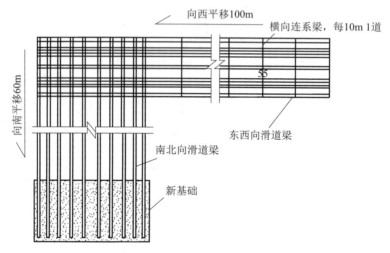

图 8.51 轨道梁布置示意图

(2) 托换梁施工。墙体托换采用双夹梁形式,如图 8.52 所示;柱托换采用抱柱形式,如图 8.53 所示,每个抱柱下安装 2 个或 4 个滑脚;在托盘梁四周均匀设置横向限位柱和限位梁,托换梁平面布置如图 8.54 所示。

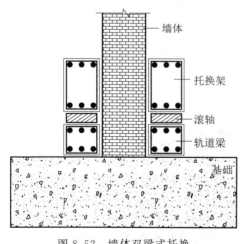

图 8.52 墙体双梁式托换

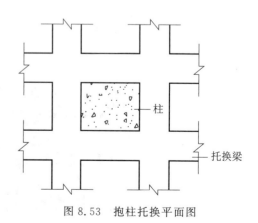

图 8.53 抱柱托换平面图

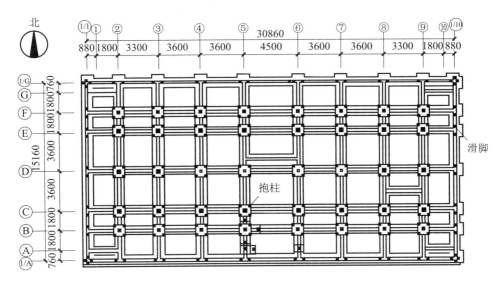

图 8.54 托换梁布置图

(3) 结构临时加固。主要对底层外廊的木柱进行钢包箍加固。

(4) 结构与基础分离。轴力小的柱先切割,轴力大的柱后切割。

(5) 顶推系统。根据初步估算,平移结构总质量约 2300t,启动摩擦按 0.2 考虑,则总推力约 4600kN。实际选用 1000kN 千斤顶提供推力,南北向共用 18 台,东西向共用 12 台。轨道梁端设置钢筋混凝土反力后背。为了保证多台千斤顶同时顶推,采用 PLC 计算机同步控制系统。

(6) 平移施工。做好实时监控,速率控制在 50mm/min 内。

(7) 就位连接。新址连接采用杯口式连接方式,在柱四周预留竖向钢筋,平移到位后,增设水平钢筋,浇筑 C30 微膨胀细石混凝土。

该建筑于 2015 年 10 月顺利平移到位。

思考题与习题

1. 既有建筑地基加固技术分为哪几类?
2. 简述锚杆静压桩托换的设计与施工方法。
3. 简要介绍树根桩托换的施工过程及注意事项?
4. 建筑物纠倾技术方案的选择原则有何特点?
5. 建筑物迁移技术有何优点?
6. 阐述建筑物迁移的主要工作内容及流程。
7. 某钢厂厂区铁路 7000kN 地磅系统的轨道下 C25 混凝土基础板出现下陷和开裂现象,有裂缝的基础板平面尺寸为 18m×3.6m(长×宽),其中,长度为 13.5m 的基础板厚度为 1.5m,长度为 4.5m 的基础板厚度为 3m,两条轨道中心间距 1.505m。地基土自上而下分别为粉质黏土,厚度约为 17m,可塑-硬塑状;黏性土,硬塑,厚度约 10m;中砂,密实。平均

基床系数 $k=27000\text{kN/m}^3$,1 节车厢的单条轨道上移动轮压 $P=218.75\text{kN}$(图 1),C25 钢筋混凝土基础板的弹性模量 $E_h=2.8\times10^4\text{N/mm}^2$,泊松比 $\upsilon=0.20$。

拟采用 24 根锚杆静压桩进行托换,方桩平面尺寸为 0.25m,间距为 1.5m,布置在两条轨道的正下方(图 2),锚杆静压桩的刚度系数为 $83.33\times10^{-3}\text{kN/m}$,1 节车厢的轮压移动距离取 1.5m。求:

(1) 计算锚杆静压桩的最大桩顶荷载;
(2) 估算锚杆静压桩长度、压桩力。

图 1 单条轨道上的轮压移动荷载分布(单位:m)

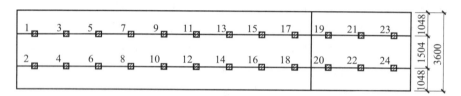

图 2 锚杆静压桩布置平面图(单位:m)

(答案:按弹性地基梁法计算:最大桩顶荷载为 191.705kN,基础板最大沉降约为 5.5mm,基础板最大基底压力为 148.5kPa。桩长约为 18m,压桩力控制标准约为 330kN。)

参 考 文 献

[1] 龚晓南,陶燕丽. 地基处理[M]. 2版. 北京:中国建筑工业出版社,2018.
[2] 叶观宝,高彦斌. 地基处理[M]. 4版. 北京:中国建筑工业出版社,2020.
[3] 叶书麟,叶观宝. 地基处理与托换技术[M]. 北京:中国建筑工业出版社,2005.
[4] 陈晓平,傅旭东. 土力学与基础工程[M]. 3版. 北京:中国水利水电出版社,2023.
[5] 代国忠,齐宏伟,史贵才,等. 地基处理[M]. 重庆:重庆大学出版社,2010.
[6] 地基处理手册编委会. 地基处理手册[M]. 3版. 北京:中国建筑工业出版社,2008.
[7] 张永钧,叶书麟. 既有建筑地基基础加固工程实例应用手册[M]. 北京:中国水利水电出版社,2002.
[8] 滕延京. 建筑地基处理技术规范理解与应用(JGJ 79—2012)[M]. 北京:中国建筑工业出版社,2013.
[9] 中国土木工程学会土力学与基础工程学会. 土力学及基础工程名词(汉英及英汉对照)[M]. 2版. 北京:中国建筑工业出版社,1991.
[10] 中华人民共和国住房和城乡建设部,中华人民共和国国家质量监督检验总局. GB 50007—2011 建筑地基基础设计规范[S]. 北京:中国建筑工业出版社,2012.
[11] 中华人民共和国住房和城乡建设部. JGJ 79—2012 建筑地基处理技术规范[S]. 北京:中国建筑工业出版社,2013.
[12] 中华人民共和国住房和城乡建设部. JGJ 94—2008 建筑桩基技术规范[S]. 北京:中国建筑工业出版社,2008.
[13] 中华人民共和国住房和城乡建设部,中华人民共和国国家质量监督检验总局. GB/T 50783—2012 复合地基技术规范[S]. 北京:中国计划出版社,2012.
[14] 中华人民共和国住房和城乡建设部. JGJ 120—2012 建筑基坑支护技术规程[S]. 北京:中国建筑工业出版社,2012.
[15] 中华人民共和国住房和城乡建设部. GB 50330—2013 建筑边坡工程技术规范[S]. 北京:中国建筑工业出版社,2014.
[16] 中华人民共和国住房和城乡建设部. JGJ 83—2011 软土地区岩土工程勘察规程[S]. 北京:中国建筑工业出版社,2011.
[17] 中华人民共和国建设部,中华人民共和国国家质量监督检验总局. GB 50021—2001 岩土工程勘察规范[S]. 北京:中国建筑工业出版社,2009.